U0124118

群特征无线移动网络
组织理论与技术

王芙蓉 涂 来 著

科学出版社

北 京

内 容 简 介

本书涉及无线移动网络相关理论、方法以及最新研究成果。全书共 15 章,第 1 章介绍了无线移动网络的演进历史、研究背景,以及群特征无线移动网络的提出。第一部分利用图论、复杂网络理论、容量及能效分析和网络效用最大化等理论工具从不同角度展现了合群网络的特征,分析了网络性能,并提出了相应理论问题的求解算法。第二部分提出了具有群特征的合群无线移动网络模型,讨论了群特征无线移动网络的运动模型、网络模型设计框架、管理算法规程和跨层资源分配算法。第三部分主要从物理层通信技术和移动性管理技术两方面讨论了具有群特征的无线移动网络中的关键技术。

本书可供通信或计算机网络专业的硕士或博士研究生以及研究人员阅读。

图书在版编目(CIP)数据

群特征无线移动网络组织理论与技术/王芙蓉,涂来著.—北京:科学出版社,2011
ISBN 978-7-03-030810-8

Ⅰ.群… Ⅱ.①王…②涂… Ⅲ.无线电通信-移动网-研究
Ⅳ.TN929.5

中国版本图书馆 CIP 数据核字(2011)第 067765 号

责任编辑:姚庆爽 / 责任校对:张小霞
责任印制:赵 博 / 封面设计:耕者设计工作室

科 学 出 版 社 出版
北京东黄城根北街 16 号
邮政编码:100717
http://www.sciencep.com

源海印刷有限责任公司印刷
科学出版社发行 各地新华书店经销

*

2011 年 5 月第 一 版 开本:B5(720×1000)
2011 年 5 月第一次印刷 印张:21 1/2
印数:1—3 000 字数:416 000

定价:65.00 元
(如有印装质量问题,我社负责调换)

前　　言

无线移动网络几十年来一直是通信与计算机领域研究的热点学科之一,相关新兴技术层出不穷,应用范围愈加广泛,同时理论研究也不断加深。从技术和应用层面,不同的无线移动网络各有其诞生与发展的背景,采用的核心技术不同,面向的应用服务也各异,相应的,各种网络并存的泛在异构网络也必然是未来无线移动网络的发展趋势。

从技术层面上,虽然网络技术各异,但通信网络的本质是通信节点以某种通信技术或通信手段实现互联互通,形成一种网状拓扑结构的通信计算系统。而无线移动网络的特点则是在构建这种通信网络时,通信节点间的互联互通采用无线通信的方式,且通信节点可能存在移动性。由于无线通信在物理通信上的特点和移动性带来的网络动态变化,加上无线移动网络多样的应用服务,以及一些技术和非技术(商业)因素,现在的无线移动网络技术种类繁多。从应用层面上,各种无线移动网络面向不同的应用服务,但作为一种通信计算系统,其最终目的都是服务于物理系统。无线移动网络的根本组成元素是使用网络的用户,尽管不同特点、结构、技术的无线移动应用网络应运而生,但其始终为个体用户服务是不争的事实。无论无线网络的形式如何变化,网络用户的物理特性必然融入网络特性中。因此,人类社会中所隐藏的社会规律,也随着网络用户渗入网络,使通信计算网络具有人类社会所固有的一些社会特性。于是,社会网络/社会计算成为网络研究中的又一热点领域。而且,由于网络中社会特性的研究关系到网络元素的根源,相关研究的结果和发现将对网络组织理论和网络技术的发展有更重大的意义。

因此,本书从无线移动网络内在的理论科学问题开始进行探讨。在相关研究基础上,本书依托作者所主持的自然科学基金、新世纪优秀人才支持计划等研究项目,探讨了具有群特征的无线移动网络的组织结构理论与关键技术。本书融入了作者在研究中提出的"群特征网络"这一创新学术思想,将"群特征"这种社会特性融入无线移动网络的设计与分析。全书围绕"群特征",给出了一个合理且具有代表性的群特征无线移动网络模型,探讨群特征无线移动网络的相关关键技术。本书涉及无线移动网络的相关理论、方法以及最新研究成果。全书共 15 章,第 1 章介绍了群特征无线移动网络提出的背景,随后分三部分分别讨论了网络结构的组织理论、合群网络模型研究与合群无线移动网络技术。

本书是作者围绕"群特征无线移动网络"这一全新课题,开展多年研究和科研创新的成果展示,讨论了该无线移动网络的组织形式、网络建模方法、相应的无线通信技术支持以及移动性管理技术。有别于众多无线移动网络的介绍性书籍,本书对多种技术的探讨更侧重于方法、思想和理论,而非针对某种技术。因此,读者不仅可以从本书获得某种网络技术的知识,而且可以理解无线移动网络中存在的问题本质以及掌握研究无线移动网络相关课题的方法。

由于作者水平所限,加之通信技术发展极快,无线移动网络相关理论与技术涉及面广,书中难免存在不足之处,恳请同行和读者指正。

目　　录

第一部分　网络结构的组织理论

第二部分　合群网络模型研究

第三部分　合群无线移动网络技术

第1章 无线移动网络的演进与群特征无线移动网络

1.1 无线移动网络技术回顾

无线网络经过几十年的发展,深刻地影响和改变了人们的生产生活方式。未来的无线网络将能够实现人们在任何时间、任何地点、与任何人以任何方式进行通信的愿望。为了达到这一目标,各种各样的新技术层出不穷,有些还在理论研究阶段,有些已经开始实现商用。随着各种无线技术的不断成熟和应用的普及,无线网络也凭借其为用户提供的灵活性、便利性等优势备受追捧。随着业务规模的不断扩大和对工作效率要求的不断提高,现代企业越来越渴望灵活的无线网络技术帮他们解决问题;甚至更多人考虑到建设传统网络的繁琐和成本问题,也希望通过无线网络技术实现他们的目的。几年之间,无线网络已经由时尚转变成为了趋势(Yu,2005)。

所谓无线网络,就是利用无线电波作为信息传输的媒介,摆脱了有线介质的束缚。就应用层面来讲,它与有线网络的用途相似,两者最大的不同之处在于传输信息的媒介不同。除此之外,由于它是无线的,因此无论在硬件架设还是使用的机动性方面均比有线网络要优越许多。不过,无线网络在抗干扰性、容量等方面又面临更大的挑战。

无线网络的初步应用,可以追溯到第二次世界大战期间,当时美国陆军采用无线电信号进行信息的传输。他们研发出了无线电传输技术,并且采用高强度的加密技术,在美军和盟军中广泛使用。他们也许没有想到,这项技术会在今天改变我们的生活。许多学者从中得到灵感,在1971年,夏威夷大学的研究员发明了第一个基于封包式技术的无线电通信网络。这一被称为ALOHANET的网络,可以算是早期的无线局域网(WLAN)。它包括7台计算机,计算机采用双向星形拓扑横跨四座夏威夷的岛屿,中心计算机放置在瓦胡岛上。从那时开始,无线网络正式诞生。

1990年,IEEE正式启动了802.11项目,无线网络技术逐渐走向成熟,IEEE802.11(Wi-Fi)标准诞生以来,先后有802.11a,802.11b,802.11g,802.11e,802.11f,802.11h,802.11i,802.11j,802.11n等标准被制定或者酝酿,为实现高速度、高质量的WLAN服务。

进入21世纪以来,无线网络市场热度迅速飙升,已经成为IT市场中新的增长亮点。由于人们对网络速度及使用方便性的期望越来越高,因此与计算机及移动设备结合紧密的 Wi-Fi、CDMA/GPRS、蓝牙、无线接入网络等技术越来越受到人们的追捧。在相应的配套产品大量面世之后,构建无线网络所需的成本下降了,无线网络在生活中的使用已经非常普遍。

对于无线网络的发展,可以分为两个层面来分析,即无线接入网络层面和无线网络组织层面。其中,无线接入网络的发展是指单一无线接入技术的演进或革命性的崭新的无线接入技术的出现,当中存在新旧替换的问题(如第一代模拟移动网络现已完全不存在);而无线网络组织形式的发展则是指为适应新的无线接入技术,网络拓扑、控制、管理及结构等方面发生的变化,它们对无线接入技术来说是透明的。

1.1.1　移动通信系统的发展

从图 1-1 可以看出,无线网络的发展经历了巨大的变化。个人移动通信从第一代模拟移动通信系统,如美国的 AMPS、英国的 TACS、北欧的 NMT-450 等,发展到第二代的数字移动通信网络,包括欧洲的 GSM 系统、日本的 JDC、美国的 D-AMPS 等,然后到支持分组的第三代移动通信网络,如 TD-SCDMA、CDMA2000 和 WCDMA 等,目前正在向高带宽、高速移动,且支持各种多媒体应用的超 3G(目前把 3G 以后的各种无线接入技术统称为超 3G)无线网络发展,如 Wi-Fi、WiMAX、UWB 等。其演进过程大致经历了三个阶段:由模拟到数字;由语音到数据;由窄带到宽带。

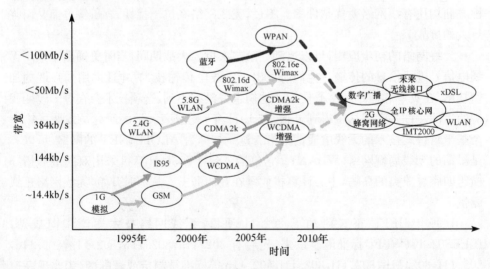

图 1-1　无线接入技术的演进过程

第一代移动通信网络　该系统以无线模拟接入网络为基础,以模拟电路单元为基本模块实现语音通信,并采用了蜂窝结构频带可重复利用,实现了大区域覆盖和移动环境下的不间断通信。随着用户数的猛增,模拟蜂窝移动通信系统渐渐显露出其缺陷:频谱利用率低、通信容量有限;通话质量一般;保密性差;制式太多、标准不统一,互不兼容;不能提供自动漫游;不能提供数据业务等,这些致命弱点妨碍了其进一步发展。模拟移动通信网在我国已于 2001 年 12 月 13 日 24 时全面关闭。

第二代移动通信网络　该系统以无线数字接入网络为基础,主要存在两种制式:采用 TDMA 技术的 GSM 系统和采用 CDMA 技术的 IS-95 系统。其中,GSM用户占全球移动用户的 80% 以上。我国目前广泛使用的 2G 标准即为 GSM,现移动用户已突破 7 亿,中国联通运营的窄带 CDMA(现已归属中国电信运营)也属于2G 范畴。此外,在向 3G 过渡过程中出现的 GPRS 和 EDGE 系统,由于其接入方式和系统结构与 GSM 没有本质区别,暂将其划入第二代无线接入系统中(Halonen,2003)。但第二代数字移动通信系统带宽有限,限制了数据业务的发展,支持高速移动多媒体通信有一定难度,同时也未考虑跨接入域的全球漫游。

第三代移动通信网络　该系统以高速无线数字接入网络为基础。3G 无线网络最早是由国际电信联盟(ITU)于 1985 年提出的未来公共陆地移动通信系统(Future Public Land Mobile Telephone System,FPLMT),该系统于 1996 年正式更名为 IMT-2000。2000 年,ITU 最终确定了四个 3G 通信系统的通信标准,即欧洲和日本共同提出的 WCDMA 标准,美国以高通公司为代表提出的 CDMA2000 及我国提出的 TD-SCDMA,还有一种为企业和家庭用户提供"最后一英里"的宽带无线连接方案 WiMAX。第三代移动通信系统的传输速率最低为 384kb/s,最高为14.4Mb/s。它是一个由地面移动通信系统和卫星移动通信系统组成的全球覆盖的,综合了语音、数据、图像和多媒体业务的,具有高智能的,适应信息化社会的,有足够用户容量潜力的,能支持个人通信的第三代移动通信系统。3G 的目标可以概括为通用性(Universality)、开发迅速(Speed of Development)、业务多样化(Diversity of Services)和有竞争的投放市场(Competitive Delivery)。

超三代(B3G)无线网络　该网络是第三代移动通信系统之后各种无线接入网络的统称。虽然 3G 系统已经能提供包括无线流媒体、E-mail、Web 浏览在内的各种数据业务,但仍然不能满足未来多媒体通信高速率和高容量的需求。于是 B3G移动通信系统的研究、开发和标准化工作也开始受到业界的普遍关注。B3G 目前仅是一个统称,它能提供 20~100Mb/s 的高速传输,支持高速无线局域网、智能传输系统、数字音视频广播等。B3G 系统中上下行传输链路分离,采用 OFDM 调制解调技术,并能与 WLAN、CDMA 系统相融合。其主要特征为网络异构性、泛在移动性、网络自组织化、软件可重配置、终端异构性及全服务融合(Akyildiz,1999)。表 1-1 概括了无线网络的演进过程。

表 1-1　无线网络的演进过程

	1G	2G	2.5G	3G	B3G
应用时间	20 世纪 80 年代	20 世纪 90 年代	20 世纪 90 年代末	21 世纪初	2010 后
信号类型	模拟	数字	数字	数字	数字
接入技术					
多址复用	FDMA/FDD	TDMA/FDD CDMA/FDD	GPRS EDGE	CDMA W-CDMA TD-SCDMA	MC-CDMA OFDM UWB
频段	824～894MHz,890～960MHz 1850～1990MHz(PCS)			1800～2400MHz	更高频段 2～8GHz
频带频宽	140MHz			5～20MHz	100MHz
天线	方向天线	方向天线	方向天线	优化天线 多频段适配	智能天线 多频段带宽
前项纠错	N/A	N/A	N/A	卷积码	链接码
网络结构					
网络类型	蜂窝网	蜂窝网	蜂窝网	蜂窝网	WWAN、WMAN、 WLAN 、WPAN
结构	基于基础设施				基于基础设施和 Ad Hoc 的混合
交换	电路交换		电路/分组		分组
IP 支持	N/A	N/A	部分 IP	全 IP	全 IP(IPv6)
业务类型	语音	语音 低速数据 (10～70kb/s)	语音 较高速数据 (10～384kb/s)	语音 高速数据 (384kb/s～ 14.4Mb/s)	语音 多媒体业务 (>2Mb/s)
典型系统	AMPS,NMT, TACS	GSM,IS-136, DCS1900, CdmaOne	GPRS,EDGE	UMTS,IMT2000, CDMA2000, WCDMA	Wi-Fi、GPRS、 WiMAX 等混合 网络

　　表 1-1 对无线网络的演变进行了总结,从中可以发现演变过程呈现以下趋势和特点。

　　(1) 异构性。

　　第二代、第三代及超三代无线接入网络在覆盖范围、工作频率、工作模式及传输带宽等方面各不相同又互相补充,目前尚不能互相取代,且在今后相当长一段时间内仍会共存,加上未来可能出现的各种无线接入技术,使得无线接入网络具备异构性(Akyildiz,2005)。

　　(2) 移动性。

　　随着无线接入技术的发展,不仅无线网络中的普通节点不停地移动,无线接入节点也开始支持移动性,这将会造成无线网络资源被不停地分配、释放,网络的拓扑和路由也不断发生变化,并且将由个体的移动性逐渐演变为群体及网络的移动性。

（3）全 IP 化。

自从在 2.5G 移动通信系统中引入 IP 后，蜂窝网络的发展就与 IP 分不开，3GPP R4 版本更是提出了全 IP 化的体系结构，而基于 Wi-Fi、WiMAX 等的各种无线宽带接入系统更是天然地继承了 TCP/IP 协议栈。于是各种异构无线接入网络在 IP 层面统一起来(Robles，2001)。

（4）高带宽。

进入 3G 之后，蜂窝网络的带宽可以达到 2Mb/s～14.4Mb/s，而基于 WiMAX 的无线城域网带宽更是高达 100Mb/s。越来越高的带宽为无线多媒体通信提供了可能。但对于无线网络来说，由于节点的移动，高带宽也会造成链路中断时的高丢失率。

（5）多模化。

随着无线接入技术的演进，无线终端也开始同时支持多种无线接入方式，比如 GPRS-CDMA、GPRS-WLAN 等，这使得终端可选择不同的无线接口进行通信。并且，两个多模终端之间可以同时通过多种无线网络进行通信，呈现出多径性，而构成这些路径的链路甚至可以基于不同的无线接入技术。

无线接入网络演进过程中呈现的这些新特点，为异构无线网络中的多媒体通信带来了挑战。为了把这些无线接入网络有效连接起来，为上层提供各种业务，无线网络组织形式及连接性成为首先要研究的问题。

1.1.2　其他新兴无线应用网络

虽然移动通信网络历经几代的发展，已逐步成熟，能够为移动网络用户提供优质多样的移动网络服务。但人们对网络通信的依赖已超出了单一的通信功能，信息网络正以各种形式渗入人类的日常生活。人们越来越多的行为、活动依赖无线移动网络，相应的，一些新兴的无线应用网络也伴随而生。

WLAN：几乎与 GSM 网络同时诞生和发展的无线局域网 WLAN 网络，是目前应用最广泛的无线接入网络之一。WLAN 作为一种局域网技术，使用 2.4GHz 或 5GHz 无线电波作为数据传输的媒介，传输距离一般为几十至几百米。WLAN 最通用的标准是 IEEE 定义的 802.11 系列标准，主干网络通常使用电缆或光纤，无线局域网用户通过一个或多个无线接入点(Wireless Access Points，WAP)接入无线局域网，WLAN 已经广泛应用在商务区、大学、机场及其他公共区域。

WiMAX：WiMAX 技术是一种宽带无线接入技术，支持从固定到全移动等多种应用模式。WiMAX 与 Wi-Fi 一样都是用于传输无线信号的技术，但 Wi-Fi 解决的是无线局域网的接入问题，而 WiMAX 解决的是无线城域网的接入问题。由于现在 WiMAX 并不提供 Wi-Fi 的便携性，但是通过与 Wi-Fi 应用相结合，它可以作为 Wi-Fi 接入点之间的骨干连接，从而极大地扩展 Wi-Fi 用户的无线网络接入范围。与此同时，WiMAX 可以吸纳采用 Wi-Fi 技术的运营商及企业用户加入到 WiMAX 阵营，从而克服 WiMAX 终端可能存在的成本问题(Ghosh,2005)。

无线 Ad Hoc 网络：与 WLAN 和 WiMAX 针对网络接入不同，无线 Ad Hoc 网络更加关注的是网络的结构，可以说无线 Ad Hoc 网络不是一种具体的技术或网络系统，而是一类具有相同特性的分布式网络的合称。Ad Hoc 网络可以在任何时刻任何地方构建。该网络中的节点能相互协调地遵循一种自组织原则，自动探测网络的拓扑信息，自动选择传输路由，即使网络发生动态变化或某些节点严重受损时，仍可以迅速调整其拓扑结构以保持必要的通信能力(Chlamtac,2003)。

Mesh：无线 Mesh 网络是一种多点到多点的高容量高速率无线多跳网络，每个用户节点在收发业务的同时可以转发来自其他用户节点的信息，与移动 Ad Hoc 网络具有类似的网络拓扑结构，具有一定的自配置、自组织与自管理特性。但无线 Mesh 网络通常由若干节点提供基站的功能，使整个网络和骨干网相连接，从而解决无线接入"最后一英里"的瓶颈问题，且节点也可以不经过基站而与网络中的任意其他节点进行通信(Akyildiz,2005)。

无线传感器网络(Wireless Sensor Networks)：无线传感器网络是由具备传感功能的无线通信节点组成的网络。每一个传感器节点由数据采集模块(传感器、A/D 转换器)、数据处理和控制模块(微处理器、存储器)、通信模块(无线收发器)和供电模块(电池、DC/AC 能量转换器)等组成。它广泛应用于国防军事、国家安全、环境科学、交通管理、灾害预测、医疗卫生、制造业、城市信息化建设等领域(Akyildiz,2002)。

车辆网络(Vehicular Networks)：现代科技的发展使得汽车的功能大幅提升，车辆不再只是传统的交通工具，可通过搭配各种相关信息产品成为一个综合信息平台。车辆网络的相关研究与应用在此背景下应运而生。GPRS、3G/B3G、Wi-Fi 和 WiMAX 等各种无线移动网络技术的发展和普及，使得用户在车辆上获取网络服务成为可能。车辆自身也成为一种特殊的网络用户，除了通过固定基础设施接入网络外，还可以使用 DSRC 等短程通信技术进行车辆与车辆间的信息交互，形成车辆网络。车辆网络除了在应用环境上有所不同外，一个重要的技术特征是节点的高移动性，从而带来了相应的物理通信、网络移动性管理等相关研究课题，也使得其成为新型移动无线网络研究的热点之一。

物联网(the Internet of Things)：随着射频识别(RFID)、红外感应器、定位技术的发展和普及，物联网的概念在 20 世纪末被提出。物联网提出的思想是把所有物品通过上述信息传感设备与互联网连接起来，进行信息交换和通信，实现智能化识别、定位、跟踪、监控和管理。因此，虽然将物联网列入无线网络应用的讨论范畴，但物联网所关注的更多的是短距离信息交换及 Internet 网络环境下的信息管理与处理，其网络化的特征更多地表现在最终的信息平台，而非通信节点。

计算物理系统(Cyber Physical Systems,CPS):作为近年来网络系统中的研究热点,计算物理系统是计算进程和物理进程的统一体,它是集成计算、通信与控制"3C"于一体的下一代智能系统。计算物理系统通过人机交互接口实现和物理进程的交互,使用网络化空间以远程的、可靠的、实时的、安全的、协作的方式操控一个物理实体。

计算物理系统包含了将来无处不在的环境感知、嵌入式计算、网络通信和网络控制等系统工程,使物理系统具有计算、通信、精确控制、远程协作和自治功能。它注重计算资源与物理资源的紧密结合与协调,主要用于一些智能系统,如机器人、智能导航系统等。

1.1.3　无线网络发展趋势

现阶段难以找到一种无线网络技术可以完全满足各种环境下的无线宽带需求。因此,各种网络都必须取长补短,采用多种无线技术异构融合的方法来解决无线宽带问题。目前主流的无线网络包括 Wi-Fi、3G、4G 和 WiMAX,它们与原有的GSM、CDMA、GPRS、EDGE 等 2G 和 2.5G 网络共同为人们提供服务,并且许多设备制造商正在积极进行第四代移动通信技术(4G)的开发和测试,如何实现这些无线异构网络的融合问题将最终决定所建设的下一代无线网络的性能。

作为无线网络的末端,无线终端扮演着重要的角色。终端数量的多少直接决定着这种无线网络能否吸引更多的用户,直接影响着网络运营商对网络投资的多少和网络运营的受益。目前多网络并存的现状在短时间内不可能改变,运营商和用户都将面临多种标准、众多混合网络的整合与过渡,要达到异构网络融合的目的,要么对网络进行升级,要么对终端进行升级。在系统设备处升级,要考虑非常复杂的兼容已有系统设备的投资问题,升级难度比较大;而对于终端来说,用户更换终端的速度相对要快得多,因此通过多模终端实现跨网漫游或跨模兼容将有效地解决这一问题,多模终端将成为移动通信领域具有战略意义的基本技术,将对整个无线网络的发展产生深远影响。总的来说,无线网络的发展趋势可以从技术、设备及业务三个方面分别进行阐述。

1) 无线技术发展的要求

近年来,无线调制解调技术、软件无线电技术及与基带相关的大规模集成电路技术取得了突破性进展,直接催生了层出不穷的无线接入技术,比如无线个域网(如 IEEE 802.15)、无线局域网(如 IEEE 802.11a/b/g/i/n)、无线城域网(如802.16、802.20)、无线移动广域网(如 2G、3G)、卫星网络,以及 Ad Hoc 网络、无线传感器网络等。这些网络在覆盖范围、网络结构、通信协议、网络带宽、端到端时延等方面各不相同,构成了目前的异构无线接入网络。而未来的无线技术发展将会产生更多的新型无线接入技术。为此,必须研究异构无线网络环境下,如何为用户提供泛在的移动接入,从而保证用户在各种无线网络环境下的移动性和连接性,进而实现不中断的多媒体通信和服务。

2) 无线设备发展的要求

各种无线接入技术最终以无线设备为依托,比如 PC、笔记本电脑、PDA、智能手机、传感器等各类终端。这些无线设备的 CPU 处理能力、存储资源、带宽资源及能耗差别很大,造成异构无线网络中各节点的资源差异性比较大。为了保证多媒体通信的平滑和连续,必须研究如何协调分配无线设备的各种资源。

3) 无线业务发展的要求

越来越多的多媒体业务被移植到无线网络中,包括音视频会话、流媒体直播、VOD 点播、远程教育、多媒体交互、电子商务等。这些业务对于时延、带宽的需求不同,消耗的无线网络资源也各不相同。随着多媒体业务种类及使用多媒体业务的用户数量的增多,研究多用户之间与多媒体通信相关的资源和路由的分配变得相当必要。

正是因为上述各个层面的需求,迫切需要研究异构无线网络中的多媒体通信及其相关技术,以实现任何人(Whoever)在任何时候(Whenever)、任何地方(Wherever)、与任何人(Whomever)及相关设备进行任何形式(Whatever)的网络通信。

1.2 无线网络的组织形式

无论是传统的蜂窝移动通信系统,还是其他的新兴无线应用网络,各种技术都是针对特定的业务类型和用户群体而专门设计的,在覆盖范围、可用带宽、对用户移动性的支持和服务质量(QoS)保证等方面都存在差异。这些网络,或已成为实际使用的系统,或仍在研究中;或是一种专属应用,或是一种概念网络。彼此间或存在从属包含关系,但更多的是某些特性的交集。因此,从网络技术或应用的角度,很难找到一种较好的划分方法,将这些网络进行分类归纳。

随着网络应用更加普及,网络技术更加多样化,会有更多的网络出现。这些网络属于什么类型,跟现有网络存在什么关系,哪些技术可以从现有网络技术中借鉴,都是推动新型网络研究时所必须回答的问题。所以必须从各种网络的基本特征分析入手,而所有无线网络都是网络节点通过无线通信技术,以各种网络组织形式构成的网络。因此无线网络的组织形式是分析各种无线网络的关键。

现有的网络组织形式研究集中在网络物理连接、网络框架结构及网络协议层次三个方面。

1) 无线网络物理连接

早期的无线网络组织形式研究是从物理链路/网络物理连接角度着手展开的,比较有代表性的是无线多跳网络、多天线覆盖及 ROF(Radio over Fiber)。

（1）无线多跳网络。

无线多跳在蜂窝网络、WLAN 及 WiMAX 中的物理连接性研究中得到广泛关注。通过无线多跳可以解决基站或移动台由于发送功率限制导致小区边缘功率控制不理想引发的传输问题。在无线多跳中，引入了具有无线中继器和无线分组路由器功能的跳站，减少了移动台在特定传输速率的发送功率，降低了蜂窝系统的干扰，提高了特定发送功率下的传输速率，增强了区域覆盖性，同时提高了网络容量（Cho，2004）。但如何通过下一跳的选择来保证连接的可靠性还需要进一步展开研究。

（2）多天线覆盖。

多天线覆盖则是为了解决无线网络环境中无线资源匮乏、移动用户激增所引发的矛盾而提出的无线网络在空间域的扩展（Forenza，2006）。分布式天线打破了传统的单天线结构，提出了多天线技术的概念，即在一个小区（基站和/或移动终端）内设立多根天线，通过空间复用或空间分集来达到增加系统容量的目的。它充分利用了"空间"资源，根据多根天线设立的位置不同，可以将其分为三类：第一种是智能天线，要求天线单元间的距离小于 1/2 个波长，旨在通过波束赋型算法提高目标用户接收信号的质量，用于增加小区的覆盖范围；第二种是多入多出天线 MIMO，要求天线单元间的距离在 1/2 个波长到几个波长之间，旨在大幅度地提高信道容量；第三种是分布式天线，即天线单元在整个小区内分布开，可以获得分集增益，并降低移动终端的发射功率。所以多天线覆盖更多的是侧重覆盖和能耗，在提高系统容量的同时，为多径通信提供了有力的支持。

（3）ROF。

由于无线频率资源有限，各种无线接入技术使用的频段将会产生冲突，存在频率协调和规划问题，但花费昂贵，而随着光纤大面积铺设，光纤带宽的利用率反而不到千分之一，造成大量带宽资源闲置。ROF 就是在这种背景下产生的解决无线移动通信的新型连接技术。该网络对由天线与基站组成的无线接入网进行改造，将处理/控制功能和无线收发单元分离，中间通过光纤链路相连，直接将无线电信号在光纤上进行传输，同时对天线进行分布，以便进行微微蜂窝的有效覆盖，降低成本。ROF 能实现中央控制单元的共享，能对资源进行动态分配。它具备传输距离长、衰减损耗低，传输带宽高，部署简单，抗电磁干扰性好等优点。研究表明，ROF 可以用于蜂窝网络、OFDM、UWB 等各种无线网络的传输。但 ROF 中的电子转换系统由于失真、干扰的存在，成为了系统的瓶颈。

2）无线网络框架结构

上述物理连接只是无线网络的物理延伸及链路组织，只能保证物理上的连通性，如何发挥物理链路的连接效率，降低网络流量，缩短各种时延，方便网络扩展及部署，就需要研究无线网络的框架结构。现有的无线网络框架结构大致可以分为三类：集中式结构、全分布式结构及混合式结构。

(1) 集中式结构。

集中式结构是无线网络框架结构中的一种最简单的方式,起初用于蜂窝网络中。该框架中,具备相同特征的节点集合形成一个蜂窝,蜂窝中的基站是判断一个蜂窝存在与否的依据,负责协调和管理蜂窝内部与蜂窝之间的通信。基站负责蜂窝之间信息的转发。集中式结构协调内部各节点与蜂窝网络外部节点的通信,能保证蜂窝网络结构的稳定,进而保证网络结构的连通性,同时有利于无线通信安全的实现。

(2) 全分布式结构。

全分布式的组织框架与集中式结构的区别在于没有起中心控制和管理作用的基站。全分布式结构与集中式结构的最大区别在于,集中式结构中节点的功能基本相似,只是基站的功能和性能更加强大;而全分布式结构中,各个节点所完成的功能基本相同,在无线接入、媒体传输、呼叫控制及业务应用等各方面没有明显的区别。纯粹的集中控制结构容易产生瓶颈,所以,全分布式结构通常与集中式结构配合使用。

(3) 混合式结构。

混合式结构的组织框架根据无线网络中节点的功能或者覆盖范围分为若干层次。混合式结构与集中式结构的最大区别在于,集中式结构中节点的功能基本相似,只是基站的功能和性能更加强大;而混合式结构中,各个层面上的节点所完成的功能有一定分工,比如基于 IMS 架构的无线系统中,各层分别完成无线接入、媒体传输、呼叫控制及业务应用。纯粹的混合式结构属于集中控制结构,容易产生瓶颈。

3) 无线网络协议层次

无线接入技术和网络框架结构的研究为无线网络的物理和逻辑连接提供了保证,而网络协议层次则是从业务承载和网络协议层次模型的角度来研究无线网络的组织。现有的研究主要集中在网络层、中间层和应用层。

(1) 网络层。

网络层的研究集中在全 IP 和移动 IP 的研究。通过全 IP 化为上层业务提供统一的承载,并保证不同无线网络中的终端无需经过网关转换设备可以直接在网络层实现互联。

(2) 中间层。

中间层实质上是一个适配层,通过它能屏蔽下层接口、协议及功能的差异性,并为上层业务提供统一接口,实现业务对底层网络的透明。中间层相对网络层来说,能够维护的状态更加复杂,实现的功能更加丰富,并且无需对底层的软硬件进行改动,有利于无线业务的移植和分布。此外,中间层的研究还包括无线网络 P2P 层的研究。

（3）应用层。

应用层的研究相对其他层来说比较集中，几乎所有的研究都围绕着 SIP 协议展开，通过对 SIP 协议的扩展和改进来实现节点移动过程中的切换和位置管理。其优点是应用层能获取更多与切换相关的信息，业务逻辑可以设计得比较复杂，能采用更加灵活的切换策略；而缺点是切换的时延较大。

1.3　群特征无线移动网络的提出

正如 CPS 所推崇的"通信计算系统服务于物理系统"的思想，移动网络的基本组成元素是使用网络的用户。尽管各种无线移动应用网络的特点、结构、技术层出不穷，但其始终是为个体用户服务是不争的事实。无论无线网络的形式发生何种变化，网络用户的物理特性必然融入于网络特性中。因此，人类社会中所隐藏的社会规律，也随着网络用户渗入网络，使通信计算网络具有了人类社会所固有的一些社会特性。于是，社会网络/社会计算开始成为网络研究中的又一热点领域。而且，由于网络中的社会特性的研究根据触及网络元素的根源，因此相关研究的结果和发现将对网络组织理论和网络技术的发展有着更重大的意义。

复杂网络理论在计算机网络研究中的成功应用就是融合社会特性的一个最好实例。复杂网络理论从更本质的角度研究了自然界和人类社会广泛存在的各类网络的性质。长期以来，通信网络和社会网络分别是各自学科的研究对象，而复杂网络理论所要研究的则是各种看上去互不相关的网络之间的共性和处理它们的普适方法，用复杂网络的思想和结论来对某种网络进行分析往往可以得到许多新的启示。

本书所关注的网络中的合群特性同样源于人类社会活动中的社会属性。美国的 Fredman 等在其著的《社会心理学》中提出合群行为在动物中普遍存在，而且动物越向高级发展，合群行为越复杂，人类作为最高级的动物，客观地具有群聚、聚众等合群特性，而且这种特性无处不在，有时个人行为甚至受群体行为的约束。合理地利用移动用户的这种群体特性，如群体移动性、群体业务，使网络适应这种群体特性，可以进一步提高移动网络的效率。

如何利用移动用户的群体特性是现有移动通信研究的一个新兴领域。在无线移动通信节点运动模型的研究上，也有相关研究讨论节点的群体运动特性。经典的群体移动模型包括重力模型、组移动性模型、流浪社区模型、追逐模型等（Camp，2002）。重力模型用于描述有共同运动目标的群体移动用户的运动特性。重力模型定义群体用户的共同目标为一个吸引子，吸引子带一个负电荷，而移动用户带一个正电荷，异种电荷间吸引，同种电荷排斥，不带电荷的移动用户不受重力效应影响。组移动性模型是最通用的群体移动模型之一，组移动性模型包括参考点模型和参考向量模型,组移动性模型规定一群移动台有一个逻辑参考点,所有移动台以一定规律随参考点运动,参考点又根据参考向量以一定规律运动,根据规律的不同,可以派生出多种运动模型,如纵队模型、流浪社区模型、追逐模型等。

上述这些研究或者考虑了混合网络的结构,或者考虑了用户成群的特性,但却从没有将两者联系在一起,并且多停留在概念层面。然而,现有的这些对移动网络结构的研究将成为本研究的基础。

基于以上分析,本书在研究中提出一种群特征的无线移动网络结构模型。该模型以增加移动网络容量,提高移动网络效率为目标,考虑移动用户的群体特性,基于混合网络结构,配合设计的凝聚算法,形成一种新的网络结构。该网络结构具备自组性、分布性、智能性、高效性的特点,将为下一代移动网络结构的设计提供新的思路。

支持群特征的移动网络结构研究将移动用户的社会特性与网络组织形式结合,是无线移动网络组织理论与方法研究中的一项全新探索,涉及不同层面,多种技术。组织结构上,为利用移动用户的汇聚合群特性,网络结构需要相应的支持。相对单一的蜂窝核心网络或分布式网络,支持群特性的移动网络需要接入核心蜂窝网,也需要群内和群间的分布式互连,因此混合式网络结构相对适合。在支持群特性的新型网络结构下,相应的无线移动网络的研究方法也有所改变,需要更多地考虑人类社会中的社会属性,如社会交往过程中存在的复杂网络特性等。由于群特性的存在,相应的网络效用最大化的优化目标或优化条件也有所不同,相应的网络容量、效能也有所不同。相关技术上,为支持混合式网络结构,协助通信技术、认知无线电技术,都可以为支持群特性的移动网络提供无线通信技术的支持,网络上、移动性管理上也需要相应策略给予支持。

1.4　群特征无线移动网络中的关键问题

基于上述分析,本书将从群特征无线移动网络的组织理论和研究方法、群特征无线移动网络模型及群特征无线移动网络中的关键技术三方面分别进行讨论。

1.4.1　群特征无线移动网络的研究方法

1) 群特征无线网络的复杂网络特性

复杂网络(Complex Networks)理论(Strogatz,2001)是近 10 年发展非常迅速的一个学科,它从更本质的角度研究了自然界和人类社会广泛存在的各类网络的性质。过去关于实际网络结构的研究常常着眼于包含几十个,至多几百个节点的网络,而近年来关于复杂网络的研究中常常可以看到包含成千上万个节点的网络。网络规模的巨大变化促使了网络问题提法和网络分析方法的改变。另外,长期以来,通信网络、电力网络、生物网络和社会网络等分别是各自学科的研究对象,而复杂网络理论所要研究的则是各种看上去互不相关的网络之间的共性和处理它们的普适方法,用复杂网络的思想和结论来对某种网络进行分析往往可以得到许多新的启发。随着目前研究的深入,复杂网络研究正迅速渗透到数理学科、生命科学、社会科学、信息科学等众多不同的领域。对复杂网络的定量和定性分析,已成为网络时代科学研究的一个重要方向,被称为"网络新科学"(Barabási,2004)。

现代无线通信网正朝着自组织、泛在与异构的方向大步迈进,但随之带来的激增的通信节点数目与各类节点的异质性成为了设计和改善网络体系结构与控制技术的难点。大规模异构自组织无线通信网络复杂性主要体现为大规模异构自组织网络连接结构与网络连接的时变性,例如,Ad Hoc 网络通信节点的接入与删除。此外,节点之间的连接可能具有不同的优先级和服务质量需求。此外,异构网络存在多种不同类型的节点,不同类型的通信节点其通信行为也可能异质化。解决这些难点问题仅仅靠传统的网络设计与控制理论将会力不从心,而复杂网络理论作为网络科学的最新研究成果将会给解决大规模自组织无线通信网络拓扑构建与控制方式等难点问题带来新的契机。

2) 基于网络效用最大化的群特征网络模型

近几年来,将网络效用最大化(Chiang,2007)用于无线网络跨层优化成为了无线网络领域的一个研究热点,众多研究者认为网络效用最大化已成为解决无线多跳网络跨层设计问题的最强有力的工具之一,并与分解方法结合衍生出了"Layering as Optimization Decomposition"的网络优化设计思想。

根据网络优化的视角,许多现有的网络协议可以看做是一种对某种形式的网络效用最大化问题求解的分布式解决方案,这点在 TCP 协议中已经得到了验证。可以将现有网络协议进行反向工程,转化为网络效用最大化问题,然后用数学优化的知识对其分析与修改以达到优化现有协议的目的。而实际上,网络效用最大化最开始就是用来改善与分析 TCP 协议拥塞控制的。

除了改善现有网络协议,还可将网络效用最大化问题用于设计新型有特定需求的网络。网络效用函数的选择可以有很多自由度而不仅仅是源节点速率,它可以根据待设计网络的要求进行选择与构造。网络效用最大化问题本身并不提供分层或者跨层的解决方案,它本身仅仅提供了一种网络问题的数学语言描述,设计不同算法对其进行求解才会导致实现方案上的差别,从而导致了网络协议及其实现方案上的差异。合群的网络结构广泛用于无线通信网络中,合群结构的优化设计问题对应的目标函数与限制条件均为局部耦合的,即同属于一组群内的各通信节点是互相耦合的。利用网络效用最大化工具可以对其进行优化建模。

3) 群特征无线网络的容量与效能分析

合群网络模型以多跳蜂窝接入的混合方式为拓扑结构的基础。移动台之间可以对等通信,并通过组内的特定节点,接入蜂窝基站。合群内的通信不再占用基站频率资源,移动台与网络间的数据传输也可以通过数据融合来提高效率。使用网络容量域的分析方法,对合群管理下的蜂窝网网络容量进行分析。显然,在多无线(Multi-Radio)支持的情况下,网络容量肯定会提升。同时,若以单位时间成功接收的信息量作为网络容量的衡量标准,组播与广播实际上也会带来网络容量的提升。本书将通过网络容量域理论对合群网络的容量及能效进行分析。

1.4.2　群特征无线移动网络体系结构

移动通信是当代通信领域内发展最迅速、潜力最大、市场前景最广、最引人瞩目的热点技术,也是最活跃的领域之一,它能满足用户希望任何时间、任何地点、与任何人进行通信的需求。随着经济的发展、社会的进步,人们生活水平、生活质量的提高,人们对个人通信的需求也不断提升。移动用户期望更快的速度、更多样的业务、更可靠的服务、更低廉的价格,而且这种对个人通信的追求是无止境的。用户需求推动了移动通信网络的建设和扩充,以适应个人通信的发展,而频率资源有限注定了现有网络将无法满足人们的广泛需求,因而研究效率更高的网络结构,已成为摆在通信科技人员面前的重大课题。

1) 网络结构模型

网络结构模型是无线移动通信系统构建的基础,也是下一代无线移动通信网络中研究的关键问题之一。基于本研究寻求一种支持合群移动特性的高效自组结构网络的思路,研究工作从网络模型的建立入手。建立合群网络模型的基本思路是利用移动用户的汇聚合群特性,将一组移动台组织成合群组,通过动态调整网络粒度,提高网络通信与维护效率。

基于上述研究分析,下一代无线移动网络结构趋于更加灵活和多样。混合结构代表了多种技术、不同拓扑结构的优势融合,是未来网络的发展方向。本书提出的无线移动网络中的合群网络模型同样也是基于一种混合接入的网络结构,通过不同方式协同工作,有效利用移动通信终端物理上的合群特性,将节点组织成组管理;再利用信息融合技术,采用空间复用、冗余信息压缩、组播等方式,达到节省能量、带宽等功效。基于这一设计思路及多无线接入的概念与需求,本节将提出一种基于多无线节点的混合接入网络结构模型,并为合群管理提供网络结构上的支持。

图 1-2 为一个蜂窝覆盖下的合群网络示意图。与传统的蜂窝移动通信方式不同,移动台之间可以对等通信,根据合群特性,自组形成浮于蜂窝覆盖上的动态合群运动网络(图中白色椭圆覆盖)。

合群内的节点可以通过多跳接入基站,对于没有合群成组的移动站点,处理方式仍然与现有移动网络中的通信方式一样。合群网络模型将带来网络性能的优化和管理效率的提升,网络吞吐容量和节点能量开销会因为利用了物理空间上的优

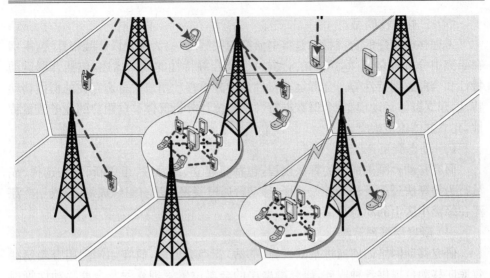

图 1-2　混合接入网络合群通信场景示意

化重组而分别有所提高和降低,同时移动台与网络间的数据传输也可以通过数据融合来提高效率。有关合群网络模型的效能及节点的合群移动特性,本书将在后续章节讨论。

群特征无线移动网络结构模型以混合网络模型为基础,利用移动蜂窝网络与 Ad Hoc 网络的各自特点和优势互补,设计一种结合两者优势的混合网络。在混合网络思想的指引下,多跳蜂窝网的概念及与之相关的一系列研究在近些年出现。而如何利用移动用户的群体特性是现有移动通信研究的一个空白领域。

2) 合群网络研究内容

支持群特征的移动通信网络结构模型的主要研究内容有网络结构模型、合群组织特性模型、动态凝聚算法、凝聚层管理算法等。

(1) 网络结构模型。

本书提出网络结构是支持群特征的网络的基础,而目前没有成熟的网络模型,因此需要研究基于垂直通信与水平通信交织的混合通信网络模型。由于现有蜂窝网的技术成熟,且能保证 QoS,因此垂直通信仍采用与现有 GSM 或 CDMA 相似的方式;水平通信使用灵活高效的 Ad Hoc 方式的对等结构。网络结构的研究重点是水平通信及两种通信方式的交叉协作等方面。

水平通信主要研究对等终端通信中数据链路层与网络层的关键技术。数据链路层主要研究空间复用网络的资源公平分配问题和分布式竞争接入的 QoS 问题。网络层主要研究网络拓扑相关下的路由选择、更新等问题。交叉协作主要研究垂直通信与水平通信的互操作方法,研究适于植入移动终端的混合模型通信协议框架和模型,研究两种协议间的切换和判决问题。

（2）合群特性模型。

考虑移动用户的合群特性是本书研究的关键之一，为优化设计凝聚算法，本书在研究中分析研究了移动用户的合群特性及合群特性的数据描述，包括合群运动特性和合群数据特性等。合群运动特性是指分析移动用户中普遍存在的群体移动特性，建立群体运动模型；合群数据特性是指统计分析群体移动用户的业务流量特性，建立群体流量模型。

（3）动态凝聚算法。

研究移动台凝聚成组的算法规程，包括组建立、组合并、组更新、组头选择、成员行为等算法过程及相关参数选择，移动台通过凝聚算法自组织成组，形成一个漂浮在蜂窝小区上的动态凝聚层。

（4）凝聚层管理算法。

研究移动网络如何通过基础设施（基站）管理凝聚层，研究如何利用凝聚层高效地向移动台提供各种服务，研究凝聚层的合群位置管理算法及合群移动性管理策略。

3）网络拓扑结构

如图 1-2 所示，合群网络模型以多跳蜂窝接入的混合方式为拓扑结构的基础。移动台之间可以对等通信，并通过组内的特定节点，接入蜂窝基站。合群内的通信不再占用基站频率资源，移动台与网络间的数据传输也可以通过数据融合来提高效率。

为实现上述通信功能，需要网络中的通信节点逻辑上具备多无线能力，分别处理与基站的通信和合群组内的对等通信，本书形象地称这两种通信方式为"垂直通信"和"水平通信"。两种通信方式虽然是协同工作，但是在资源上相互独立。基本处理上保留各自结构下的原始工作机制，必要时通过多功能触发机制实现决策切换，协同工作。这样可以充分利用不同结构各自的技术优势，同时在设计过程中也利用了现有技术手段，再者为系统设备升级过渡提供了足够的缓冲。

随着无线通信技术的发展，上述两种通信方式可以使用不同无线设备模块构成的物理上的多无线终端实现，也可以利用智能天线、MIMO、软件无线电等技术，通过空间分集或频率资源动态调整等策略实现逻辑上的多无线。而且后者由于资源的统一调度，会更有利于发挥混合网络的优势，但为兼顾现有网络的基础设施，实现网络的平稳过渡，本书讨论仍以物理上的多无线终端为基础。通过模块化设计和对物理层技术的抽象和屏蔽，在分集、智能天线、软件无线电等技术背景下，本书设计的模型框架仍然具有一定的参考价值。

1.4.3　群特征无线移动网络的关键技术

1）协作通信

无线信道的衰落特性是阻碍信道容量增加和服务质量改善的主要原因之一，

而 MIMO 技术是应对衰落的有效方法。但是 MIMO 技术要求每个通信设备必须具有多根天线，而这往往不易实现，协作通信正是在这种背景下应运而生的。协作通信的概念是建立在中继信道模型的基础上，受 MIMO 技术的启发而提出的。协作通信把无线信道、无线网络、物理层传输技术等综合在一起进行设计和优化，不仅能够提高无线通信系统的容量，减少通信的中断概率，而且可以扩大无线网络的连通性，节省数据传输的能量。协作通信是一种技术，更是一种通信的方式、一种思想，它可以和其他的通信技术充分融合，在无线通信领域中得到广泛的应用，成为下一代无线通信技术的重要研究领域。

传统的观点认为，无线传输的广播特性和多径衰落特性是有害因素，需要加以克服。而协作通信的研究很好地利用了无线传输的广播特性和衰落特性。广播特性可以使更多的中继节点收到源节点发送的数据，为采用协作的方式进行数据传输创造必要条件；而多径衰落较为严重的无线信道可以被分解为若干个不相干的并行信道，通过在并行信道上同时传递独立的数据可以获得更高的数据传输率。由于协作通信相对于 MIMO 技术而言多了节点之间彼此共享数据的过程，这可能会带来时间或频率上的扩展。所以，协作通信一般在性能上会略逊于 MIMO 技术，很多关于协作通信的文献都将 MIMO 技术的性能指标作为协作通信所能够达到的性能指标的上界。另一方面，由于参与协作的中继节点处于不同的空间位置，所以各中继节点在向目的节点发送数据的时候所经历的衰落各不相同，所以协作通信有可能获得比 MIMO 技术更好的应对衰落、提升系统性能的机会。

正是由于协作通信同时吸取了中继技术和 MIMO 技术的特点，所以能在很多方面带来性能的提高。概括的讲，协作通信可以增加无线通信系统的容量，减小数据传输的中断概率，扩大无线覆盖范围及连通性，减少传输节点的能量消耗。

协作通信的核心思想是多个节点之间通过协作实现资源的共享。协作通信从协作的角度把无线信道、无线网络、物理层传输技术等综合在一起进行设计和优化，不仅能够提高无线通信系统的容量，减少通信的中断概率，而且可以扩大无线网络的连通性，节省数据传输的能量消耗。目前，协作通信是发展最快的研究领域之一，并且将会成为未来无线通信的关键技术之一。

本书第三部分着眼于协作通信中相关策略和协议设计，针对协作通信的四个关键问题进行了研究。首先，本书研究了如何根据中继节点的空间分布选择合适的协作协议。然后，分析了干扰问题与协作通信的关系及协作通信应该采用何种方式来有效应对干扰。针对蜂窝网络中的异构协作这一新兴的研究领域，详细分析了两种协作模式及其能够达到的性能指标。最后研究了一种适用于协作通信的MAC 层协议，并通过仿真结果验证了其可行性。

2) 认知无线电

认知无线电是一种能够通过与它的操作环境进行交互而改变传输参数的无线

电。当非授权通信用户通过"借用"的方式使用已授权的频谱资源时,必须保证他的通信不会影响到其他已授权用户的通信。要做到这一点,非授权用户必须按照一定的规则来使用所发现的"频谱空洞"。认知无线网络是众多授权用户和非授权用户共同组成的动态频谱感知通信网络:授权用户间进行正常的通信业务;非授权用户间通过竞争或协作共享频谱空洞,并传输相应的数据和控制信息;非授权用户不断监测授权用户的通信情况,实时感知可能存在的频谱空洞,从而大幅度提升频谱利用率。

与传统的认知无线网络相比,认知无线合群网络中的用户间可以对等通信,根据合群特性,自组形成浮于认知无线网络上的动态合群运动网络。合群内的节点可以通过多跳接入,对于没有合群成组的用户,处理方式仍然与现有认知网络中的通信方式一样。认知无线合群网络模型将带来网络性能的优化和管理效率的提升,网络吞吐容量和节点能量开销会因为利用了物理空间上的优化重组而分别有所提高和降低,同时认知用户与网络间的数据传输也可以通过数据融合来提高效率。

认知无线合群网络的另一个主要特点是可以通过合群认知用户间的动态合群协作进行频谱感知。主要目的是发现频谱空洞,同时不能对主用户造成有害干扰。对频谱空洞的使用,合群网授权用户比认知用户具有更高级别的频谱接入优先权。因此认知用户在利用频谱空洞通信的过程中,必须能够快速感知到授权用户的再次出现,及时进行频谱切换,腾出所占用频段给主用户使用,或者继续使用原来频段,但需要通过调整传输功率或者调制机制来避免干扰。这就需要认知无线合群网络具有频谱检测功能,能够实时地侦听频谱,以提高检测的可靠性。

本书第三部分讨论在合群网络中认知无线电的应用。第 12 章讨论如何进行发射源检测,第 13 章根据合群网络的特点讨论合群网络中的频谱感知技术,然后在授权用户存在和不存在两种典型的认知无线合群环境中通过两种误差函数引入高斯卡方分布,讨论逼近误差。

3) 合群网络的移动性管理

本书讨论群特征的无线移动网络组织理论与关键技术,其网络基础为异构网络。在异构网络环境下,用户携带的多模终端在具有不同接入方式,不同覆盖范围及服务质量的接入网之间的移动要保持无缝的平滑连接,这就给异构网络中的多模终端移动性管理带来了挑战。

本书最后讨论了异构网络中的移动性管理技术。针对移动性管理中的两个主要问题,位置管理和切换管理,本书在第 14、15 两章首先探讨了合群网络模型下的位置管理和切换管理技术。

第 14 章分析了合群位置管理过程中的操作策略和信令过程,并针对一个具体的合群运动场景,比较分析了合群位置管理方案和传统位置管理方案的位置信令开销和数据库接入开销。

　　针对多跳切换过程中出现的可靠性低、实时性差的问题,第 14 章提出了一种基于层次化网络编码的多目标切换机制 NCHO。NCHO 机制将网络中编码数据包的传输定义成编码数据包在一个势能场作用下的流动,提出了层次化网络编码 HNC 及相关的分布式算法,控制编码数据包在势能场中的传输方向和数量,保证多个目标网络接入点能够同时接收到来自于移动用户的编码数据包。通过对 NCCC 机制的切换成功率和冗余度等性能参数的理论建模分析和仿真实验,证明了 NCCC 机制可以使不处于邻接切换域的移动用户也可以同多个不同远端网络接入点之间建立灵活、可靠的切换连接。最后,作为一种特殊的异构无线移动网络,本书对支持群协同的多径多链接网络中的切换管理进行了探讨,对该网络的网络结构与移动性管理中有待研究的问题进行了分析,为后续研究指出了方向。

参 考 文 献

Akyildiz I, Mcnair J, Ho J, et al. 1999. Mobility management in next-generation wireless systems. Proceedings-IEEE, 87:1347-1384.

Akyildiz I, Mohanty S, Xie J. 2005. A ubiquitous mobile communication architecture for next-generation heterogeneous wireless systems. IEEE Communications Magazine, 43(6):S29-S36.

Akyildiz I, Su W, Sankarasubramaniam Y, et al. 2002. Wireless sensor networks: A survey. Computer Networks Elsevier Journal, 38(4):393-422.

Akyildiz I, Wang X. 2005. A survey on wireless mesh networks. IEEE Communications Magazine, 43(9):23-30.

Alphones A. 2009. Double-spread radio-over-fiber system for next-generation wireless technologies. Journal of Optical Networking, 8(2):225-234.

Barabási A L. 2004. Linked: How Everything Is Connected to Everything Else and What It Means for Business, Science, and Everyday Life. New York: Plume.

Camp T, Boleng J, Davies V. 2002. A survey of mobility models for ad hoc network research. Wireless Communications and Mobile Computing, 2(5):483-502.

Chiang M, Steven H, Low A, et al. 2007. Layering as optimization decomposition: Mathematical theory of network architectures. Proceedings of the IEEE, 95(1):255-311.

Chlamtac I, Conti M, Liu J. 2003. Mobile ad hoc networking: Imperatives and challenges. Ad Hoc Networks, 1(1):13-64.

Cho J, Haas Z. 2004. On the throughput enhancement of the downstream channel in cellular radio networks through multihop relaying. IEEE Journal on Selected Areas in Communications, 22(7):1206-1219.

Forenza A, Heath R. 2006. Benefit of pattern diversity via two-element array of circular patch antennas in indoor clustered MIMO channels. IEEE Transactions on Communications, 54(5):943.

Ghosh A, Wolter D, Andrews J, et al. 2005. Broadband wireless access with WiMax/802. 16: Current performance benchmarks and future potential. IEEE Communications Magazine, 43(2): 129-136.

Halonen T, Romero R, Melero J. 2003. GSM, GPRS and EDGE Performance: Evolution Towards 3G/UMTS. New York: Wiley.

Robles T, Kadelka A, Velayos H, et al. 2001. QoS support for an all IP system beyond 3G. IEEE Communications Magazine, 39(8): 64-72.

Strogatz S H. 2001. Exploring complex networks. Nature, 410: 268-276.

Yu X, Chen G, Chen M, et al. 2005. Toward beyond 3G: The future project in China. IEEE Communications Magazine, 43(1): 70-75.

第一部分　网络结构的组织理论

本部分利用图论、复杂网络理论,容量及能效分析,以及网络效用最大化等理论工具从不同角度展现了合群网络的特征,分析了网络性能,并提出了相应理论问题的求解算法。现分别介绍如下:

1) 图论及复杂网络

网络的组织结构很大程度上影响着移动通信网络的各种基本属性,如网络的连通性、鲁棒性、度的分布、跳数等。这些网络的基本属性对分析和优化合群网络的性能(如吞吐量、时延、协议开销等)提供了一定的理论支撑,深入细致的研究移动通信网络的拓扑性质有极大的理论价值。目前的移动通信网络用户的快速增长和用户群体的非均衡分布引起了移动通信网络的周期性局部过载现象,这对移动通信全局 QoS 产生了较大影响,这一问题已引起了通信领域众多学者的广泛关注。同时,该问题是由用户社会性及群落的集聚过程共同作用而产生的,然而现有的拓扑模型并没有充分考虑到用户的社会属性和群落演化问题。第 2 章从图论基础入手,介绍了各类常用的网络拓扑模型及复杂网络理论,利用复杂网络中的"无标度"特性对由人的社会性引起的通信网络合群现象进行了建模验证。

2) 容量与效能分析

多跳传输和空间复用可以有效提高网络的容量。移动网络的合群管理恰恰符合这两个条件,因此可以预想它将带来网络容量上的效能提升。本部分采用网络容量域的分析方法,对合群管理下的蜂窝网网络容量进行分析。另外,由于无线终端的发送和接收能量开销与采用的无线技术有密切关系,多无线技术的合理选择使用会有利于能量的节省。一般情况下,节点发送接收信息的能量消耗与传输流量的比特数成正比,而合群管理支持下,由于组播的支持,网络传输的信息量能有效减少,第 3 章定量分析了合群结构组织形式的节能功效。

3) 网络效用最大化

第 4、5 章基于数学优化方法及分布式算法设计等研究成果,针对合群网络结构的网络结构特点,利用网络效用最大化方法,建立了相应的网络规划与优化模型。使用分布式的非线形规划算法,计算在满足网络资源约束条件或者网络性能要求的情形下,网络效用的最大值及该最大值的各参数值。

第2章　网络组织结构基础

2.1　网络拓扑的数学抽象

现实生活中许多状态都可以用图来表述，描述这些状态只需要代表状态的节点和代表它们之间关系的连线就可以了，而节点的位置和连线的长度并不需要考虑。图的基本元素就是节点及节点之间的联系。多数图可以用几何图形来表示，但是很多情况不可能也不需要将图画出，为了便于讨论图论中的问题，有必要对图的几个基本概念做出定义。

图：可以用三元组 (V,E,ψ) 表示图，其中，V 非空，称为顶点集合，E 称为边集，而 ψ 是 E 到 V 中元素有序对或无序对簇的函数，称为关联函数。若 $V \times V$ 中元素全是有序对，则 (V,E,ψ) 称为有向图，可记为 $D=(V(D),E(D),\psi_D)$。若 $V \times V$ 中元素全是无序对，则 (V,E,ψ) 称为无向图，记为 $G=(V(G),E(G),\psi_G)$。设 $\alpha \in E(D)$，则存在 $x,y \in V(D)$ 和有序对 $(x,y) \in V \times V$ 使得 $\psi_D(\alpha)=(x,y)$。α 称为从 x 到 y 的有向边，x 称为 α 的起点，y 称为 α 的终点，起点和终点统称为端点。设 $e \in E(G)$，则存在 $\{x,y\} \in V \times V$ 使得 $\psi_G(e)=\{x,y\}$，可简记为 $\psi_G(e)=xy$ 或者 yx，e 称为连接 x 和 y 的边。

边与它的两端点称为关联；与同一条边相关联的两端点或者与同一顶点相关联的两条边称为相邻；两端点相同的边称为环。有公共起点并有公共终点的两条边称为平行边或者重边。两端点相同但方向相反的两条有向边称为对称边。无环并且无平行边的图称为简单图。

图 (V,E,ψ) 中，设 V 中元素个数为 v，E 中元素个数为 ε，则 v 和 ε 分别称为该图的阶和边数。阶数为 1 的简单图称为平凡图，边数为 0 的图称为空图。v 和 ε 都有限的图称为有限图（左孝凌，1982）。

度：设 G 是无向图，$x \in V(G)$ 的度定义为 G 中与 x 相关联的边的数目，记为 d_x。如果存在环，则每条环计算两次度。度为 d 的节点称为 d 度点，零度点称为孤立点。设 D 是有向图，$y \in V(D)$ 的出度定义为 D 中以 y 为起点的有向边的数目，记为 $d_D^+(y)$。顶点的入度定义为 D 中以 y 为终点的有向边的数目，记为 $d_D^-(y)$。$y \in V(D)$ 的顶点的度定义为 $d_D^+(y)+d_D^-(y)$。

图的矩阵表示：图可用关联矩阵和邻接矩阵来表示。对于任意图 G，对应着一个矩阵称为 G 的关联矩阵，设 $v_1,v_2,v_3,\cdots,v_v$ 和 $e_1,e_2,e_3,\cdots,e_\varepsilon$ 分别表示 G 的节点和边,则 G 的关联矩阵是指矩阵 $M(G)=[m_{ij}]$,其中,m_{ij} 是 v_i 和 e_j 相关联的次数。

伴随于 G 的另一个矩阵是邻接矩阵,这是一个 $v \times v$ 的矩阵 $A(G)=[a_{ij}]$,其中,a_{ij} 是连接 v_i 和 v_j 的边的数目。一般来说,图的邻接矩阵比它的关联矩阵小得多,通常图以其邻接矩阵的形式存储在计算机中。

路与连通:G 的一条途径是指一个有限非空序列 $W=v_0e_1v_1e_2v_2\cdots e_kv_k$,它的项交替为节点和边,使得对 $1 \leqslant i \leqslant k, e_i$ 的端点是 v_{i-1} 和 v_i。称 W 是从 v_0 到 v_k 的一条途径。v_0 和 v_k 分别称为 W 的起点和终点,而 $v_1, v_2, \cdots, v_{k-1}$ 称为它的内部顶点。整数 k 称为 W 的长度。

若途径 W 的边 $e_1, e_2, \cdots, e_k$ 互不相同,则称 W 为迹;若途径 W 的顶点 v_0, $v_1, \cdots, v_k$ 也互不相同,则称 W 为路,起点和终点相同的路称为环路。

如果在 G 中存在 (u,v) 路,则 G 的两个顶点 u 和 v 称为连通的。连通是顶点集 V 上的一个等价关系,于是存在 V 的一个分类,把 V 分成非空子集 $V_1, V_2, \cdots$, V_n,使得节点 u 和 v 是连通的当且仅当它们属于同一子集 V_i。子图 $G(V_1)$, $G(V_2), \cdots, G(V_n)$ 称为 G 的连通分支。若 G 只有一个分支,则称 G 是连通的;否则称 G 是不连通的。

网络和流:一个网络 N 是指一个具有两个特定顶点子集 X 和 Y 的有向图 D(称为 N 的基础有向图),以及一个在 D 的弧集 A 上定义的非负值函数 c;假定顶点集 X 和 Y 互不相交且非空,称 X 中的顶点是 N 的发点,称 Y 中的顶点是 N 的收点,既不是发点又不是收点的节点称为中间点,所有中间点的集记为 I。称函数 c 是 N 的容量函数,它在弧 α 上的值称为 α 的容量。一条弧的容量可以看作沿着这条弧传送数据的最大流量。

若 f 是定义在 N 的弧集 A 上的实值函数,并且 $K \subseteq A$,则用 $f(K)$ 表示 $\sum\limits_{\alpha \in K} f(\alpha)$。此外,若 K 是形为 $(S, \bar{S})$ 的弧集,则把 $f(S, \bar{S})$ 记为 $f^+(S)$,而把 $f(\bar{S}, S)$ 记为 $f^-(S)$。

网络 N 上的流是指定义在 A 上的一个函数 f,使得

$$0 \leqslant f(\alpha) \leqslant c(\alpha), \quad \alpha \in A \qquad (2\text{-}1)$$

及

$$f^+(v) = f^-(v), \quad v \in I \qquad (2\text{-}2)$$

f 在弧 α 上的值 $f(\alpha)$ 可以看作是在流 f 中信息沿着 α 传送的流量。式(2-1)中的上界称为容量约束,它给出一个自然的限制,即沿一条弧的流量不能超过这条弧的容量。式(2-2)称为守恒条件,它要求对于任何中间点 v,信息流入 v 的量等于流出 v 的量。

若 S 是网络 N 的顶点子集,而 f 是 N 中的流,则 $f^+(s)-f^-(s)$ 称为 f 流出 S 的合成流量,而 $f^-(s)-f^+(s)$ 是 f 流入 S 的合成流量。由于守恒条件要求流出任何中间点的合成流量都是零,所以可知对于任何流 f,流出 X 的合成流量等于流进 Y 的合成流量。

图的运算:设 $X=(V(X),E(X),\psi_X)$ 和 $Y=(V(Y),E(Y),\psi_Y)$ 是两个图。若 $V(Y)\subseteq V(D),E(Y)\subseteq E(X)$,并且 ψ_Y 是 ψ_X 在 $E(Y)$ 上的限制,即 $\psi_Y=\psi_0|E(Y)$,称 Y 为 X 的子图,X 是 Y 的母图,记为 $Y\subseteq X$。若 $Y\subseteq X$ 并且 $V(Y)=V(X)$,则称 Y 为 X 的支撑子图。若 $Y\subseteq X$ 且 $V(Y)\neq V(X)$,则称 Y 为 X 的真子图,记为 $Y\subset D$。

设 V' 是 $V(D)$ 的非空真子集,以 V' 为顶点集并以 D 中两端点均在 V' 中的边为子集的子图称为 D 的由 V' 导出的子图,简称为导出子图,记为 $D[V']$。

设 E' 是 $E(D)$ 的非空子集。以 E' 为子集并以 D 中由 E' 中边的端点为顶点集的子图称为 D 的由 E' 导出的子图,记为 $D[E']$。

设 $D_1\subseteq D,D_2\subseteq D$,若 $V(D_1)\bigcap V(D_2)=\varnothing$,则称 D_1 和 D_2 是点不交的;若 $E(D_1)\bigcap E(D_2)=\varnothing$,则称 D_1 和 D_2 是边不交的。设 D_1 和 D_2 的并 $D_1\bigcup D_2$ 是子图 H,其中,$V(H)=V(D_1)\bigcup V(D_2)$ 且 $E(H)=E(D_1)\bigcup E(D_2)$。

2.2　几种常见网络模型的结构特征

在多跳无线通信网络工作期间的任何一个时刻,可将其拓扑结构看成一个由一系列顶点和相应边构成的图。一般而言,如果节点 i 发送的信号能被另外一个节点 j 正确接收,则认为 i 也能接收节点 j 发送的信号,所以多跳无线通信网络可认为是一个无向图。这里应将通信成功的概率(简称通信概率)与通信容量区别开。在实际的无线通信网络中,由于多节点通信冲突的存在,两个在图中相连的节点会存在丢包的现象,节点传输速率会降低甚至不传输,这种现象可认为是两节点之间连接的容量下降了,而不是指节点间的通信概率下降了。为了不失一般性,在下面的讨论中均假定节点是均匀分布在给定范围内的。

2.2.1　网络拓扑的基本统计指标

刻画网络性质有很多概念和方法,典型也最基本的有四个统计量:平均路径长度(Average Path Length)、聚类系数(Clustering Coefficient)、度分布(Degree Distribution)和局部相关性。

平均路径长度:网络中两个节点 i,j 之间的距离 d_{ij} 为连接这两点的最短路径所含的边数。网络中任意两个节点之间的距离最大值称为网络的直径,记为 D,即 $D=\max\limits_{i,j} d_{ij}$。网络的平均长度 L 定义为任意两个节点之间的距离平均值,即

$$L = \frac{1}{\frac{1}{2}N(N+1)} \sum_{i \geqslant j} d_{ij} \qquad (2-3)$$

式中,N 为节点个数。网络的平均路径长度可称为网络的特征路径长度。

聚类系数:设网络中节点 i 有 k_i 条边将它和其他节点相连,也就是节点 i 有 k_i 个邻居节点,则这 k_i 个节点之间最多可能有 $k_i(k_i-1)/2$ 条边。这 k_i 个节点之间实际存在的边数 E_i 和最大可能边数之比定义为节点 i 的聚类系数 C_i,即

$$C_i = 2E_i/(k_i(k_i-1)) \qquad (2-4)$$

整个网络的聚类系数 C 就是所有节点 i 的聚类系数 C_i 的平均值。根据上式,C 在区间[0,1]中,$C=0$ 意味着所有节点为孤立节点,没有边存在;$C=1$ 则表示网络中任意的两点都有边直接相连。

节点的度分布:网络中所有节点的度 k_i 的平均值称为网络的平均度,记为 $\langle k \rangle$。设 $P(k)$ 表示一个随机选定的节点度恰好为 k 的概率,网络中节点度的分布情况可用分布函数 $P(k)$ 描述。

局部相关性:假设节点 i,j 相连,若节点 i 与节点 j 邻居节点的连接概率大于节点 i 与网络中其他节点(除了离节点 i 只有一跳或者两跳的节点)相连的概率,那么称连接节点 i,j 的这条边具有局部相关性。

2.2.2　确定性图

确定性图即为经典图论中出现的各类图,这类图边和点都是确定不变的。对于这类图,已经有大量的分析,如全局耦合网络,它的任意两点之间都有边直接相连。在节点个数一定的情况下,全局耦合具有最小的网络平均路径长度 $L=1$ 和最大的聚类系数 $C=1$。全局耦合网络显然是一个小世界网络,但是该模型并不适合作为实际的网络模型,大部分实际存在的网络不可能做到全局耦合,常常表现为稀疏图的形式,即边的数目为 $O(N)$ 而不是 $O(N^2)$。

稀疏图中具有代表性的有最近邻耦合网络和星形网络。最近邻耦合网络中每一个节点只和它周围的邻居节点相连。具有周期边界条件的最近邻耦合网络包含 N 个围成一个环的节点,其中每个节点都与左右各 $K/2$ 个邻居节点相连。特别地,当 $K=2$ 时,最近邻耦合网络退化为一个环状网络。对于较大的 K 值,最近邻耦合网络的聚类系数为

$$C = \frac{3(K-2)}{4(K-1)} \approx \frac{3}{4}$$

此时网络是高度聚类的;平均长度

$$L \approx \frac{N}{2K}$$

当 N 很大时，显然 L 也很大，所以最近邻耦合网络没有小世界的性质（Hekmat，2006）。

星形网络有一个中心点，其余的节点都只与这个中心点相连，它们之间彼此互不相邻。其平均路径长度 $L=2(N\to\infty)$，聚类系数 $C=1(N\to\infty)$。

确定性图没有考虑无线信道存在的随机性，属于易于分析但刻画并不精细的无线多跳通信网络模型。

2.2.3　ER 随机图

与规则图相对应的是随机图，最为典型的随机图是 Erdos 和 Renyi 率先提出的 ER 随机图（Erdos，1960）模型。假设有 N 个点，以相同的概率 p 连接任意一对点，这样的操作可以得到一个有 N 个点，约 $pN(N-1)/2$ 条边的 ER 随机图的实例。

如果当 $N\to\infty$ 时产生一个具有某性质的 ER 随机图的概率为 1，那么就称几乎每一个 ER 随机图都具有该性质。ER 随机图很多重要的性质都是突然涌现的，对于某一个给定的概率 p，要么几乎每一个图都是连通图，要么几乎每一个图都是非连通的。

全局耦合网络的度分布非常简单，其所有节点具有相同的度，所以度分布是可差分函数，它是单个尖峰。网络中任何随机化倾向将使得这个尖峰变宽。ER 随机图的平均度 $\langle k\rangle=p(N-1)\approx pN$。完全随机网络的度分布可以近似看成泊松分布或二项分布，其形状在原理峰值 $\langle k\rangle$ 处呈指数下降，这表示当 $k\gg\langle k\rangle$ 时，度为 k 的节点实际上是不存在的。它的平均路径长度为网络规模的对数增长函数，具有典型的小世界特性，即规模很大的网络也可以有很小的平均路径长度。ER 随机图中因为任意两个节点的连接概率均为 p，所以聚类系数 $C=p=\langle k\rangle/N\ll1$，这意味着大规模的稀疏 ER 图没有集群的特性。若 ER 随机图的平均度 $\langle k\rangle$ 不变，每条边出现与否都是独立的，则对于足够大的节点数 N，度分布可用 Possion 分布来表示如下：

$$P(k)=\binom{N}{k}p^{k}(1-p)^{N-k}\approx\frac{\langle k\rangle^{k}\mathrm{e}^{-\langle k\rangle}}{k!}$$

跳数（平均路径长度）

$$E[h]\simeq\frac{\lg(N)}{\lg(E[d])}$$

很明显，ER 随机图虽然能刻画无线网络的随机性，但也不适合对多跳移动通信网络进行建模，因为无线多跳网络对于相邻节点的可通信概率要远大于远距离节点的可通信概率。

2.2.4　规则格子图模型

规则格子图是将节点布置在格子结构上,相邻格子上的节点距离均相等。各节点独立的以概率 p 与最近邻节点进行连接。

设二维规则格子图大小为 $m \times n$,则该图的节点数 $N = m \times n$。若连接概率 $p \approx 1$,则规则格子图的平均度为

$$E[d_{m \times n}] = 4 - \frac{2(m+n)}{m \times n}$$

平均跳数(Hopcount)为

$$E[h_{m \times n}] = \frac{m+n}{3}$$

从上式可知,规则格子图的平均跳数随着网络规模 N 的增长,以 $O(N)$ 速度增长。而对于 ER 随机图,可知其跳数增长速度为 $O(\lg N)$。这说明规则格子图没有小世界性质,而 ER 随机图则具有小世界性质。

在无线多跳网络中,由于无线信号随着通信距离的增加急剧衰落,所以节点间成功通信的概率应该是距离的函数。格子图模型的边连接方式在一定程度上体现了无线多跳网络的这个特点,从这个角度上说,规则格子图比随机图更适合作为无线多跳网络的模型。但是无线通信中,通信节点因为周边环境的影响,通信距离显然在各方向是不同的,而规则格子图模型无法反映这个特点。

2.3　几何随机图模型的结构特征

在无线多跳网络中,通信节点间的连通性依赖于节点间的几何距离的长短。另外一个显见的事实是:如果两通信节点有公共的邻居,那么这两节点的连通概率就更大,也就是说多跳无线网络具有局部相关性。这种具有局部相关性并且节点间的连接概率依赖于几何距离的随机图称为几何随机图(Geometric Random Graph)。

设 $G_{p(ij)}(N)$ 表示有 N 个节点的几何随机图,$p(r_{ij})$ 表示两个节点 i, j 之间存在边即有连接的概率,r_{ij} 表示两节点间的距离。那么构造符合实际网络特性的几何随机图的关键在于如何较为准确的确定 $p(r_{ij})$。

显然,$p(r_{ij})$ 的确定与无线电波的空间传播模型紧密相关。设 P_a 为无线电波传播至某个距离时的平均功率,发送和接收节点之间距离为 r,则在路径损耗传播模型(Pathloss Radio Propagation Model)中,P_a 应为发送和接收节点之间距离 r 的减函数,可表示为

$$P_a(r) = c\left(\frac{r}{r_0}\right)^{-\eta} \tag{2-5}$$

式中，r_0 表示传输距离；参数 η 为路径损耗指数，它取决于传播环境，其取值范围一般为 2~6。在自由空间中取 2，建筑物密集的城市环境中取 6，在室内环境中为 1.6~1.8。常数 c 由发送功率、接收和发送天线的增益与无线电的波长共同确定。

2.3.1　路径损耗几何随机图模型

目前大部分文献涉及的几何随机图模型均是基于路径损耗的几何随机图模型（Pathloss Geometric Random Graph Model）。在这种几何随机图中，节点间的连接概率由如下所述的无线传播路径损耗模型确定。

设接收节点的接收阈值为一个定值 P，即接收到的信号功率若超过 P，则可正确接收该信号。根据式(2-5)，节点能够通信的最大范围为

$$R = r_0\left(\frac{c}{P}\right)^{1/\eta} \tag{2-6}$$

R 值决定了无线多跳网络的连通性。路径损耗几何随机图模型中每个节点的通信覆盖范围是一个以该点为圆心，R 为半径的完整圆域。两节点之间通信成功的概率（连接概率）$p(r_{ij})$ 可表示为如下的分段函数：

$$p(r_{ij}) = \begin{cases} 1, & 0 < r_{ij} \leqslant 1 \\ 0, & r_{ij} > 1 \end{cases} \tag{2-7}$$

也就是说落在圆域内的节点均能和圆心节点通信，而圆外节点无法与之通信。

路径损耗几何随机图模型在文献中被广泛应用于分析 Ad Hoc 网络、无线传感器网络等各类无线多跳通信网络。但在实际的无线通信网络中，接收到的信号功率并不是一个定值，而是围绕功率的均值有着明显的波动，通信节点实际覆盖的通信范围并不是一个完整的圆域，而是一个不规则的形状，随着接收信号功率的波动，某些方向会出现一些长距离的连接，而在另外的方向短距离的连接也可能会消失。

2.3.2　对数正态几何随机图模型

路径损耗几何随机图模型考虑了无线多跳网络中节点的距离因素，并且使连接具有了局部相关性，但其过分简化了真实信号的传播损耗——每个节点的通信范围是一个完整的圆域。换句话说，路径损耗几何随机图模型没有考虑到无线电波的传播具有一定的随机性。

据此可以设想一个更合适的模型应该是既能反映几何距离的作用和连接局部相关性，又能反映无线电传播的不确定性，也就是说新模型应该结合 ER 随机图模型和路径损耗模型的特点，这种模型的性质应该介于两者之间。

对数正态无线模型（Lognormal Radio Model）：在对数正态无线模型里，与路径损耗模型最显著的区别是各个节点接收功率的均值是一个随机变量，不再是式(2-5)这种确定的形式，具体来说就是接收信号平均功率的对数值服从正态分布。该正态分布标准差 σ 反映了此种功率变化的剧烈程度。σ 值较大说明接收信号功率围绕均值产生较大波动，σ 值较小则可认为波动较小。设距离发送节点 r 处的接收功率为 $P(r)$，x 是零均值的正态分布变量，标准差为 σ，则有式(2-8)：

$$10\lg(P(r)) = 10\lg(P_a(r)) + x \tag{2-8}$$

标准差 σ 最大可达到 12。容易看出，当 $\sigma=0$ 时，即接收功率无变化的时候，对数正态模型将退化为路径损失模型，所以可将路径损失模型看成对数正态模型的一种特例。

设节点 i 向节点 j 发送信息，基于对数正态无线模型，节点 j 的接收功率满足式(2-9)：

$$10\lg(P(r_{ij})) = 10\lg(P_a(r_{ij})) + x \tag{2-9}$$

设 $P = c(R/r_0)^{-\eta}$，距离变量标准化为 $\hat{r}_{ij} \stackrel{\text{def}}{=} r_{ij}/R$，功率标准化为 $\hat{P}(\hat{r}_{ij}) \stackrel{\text{def}}{=} P(r_{ij})/P$，则可得

$$10\lg\left(\frac{P(r_{ij})}{P}\right) = 10\lg\left(\left(\frac{r_{ij}}{R}\right)^{-\eta}\right) + x$$

$$10\lg\hat{P}(\hat{r}_{ij}) = 10\lg(\hat{r}_{ij}^{-\eta}) + x$$

则两节点成功通信的概率（即连接概率）为（Stavros,2004）

$$
\begin{aligned}
p(\hat{r}_{ij}) &= \Pr[10\lg(\hat{P}(\hat{r}_{ij})) > 0] \\
&= \frac{1}{\sqrt{2\pi}\sigma}\int_0^\infty \exp\left\{-\frac{[t - 10\lg(\hat{r}_{ij}^{-\eta})]^2}{2\sigma^2}\right\}\mathrm{d}t \\
&= \frac{1}{2}\left[1 - \mathrm{erf}\left(v\frac{\lg(\hat{r}_{ij})}{\xi}\right)\right], \xi \stackrel{\text{def}}{=} \sigma/\eta
\end{aligned} \tag{2-10}
$$

式中，$v = \frac{10}{\sqrt{2}}\lg10 = \frac{10}{\sqrt{2}}$；$\xi$ 为标准差 σ 与路径损失指数 η 的比值，理论上 ξ 的范围为 $0\sim6$，但在实际网络中 ξ 值应不超过 3。

表 2-1 对各类网络模型做了一个简单的比较，其中小世界性质指网络各节点对平均跳数相对于网络规模很小，后续章节将会详细进行介绍。

表 2-1　网络模型的比较

网络模型	连接概率	局部相关性	小世界性质
Ad Hoc 网	与距离和信号衰减有关	有,随着衰减的增强越来越弱	①
ER 随机图	与距离无关	无	有
规则格子图	与距离有关,相邻节点概率相同	无	无
无标度图	与距离无关,与某些节点连接概率特别大	②	有
路径损失几何随机图	与距离有关,相同距离的节点连接概率相同	有	③
对数正态几何随机图	与距离有关,连接概率函数与距离和 ξ 有关	有,随着 ξ 值增大越来越弱	取决于 ξ 值大小

　① 如果节点数目和网络服务区域均增大,那么网络直径也会随之增加,此时网络就不会呈现小世界特性。若服务区域大小不变,仅节点密度增加,则网络直径不会改变,网络将会呈现小世界特性。如果接收信号的功率变化很大,会出现一些较长距离的连接,则网络直径和平均跳数将会减少。

　② 无标度图呈现出极强的群集化趋势,但是不一定会有局部相关的性质。例如,在 Internet 上,两个网站可能对某个受欢迎的网页都有链接,但是这两个网站间的连接概率并不一定很大。

　③ 和①类似,但无法体现接收信号功率的变化。

2.4　几何随机图的性质

2.4.1　随机连接的概率密度和度的期望

　　节点的度直接影响图的连通性,这是图的重要性质。这一节将考虑几何随机图的度分布。

　　设 $G_{p(r_{ij})}(N)$ 表示有 N 个节点的无向几何随机图, N 个节点均匀分布在某 2 维区域 Ω 中。则网络中的连接总共有 L 条,即

$$L = \sum_{i=1}^{N} \sum_{j=i+1}^{N} p(r_{ij}) \tag{2-11}$$

　　将区域 Ω 分成 m 个小正方形 $\Delta\Omega$,每个正方形区域仅能容纳一个节点,则可求得 L 的均值为

$$E[L] = \frac{N(N-1)}{m(m-1)} \sum_{i=1}^{m} \sum_{j=i+1}^{m} p(r_{ij}) \tag{2-12}$$

连接密度定义为 $E[L]$ 与 $E_{max} = N(N-1)/2$ 的比值, E_{max} 为全连通网络的连接数。则连接密度 ρ_L 为

$$\rho_L = \frac{E[L]}{E_{max}} = \frac{2}{m(m-1)} \sum_{i=1}^{m} \sum_{j=i+1}^{m} p(r_{ij}) \tag{2-13}$$

由式(2-13)可知,连接密度与节点的个数无关,仅取决于节点间的连通概率 $p(r_{ij})$。图的平均度

$$E[d] = \frac{2E[L]}{N} = (N-1)\rho_L \tag{2-14}$$

式(2-14)描述了任意类型的几何随机图模型,对于对数正态几何随机图模型,可得其连接密度 $\rho_{\lg}$ 为

$$\rho_{\lg} = \frac{1}{m(m-1)} \sum_{i=1}^{m} \sum_{j=i+1}^{m} \left[1 - \mathrm{erf}\left(3.07 \frac{\lg(\hat{r}_{ij})}{\xi} \right) \right] \tag{2-15}$$

平均度为

$$E[d]_{\lg} = (N-1)\rho_{\lg} \tag{2-16}$$

通过计算 $\rho_{\lg}$ 值可发现,当服务区域 Ω 增大时,连接概率 $\rho_{\lg}$ 将会减小。

下面考虑度的分布。前面已经提到 ER 随机图的度分布服从二项分布,那么对数正态随机图模型的度分布是否也服从二项分布呢? 在对数正态随机图模型中,有两个方面使得计算度分布更加棘手,一是该模型里各节点的通信范围的形状和大小均不一样,即覆盖范围具有波动性;二是在服务区域的边界附近存在边界效应,节点的通信覆盖不完整,边界效应显然会降低边界附近节点的邻居的平均数目。

文献(Royer,1999)通过仿真实验来研究覆盖范围的波动性,实验中为了消除边界效应的影响,将平面区域变换成一个圆环面,节点间的平面距离相应转变为超环面距离。这样的设计使得边界不存在,边界效应随之消失。其结果表明若无边界效应,即使存在覆盖范围的波动性,对数正态几何随机图的度仍然服从二项分布。

对于边界效应,在以下两种情形下可认为是无需考虑的:一是服务区域远大于单个节点的覆盖范围;二是节点密度较小(等效于服务区域较大)。在这两种情况下,节点的平均度将会较小,也就是说节点的平均度较小时可忽略边界效应。仿真结果说明当 $E[d] \leqslant 18$ 时,节点度可认为服从二项分布。从实际的 Ad Hoc 网、传感器网络和无线个域网等无线多跳网络来看,认为节点平均度较小是合理的,这是因为:

(1)通信节点的发射功率一般较小,这意味着通信覆盖区域也较小,邻居节点也较少。

(2)多跳网络中由于共享接入的原因,在设计中一般会避免某个节点的度过大。

2.4.2　几何随机图模型跳数分析

跳数对分析无线网络流量、路由开销和传输延迟有着重要影响。跳数与 ξ 值、

节点数目 N 及服务区域的面积有关。当 ξ 较小时，几何随机图的跳数的统计性质类似于规则格子图模型：当 ξ 值增大时，长距离的连接将会偶尔出现，平均跳数和网络直径均会减小，几何随机图的平均跳数越来越接近 ER 随机图。但几何随机图模型的连接概率是依赖于距离的，所以即使 ξ 值再大也不可能与随机图跳数的性质完全相同。

当服务区域面积增加时，平均跳数也将随之增大。但如果服务区域确定了，仅增加节点数目则对平均跳数没有影响，也就是说这种情况下几何随机图有小世界性质。另外，当 ξ 值较小时，平均跳数仅仅取决于服务区域的大小，与节点个数基本没有关系。

2.4.3　连通性分析

关于 Ad Hoc 网络连通性的问题已经有大量的研究。本节介绍对数正态几何随机图的连通性问题。该模型比那些仅依靠确定参量决定通信距离的模型更能反映真实的无线通信网络，所以研究其连通性更具实用价值。

连通性包括两种：顶点连通性（Vertex Connectivity）和边连通性（Edge Connectivity），本节所研究的连通性为顶点连通性。以下两个定理揭示了连通性的性质。

定理 2-1　图 G 仅有 N 个点（N 值很大）且没有任何连接，随机给该图 G 加上 m 条边，若

$$m \geqslant \frac{N\lg(N)}{2} + O(N)$$

G 将成为连通度为 1 的图。在模型 $G_p(N)$ 中，任意两点的连接概率为

$$p \overset{\text{def}}{=\!=} m \left/ \binom{N}{2} \right.$$

则要使 $G_p(N)$ 成为连通度为 1 的图必须满足条件

$$p \geqslant \frac{\lg N}{N}$$

已经证明当上式成立时，二维或更高维的路径损耗几何随机图将保持连通性。

直观上，可以想象连通度应该与通信节点密度及通信范围有关——增加节点密度或者增加通信距离能提高节点的度，从而提高图的连通性。定理 2-2 定量的说明了这点。

定理 2-2　对于一个有 N 个点（N 值很大）而没有任何连接的随机图 G，设 $d_{\min}$ 为图中顶点的最小度，在 G 中逐个在节点间加边，则加边次序一共有（C_N^2）！种可能性，当 G 中顶点最小度为 k 时，图 G 几乎成为连通度为 k 的图，即

$$\Pr[G\text{为连通度为}k\text{的图}] = \Pr[d_{\min} \geqslant k]\text{a. s.}$$

定理 2-2 对二维及更高维的路径损耗几何随机图也是成立的。

在对数正态几何随机图中,信号功率的变化使得连接的局部相关性降低,图的性质向 ER 随机图"靠拢"。当 ξ 值增大时,几何随机图的连通性与 ER 随机图也更接近,此时根据定理 2-2 有 $\Pr[G\text{为连通度为}1\text{的图}] = \Pr[d_{\min} \geqslant 1]\text{a. s.}$。这是因为 ξ 值增大,长距离的连接将会出现,显然图 G 的连通性将会增强。

2.5　具有复杂网络特征的网络结构

2.5.1　复杂网络理论简介

复杂网络理论从更本质的角度研究了自然界和人类社会广泛存在的各类网络的性质。过去关于实际网络结构的研究常常着眼于包含几十个,至多几百个节点的网络,而近年来关于复杂网络的研究中常常可以看到包含成千上万个节点的网络。网络规模的巨大变化促使了网络问题提法和网络分析方法的改变。另外,长期以来,通信网络、电力网络、生物网络和社会网络等分别是各自学科的研究对象,而复杂网络理论所要研究的则是各种看上去互不相关的网络之间的共性和处理它们的普适方法,用复杂网络的思想和结论来对某种网络进行分析往往可以得到许多新的启示。

从图论的研究历史来看,复杂网络理论可看成是一种现代的图论。经典图论诞生于欧拉对哥尼斯堡七桥问题的思考,20 世纪 60 年代数学家 Erdos 和 Renyi 建立的随机图理论被公认为在数学上开创了复杂网络理论中的系统性研究。20 世纪末复杂网络中的小世界特征和无标度性质的发现则标志着对复杂网络的研究进入到一个新的纪元。复杂网络理论与图论研究本质上是一致的,即研究图的结构、性质及其相互间的关系。

另外,现代无线通信网络正朝着自组织、泛在与异构的方向大步迈进,但随之带来的激增的通信节点数目与各类节点的异质性成为了设计和改善网络体系结构与控制技术的难点。大规模异构自组织无线通信网络复杂性主要体现在以下两个方面。

(1) 结构复杂性。

大规模异构自组织网络的连接结构将会是错综复杂的,而且网络连接是时变的,例如,Ad Hoc 网络通信节点的接入与删除。此外,节点之间的连接可能具有不同的优先级和服务质量需求。

(2) 节点的复杂性。

网络中的节点可能具有复杂的非线性行为。例如,异构网络存在多种不同类型的节点,不同类型的通信节点其通信行为也可能异质化。解决这些难点问题仅仅靠传统的网络设计与控制理论将会力不从心,而复杂网络理论作为网络科学的最新研究成果将会给解决大规模自组织无线通信网络拓扑构建与控制方式等难点问题带来新的契机。

2.5.2　小世界网络与无标度网络

小世界网络是一个既具有类似于规则网络的较大聚类系数,又具有类似于随机图的较小平均路径长度的网络模型。无标度网络模型则是基于许多实际网络的度分布具有幂律形式这样一个事实而构造的。

小世界网络:如果一个网络对于固定的网络节点平均度$\langle k \rangle$,平均路径长度L的增加速度至多与网络规模N的对数$\lg N$成正比,则称该网络具有小世界效应。规则最近邻网络具有高聚类特性,但并不是小世界网络。另外,ER随机图虽然具有小的平均路径长度但却没有高聚类特性。因此,这两类网络都不能较好的体现网络的一些重要特征。作为从完全规则网络向完全随机图的过渡,Watts和Strogatz(Watts,1998)于1998年引入了一个小世界模型,称为WS小世界模型,该模型的构造算法如下。

(1) 从规则图开始:构造一个含有N个节点的最近邻耦合网络,围成一个环,其中每个节点都与它左右相邻的各$k/2$个节点相邻。

(2) 随机化重连:以概率p随机地重新连接网络中的每条边,即将边的一个端点保持不变,而另一个端点取为网络中随机选择的一个节点。规定任意两个不同节点之间至多只能有一条边,并且每个节点都不能有边与自身相连。

显然,若$p=0$则对应于完全规则网络,若$p=1$对应于完全随机网络,通过改变p值就可以控制网络在规则确定性网络和完全随机网络之间过渡。除了WS模型,还有一些其他构造小世界模型的方法,如NW模型。

WS模型的聚类系数为

$$C(p) = \frac{3(K-2)}{4(K-1)}(1-p)^3 \qquad (2\text{-}17)$$

WS模型的平均路径长度迄今为止还没有精确的解析表达式,其近似表达如下:

$$L(p) = \frac{2N}{K}f(NKp/2) \qquad (2\text{-}18)$$

式中,$f(u)$是一个普适标度函数,满足

$$f(u) \approx \frac{1}{2\sqrt{u^2+2u}}\operatorname{arctan}h\sqrt{\frac{u}{u+2}}$$

WS小世界模型与ER随机图模型类似,是所有节点的度都近似相等的均匀网络。

　　无标度网络:无标度网络的度分布服从幂律分布(Barabási,2003),对于一个概率分布函数 $f(x)$,如果对任意给定的常数 α,存在常数 β 使得函数 $f(x)$ 满足"无标度条件"$f(\alpha x)=\beta f(x)$,那么必有

$$f(x) = f(1)x^{-\gamma}, \quad \gamma = -f(1)/f'(1) \tag{2-19}$$

幂律分布函数是唯一满足无标度条件的概率分布函数。在一个大规模无标度网络中,绝大部分节点的度相对而言是很低的,但存在少量的度很高的节点,这些度很高的节点可看成是网络的"集线器"(Hub)。直观上来看,度越大意味着在某种意义上该节点越重要。

　　Barabási 和 Albert 提出了一个无标度网络模型,称为 BA 模型,它考虑了现实网络中的两个重要特性:一是增长特性,即网络规模是不断扩大的;二是优先连接特性,即新的节点倾向于与度较大的节点相连接。BA 构造算法如下。

　　(1) 增长:从一个具有 N_0 个节点的网络开始,每次引入一个新的节点,并且将其连到 N 个已经存在的节点上,其中 $N \leqslant N_0$。

　　(2) 优先连接:一个新节点与一个已经存在的节点 i 相连接的概率 p_i 与节点 i 的度 k_i,节点 j 的度 k_j 之间满足关系。

$$p_i = \frac{k_i}{\sum\limits_j k_j}$$

2.5.3　无线通信网中的复杂网络特性

　　Watts 和 Strogatz 提出的小世界网络指出少量的随机连接(Random Shortcuts)可使得网络拓扑结构具有大的集群系数(Clustering)和小的平均距离。而 Barabási 和 Albert 提出的无标度网络(Scale-free Network)则揭示了增长和择优机制在复杂网络系统自组织演化过程中的普遍性,这两类网络的特性在现实的网络拓扑结构中具有一定的普适性。

　　大量的实证研究表明,真实网络几乎都具有小世界效应。目前复杂网络理论在无线通信网络的研究中主要集中在"小世界性质"的应用,建立了小世界网络和无线通信网络之间的联系:通过对某些节点加入长距离逻辑或者物理连接,使得无线通信网络的平均路径大大缩短,使之具有了"小世界"的性质,并提出了对应的分布式路由算法。这些算法改进了大规模无线网络中节点资源发现的能力,具有良好的扩展性,并能降低各通信节点的能量损耗。

　　"无标度网络"在无线蜂窝通信网中有广阔的应用前景,在研究该类网络时可将问题分为网络拓扑产生和路由两个部分考虑。目前已有算法可以使多跳蜂窝网中的固定中继节点(FRN)的网络结构组织成无标度形式,在固定中继节点和基站之间采用相应的路由机制可使得多跳蜂窝网自组织的处于一种负载均衡的状态,

这种机制还使得蜂窝网络具有更强的鲁棒性。

将复杂网络理论应用到无线通信网的工作目前还只是处于起步阶段,国内外的有关工作还比较少,现有工作主要是利用复杂网络中的小世界特性,无标度性质偶有涉及,其他性质的应用几乎是空白。对此,可从以下两个方面着手研究。

(1) 自组织无线通信网络的复杂网络特性分析。

具有复杂网络性质的无线通信网络拓扑结构构造算法的研究,可从两个方面展开:一是将小世界特性由 Ad Hoc 网拓展到异构自组织无线通信网,二是将合适的复杂网络特性,如无标度性(Scale-free),引入到自组织通信网中。

(2) 具有自组织特性的无线通信网的网络拓扑构造算法和路由算法。

构造具有特殊性质的网络拓扑结构。利用小世界网络的平均距离短而聚类系数较大的特性及无标度网中的节点度分布服从幂律分布等性质研究相应的路由算法。下一节将根据复杂网络理论对现有移动通信网进行建模,揭示了现有移动通信网的无标度合群特性。

2.6　引入社会群落无标度集的合群移动网络模型

2.6.1　社会群落的无标度特性

移动通信网络用户的指数增长过程和用户群体的非均衡分布引起了移动通信网络的周期性局部过载现象,对移动通信全局 QoS 产生了较大影响,这一问题已引起了通信领域众多学者的广泛关注。同时,该问题是由用户社会性及群落的集聚过程共同作用而产生的,然而现有的移动性模型并没有从实际网络出发,充分考虑到用户的社会属性和群落演化问题。

在国内外众多的移动性模型研究中(Camp,2002),经典的 Random Waypoint 模型、Random Direction 模型、Gauss-Markov 模型只是考虑到节点运动受到来自时间、外在地形或空间结构因素的影响,并未考虑到用户的社会属性问题。而目前,国内外研究者正着力于从实测网络数据中挖掘出移动网络的社会属性。其中包括 Vincent Borrel 等提出一种通过用户与用户间相互作用形成社会群体的 SIMPS 模型(Borrel,2005),该模型采用数据挖掘的方法对数据进行二次建模,寻找到移动用户的社会移动轨道或规律。美国加利福尼亚大学(University of California)和达特默斯大学(Dartmouth University)的工作组(Henderson,2004)跟踪记录了 3～4 个月内校园内 Wi-Fi 网络的相关信息,包括用户通信时使用的接入点(Access Points)和 SNMP 记录。通过采集一系列的通信记录进行分析,并从移动用户的随机移动性中提取出相关的社会属性,从而利用用户间的社会联系提高无线资源调度的效率。文献(Lee,2006)的研究涉及用户移动性与时间尺度的关系,通过分析 Dartmouth 大学采集的 WLAN 用户数据来获得转移概率矩阵和驻留时间分布。文献(Matthew,2007)利用 ETH Zurich 校园网的通信记录,提出可用概率图代表间歇连接网络。

国内某城市的网络实测数据分布图(图中黑点代表局部网络容量上界)如图 2-1 所示。从网络实测数据分布图中,可发现以下特点:

(1)移动网络中出现少量网络中枢点,呈现出无标度网络形态,通过指数函数和幂律函数探讨网络的标度不变性;

(2)通信密集区域的通信增量急剧增长,通过讨论网络度指数和相关性指数研究网络增长的平稳性。

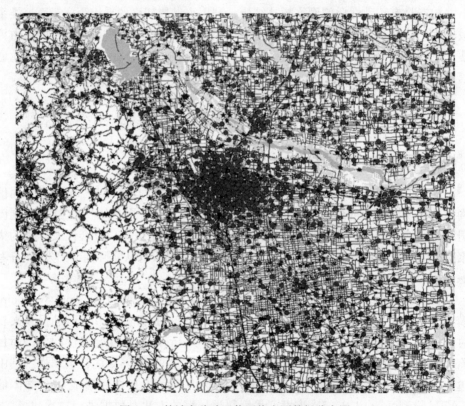

图 2-1　某城市移动通信网络实测数据分布图

2.6.2　群落集聚链模型及参数描述

假设移动网络是一个近似封闭的系统,即绝大多数通信个体在系统中做周期性的运动,并通过相互作用形成社会群落。

1)群落集聚链模型中的网络单元及参数

整个网络的运行依赖于社会单元间的相互作用,通信是在社会活动中产生的,因此,本章所涉及的网络单元的相互作用体现出网络社会性,从而建立移动网络中的社会行为集聚模型,如图 2-2 所示,对其中元素及重要参数简要说明如下。

定义 2-1　移动节点是个体移动和通信的基本网元,节点间的相互作用是通过用户间的社会联系产生的,移动节点构成集合 $V(G_\tau)$,记集合内节点数为 $N=|V|$,该节点集 $G_\tau(i)=\{g_1,g_2,g_3,\cdots,g_i,\cdots,g_{N-1},g_N\}$。

定义 2-2　集聚子是对移动节点产生吸引的事件和因素,不等同于真实的网元,而是通过社会属性对移动节点产生作用力的单元,从而假设出网络中分布有集聚子(网络中所发生的周期性事件或随机事件),构成集聚子集合 $Z(i)$。

定义 2-3　集聚系数 E_j 表示集聚子对移动节点的作用力权值,集聚系数 E_j 是坐标位置和时间点的函数,记为 $E_j=\psi(x,y,t)$。当 $E_j=|E_j|$ 时,集聚子对节点产生正向吸引,而当 $E_j=-|E_j|$ 时,集聚子对节点产生一个反向斥力。

定义 2-4　吸附系数 σ 定义为节点间相互作用力的权值,与用户间的社会关系具有正向的联系。为简化仿真系统,这里把 σ 假设为一个 Bernoulli 参量,当两节点间具有一定社会关系时,$\sigma=1$,否则,$\sigma=0$。

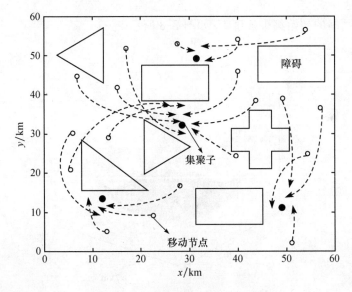

图 2-2　移动通信网络集聚示意图

2) 网络单元间的相互作用

网络中形成群落的过程是由一系列节点在相互作用下构成的,模型服从重要的网络演化机理:增长和择优。择优概率表示为

$$\prod k_i = (k_i + A) / \sum_j (k_j + A) \tag{2-20}$$

式中,k_i 表示原节点度数,A 表示集聚强度。模型的演化时间由加入网络中的节点

数量来衡量，$t = N(t_n) - N(t_0)$，因此，时间标度通过网络的规模 N 来表示。

在该网络中，设集聚子对网络中移动节点产生的集聚强度 A 为

$$A(g_k, z_j) = C_j \cdot (1 + \sum_{g_k \notin G} B(g_k, z_j)) \tag{2-21}$$

式中，C_j 为集聚子 z_j 的集聚函数，定义为

$$C_j = \frac{E_j \cdot k(k-1)/2}{N(N-1)/2} = \frac{E_j \cdot k(k-1)}{N(N-1)} \tag{2-22}$$

$B(g_k, z_j)$ 是一个 Bernoulli 参量，当节点 g_k 与集聚子 z_j 发生作用时，$B=1$，否则，$B=0$。

3）参数的初始化设定

根据城市通信网络实测数据和上述网元参数的设置，首先初始化集聚子的初始位置和生成方式。集聚子初始均匀分布于整个区域中，集聚强度 E_j 按照实际网络数据中的业务量分布进行拟合，并归一化为

$$E_j = \frac{2}{\pi} \arctan\varphi \tag{2-23}$$

从而，网络的初始集聚强度 E_j 如图 2-3 所示。

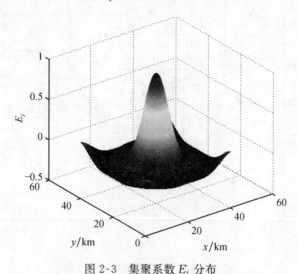

图 2-3　集聚系数 E_j 分布

2.6.3　网络演化模型仿真及参数分析

根据以上网络模型设定，当网络规模 N 较大时，网络演化为图 2-4。演化网络的中心存在与实际移动网络中类似的大群落，而在中心周围，也有一些较小规模的群落存在。因此，从直观上看出演化网络模型可近似于所采集的某城市实际移动网络。

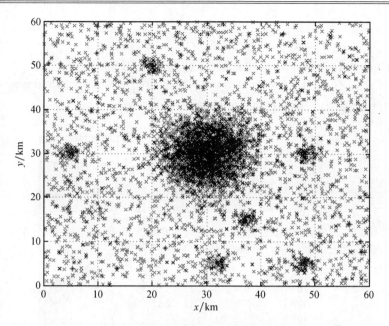

图 2-4　无标度网络模型演化仿真图

从图 2-4 中可以看出,在集聚子的作用下,移动节点集中于地图中心区域,所具有的度、度相关性依照以下步骤进行分析,从而定量考虑移动网络的演化特性。

1) 度分布的计算

群落集聚链网络模型是一个复杂网络演化模型,为研究网络特性,考虑集聚子周围的节点数量,集聚子 i 在 t 时刻的度为 $k_i(t)$。从而研究当网络演化到无限时,极限 $\lim\limits_{t\to\infty}P(k,t)=P(k)$ 存在,称为稳态度分布(Lee,2006)。

采取连续近似,将参数 N,t,k 处理为连续变量,其中

$$\sum_k kN_k(t) = 2t \qquad (2\text{-}24)$$

导出下述率方程:

$$\frac{\mathrm{d}N(t_k)}{\mathrm{d}t} = \frac{(k-1)N(t_{k-1}) - kN(t_k)}{\sum\limits_k kN(t_k)} + \delta_{km} \qquad (2\text{-}25)$$

为求解率方程,按照大数定律有 $N(t_k)\approx tP(k)$,代入式(2-25),有

$$P(k)\frac{\mathrm{d}t}{\mathrm{d}t} = \frac{(k-1)tP(k-1) - ktP(k)}{2t} + \delta_{km} \qquad (2\text{-}26)$$

式(2-26)可以简化为

$$(k+2)P(k) = (k-1)P(k-1) + 2\delta_{km} \qquad (2\text{-}27)$$

求解差分方程式(2-27),当 k 很大时,得到

$$P(k) = \frac{4}{k(k+1)(k+2)} \approx 4k^{-3} \qquad (2\text{-}28)$$

因此,对于较大的 k 而言,网络中集聚子的度近似为幂律分布。

从图 2-5 可以看出,在网络形成初期,区域中的度分布与幂律相差较大,而在网络达到基本稳态后,网络标度消失,网络中的度呈现出幂律分布。

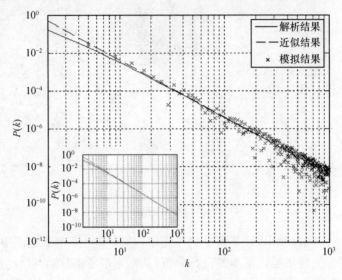

图 2-5　度分布概率

2) 度相关性的估计

由于网络演化时,集聚子的度连接与之前的度分布存在明显的依赖关系,所以度相关性是研究群落集聚链模型的一项重要指标。

为测量一个演化网络 g 的无标度程度,设网络的度序列是 $\{d_1, d_2, \cdots, d_n\}$,定义无标度系数(Matthew,2007)为

$$S(g) = (s(g) - s_{\min})/(s_{\max} - s_{\min}), \quad s(g) = \sum_{(i,j)\in E} d_i \cdot d_j \qquad (2\text{-}29)$$

式中,$s_{\max}$ 和 $s_{\min}$ 是 $s(g)$ 的最大值和最小值。

为了衡量度连接和度分布的相关性,根据网络瞬时联合度分布(Matthew,2007)来计算如下:

$$P(k, l) = \frac{1}{N^2} \sum_{i,j=1}^{N} \delta_{k_i, k} \cdot a_{ij} \cdot \delta_{k_j, l} \qquad (2\text{-}30)$$

文献(Karam,1994)证明了 $S(g)$ 和 $P(k,l)$ 具有以下关系:

$$S(g) = \frac{N^2}{2} \sum_{k,l} k P(k,l) l \qquad (2\text{-}31)$$

采用计算度分布的类似方法,得到率方程

$$\frac{\mathrm{d}N_{k,l}}{\mathrm{d}t} = \frac{(k-1)N_{k-1,l} - kN_{k,l}}{\sum_k kN_k} + \frac{(l-1)N_{k,l-1} - lN_{k,l}}{\sum_k kN_k} + \delta_{kl}$$

根据大数定律,当 t 充分大时,有

$$N_{k,l}(t) \approx tP(k,l)$$

从而得到网络稳态联合度分布

$$\begin{aligned}P(k,l) = &\frac{4(l-1)}{k(k+1)(k+l)(k+l+1)(k+l+2)} \\ &+ \frac{12(l-1)}{k(k+l-1)(k+l)(k+l+1)(k+l+2)}\end{aligned} \tag{2-32}$$

该结果描述了无标度网络中度的相关性,从而得到网络的无标度系数。

$P(1,l)$ 表示新产生的移动节点与原网络节点度的相关性。从图 2-5、图 2-6 中可以看出,$P(k) \sim 4k^{-3}$ 和 $P(1,l) \sim 2l^{-2}$,说明新节点具有连接至度较大的节点的趋势,同时,也说明蜂窝网络的演化过程的非均衡性。

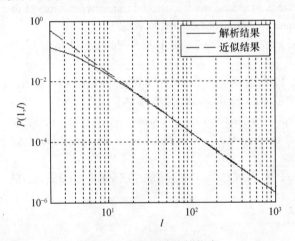

图 2-6　度相关性特例仿真

从以上结果看,移动通信网络具有显著的社会群落集聚特性,尤其从宏观角度看,城市移动网络的演化过程已显示出网络的无标度现象,节点度分布逼近于幂律分布,节点度间的关系在演化过程中呈现出非平凡相关。这意味着所形成的通信热点区域中的通信量将会更加密集。另外,从无标度演化网络的特性看,可以引申出以下对移动网络组网的指导性结论:

(1) 蜂窝网络组织形式将无法适应通信更加密集的热点区域;

(2) 合群网络组织形式将是蜂窝网络在热点区域的有效补充。

参 考 文 献

左孝凌,刘永才等. 1982. 离散数学. 上海:上海科学技术文献出版社.

Barabasi A L,Bonabeau E. 2003. Scale-free networks. Scientific American,(4):50-59.

Borrel V,Marcelo Dias de Amirim,et al. 2005. A preferential attachment gathering mobility model. IEEE Communications Letters,10(1):900-902.

Camp T,Boleng J,Davies V. 2002. A survey of mobility models for ad hoc network research. Wireless Communications and Mobile Computing,2(5):483-502.

Erdos P,Renyi A. 1960. On the evolution of random graphs. Publ. Math. Inst. Hung. Acad. Sci. , 5:17-60.

Hekmat R. 2006. Ad-Hoc Networks:Fundamental Properties and Network Topologies. Netherlands:Springer.

Henderson T,Kotz D,Abyzov I. 2004. The changing usage of a mature campus-wide wireless network. Proc. MobiCom'04,187-201.

Karam G M. 1994. Visualization using timeline. Proceeding of the ACM SIGSOFT international symposium on software testing and analysis,NY USA,ACM,125-137.

Lee J K,Hou J C. 2006. Modeling steady-state and transient behaviors of user mobility:Formulation,analysis,and application. MobiHoc'06,202-211.

Matthew J G,et al. 2007. On a Routing problem within probabilistic graphs. INFOCOMM'07, 103-112.

Royer E,Toh C K. 1999. A review of current routing protocols for ad-hoc mobile wireless networks. IEEE Personal Communications,6:46-55.

Stavros T. 2004. Capacity bounds for three classes of wireless networks:Asymmetric,cluster,and hybrid. Proc. of the 5th ACM International Symposium on Mobile Ad Hoc Networking & Computing,133.

Watts D J,Strogatz S H. 1998. Collective dynamics of small-world networks. Nature,393(6684): 440-442.

第3章　合群网络的容量与效能分析

3.1　网络信息论概述

近些年来,特别是在巨大的市场及广阔的应用前景的推动下,无线移动通信技术的理论研究、应用开发得到广泛大力度的资金支持。20 世纪 80 年代初的第一代(1G)及后期开发的第二代(2G)无线移动通信系统主要用于语音传送。21 世纪初开始投入市场的第三代(3G)无线移动通信系统则能提供高得多的数据传送速度且具有更大的灵活性,如引入了一些多媒体应用:电话会议、无线上网等。而高速图像影视传送则是留给下一代或第四代(4G)无线移动通信系统的任务,即所谓宽波段(Wideband)无线移动通信,预期将在十年内完成。

显而易见,以上四代无线通信技术发展的核心是通信速度的提高。比起有线通信,无线通信的主要制约在于所有信号都是通过同一个空间传播,相互之间必然有干扰,毕竟可以使用的频段是有限的。问题的关键在于如何最大限度地利用这些有限的资源。网络信息论正是回答这一问题的理论:对于由多个相互影响制约的信源信宿对组成的网络,能各自实现的最大信息传送速度是多少? 该理论对这一问题给予了具体实现方案的指导。

网络信息论作为信息论的一个分支在 20 世纪 70 年代曾有过蓬勃的发展。之所以称为网络信息论,是因其考虑了多用户同时发送或接收信号的情形,它们形成了网络系统,相互关联。典型例子如一个信源对多个信宿——即广播信道(Broadcast),多个信源对一个信宿——多址接入信道(Multiple Access),在信源与信宿之间有传递服务——中继信道(Relay)等。

现代数字通信系统的基础性理论是由香农(Shannon)奠定的。从 1948 年 6 月到 10 月,香农在《贝尔系统技术杂志》(*Bell System Technical Journal*)上连载发表了影响深远的论文《通讯的数学原理》。1949 年,香农又在该杂志上发表了另一篇著名论文《噪声下的通信》。在这两篇论文中,香农解决了过去许多悬而未决的问题:阐明了通信的基本问题,给出了通信系统的模型,提出了信息量的数学表达式,并解决了信道容量、信源统计特性、信源编码、信道编码等一系列基本技术问题。这两篇论文成为了信息论的基础性理论著作。在香农的研究之后马上有更多的目光关注到信息论这一领域,并且取得了早期的成功。在信道编码领域,在香农的研究基础之上,Hamming 关于纠错码(Error-correcting Code)的研究最早发表于 1950 年;1960 年里德-所罗门提出 RS 码(Reed-Solomon Code);1995 年 Elias 提出卷积码(Convolutional Code)。在 Turbo 码提出来之前,级联所罗门卷积码是已知的最有使用价值的纠错编码方式。

然而,在信息论领域的多年发展中,鲜有商用通信的重要成果。可能最早真正的应用信息论到商用系统是在 20 世纪 70 年代早期,Codex 公司开发了 9600 波特速率的调制解调器。理论和应用之间的鸿沟直到 90 年代才开始真正缩小。正如其他的革新,将信息论应用到电信业的过程也经历了很长的准备阶段。这一过程不仅来自于信息论的发展,还得益于计算机处理器功能的日益强大——现在的处理器可以用一瓦特能量进行十亿次计算。然而,如果要给这次变革找出最主要的贡献者,恐怕要数在 1993 年提出的 Turbo 码。Turbo 码的出现改变了人们对理论上的香农极限的理解,通过五年的探索和研究,Turbo 码成为蜂窝通信的标准。

近来的研究成果向实际应用的转变加快了许多。低密度奇偶校验码(LDPC Code)和一些变形如今已经得到广泛应用并部分取代了 Turbo 码。虽然 LDPC 首先由 Gallager 在 20 世纪 60 年代初期提出,但是一直被人们所忽视,最后由 Mac-Kay 和 Neal 在 90 年代中期重新提出才再次引起人们的关注。多天线系统的信息论分析出现于 90 年代晚期,一经提出,大部分无线通信标准都将对 MIMO 的支持包含到短期发展规划中。很快,空时编码以 Alamouti 码的形式应用到商用中。

近来的研究大部分都集中在单信源到单信宿的通信链路中,然而大多数通信特别是无线通信网络中,情况要复杂得多——往往是多信源多信宿。处理这种问题采取的标准方法通常是忽略其他的共道干扰,只研究从信源到信宿的点到点的链接,这往往只能得到次优解。只考虑点到点的通信是出于这种考虑,即对于每一条特定的链路,其他的链路被看成是"干扰",这些干扰可以通过波形设计避免或者在接收端通过智能的信号处理消除。

但是 Ephremides 等认为,经典信息论不适用于网络,主要有以下两点原因:经典信息论未考虑信源的突发特性;经典信息论未考虑延时在"容量-误码率"渐进分析中的影响。事实上,很多其他因素也会导致经典信息论在向网络信息论推广的过程中遇到困难。网络信息论由信息论发展而来,现在,这一领域正在由点到点的通信理论向网络知晓方向转变。现在网络信息论成功解决的仅仅是多用户检测,这一技术被应用到多址接入信道(MAC)。多址接入信道包含多个发射机和一个接收机,它们共享传输媒质。多用户检测技术达到 UMTS 标准的宽带和窄带时分双工(TDD)模式的性能水平,并且成功的应用到有线高速数据传输(如 DLS)和点到点的 MIMO 接收机中。

TDD 不像成熟的频分双工(FDD)技术,它还没有被工业广泛采用,并且在未来几年内还不会有大量的 TDD 产品出现。由 Verdu 提出的多用户检测分析到由 Verdu 和 Lupas 开发的第一个实际的多用户检测设备经历了大概 20 年。在其他

TDD 技术领域这一间隔可能会更长。很多网络信息论的基础性研究出现在 20 世纪 70 年代,但是直到现在还没有商用产品。

制约网络信息论应用到实际主要有三个方面的原因。首先,由于网络信息论技术的复杂性,对不同网络的各种情况还没有一个完全的理解;其次,还没有出现一个像 Turbo 码那样的"大爆炸"似的理论结果来推动网络信息论的发展;最后,网络信息论模型研究的适用局限性也制约了从理论到实际的过渡。如果计算机的性能提升还能继续符合摩尔定律,那么第一个因素也许只是一个暂时的困难。网络信息论如果被广泛关注,那么像 Turbo 码那样的标志性事件也可能会在不久的将来发生。事实上,最近提出的"脏纸编码"(Dirty Paper Coding)技术很可能成为里程碑式的事件。所谓脏纸编码技术,就是在存在干扰的情况下,对发射端采用合适的编码方法来提高性能,适合于多用户、MIMO 等情况。就好像先在一张纸上写字给第一个用户传递信息,然后再在这张脏纸上写字给第二个用户传递信息,同样的纸放在两个用户面前,都能看到自己所需要的信息。网络模型的局限性目前也正是众多研究者的研究课题。

3.2　网络信息论模型

如前所述,经典信息论所涉及的都是只有一个信源和一个信宿的单向通信的单用户通信系统。近十多年来,随着空间通信、通信网络和计算机网络的发展,信息论研究已从单用户通信系统发展到网络通信系统。从经典信息论到网络信息论,研究者一直在尝试给出精确的网络容量计算方法。Gupta 和 Kumar(2004)对 Ad Hoc 网络容量的计算进行了开创性的研究,逐步构建了网络信息论。在特定模型、场景和假设下,该研究给出了网络容量与一些参数的关系,对指导网络设计、规划有重大意义。

3.2.1　网络极限容量的研究

对于网络极限容量的研究,根据模型的精确程度,研究对象可以分为协议模型和物理模型。

1) 协议模型

如果满足下面两个条件,则节点 X_i 发送的数据经过一跳能够被节点 X_j 成功接收:

节点 X_j 位于节点 X_i 的传输范围,即 $|X_i-X_j|\leqslant r$。其中,$|X_i-X_j|$ 代表源节点 X_i 和目标节点 X_j 之间的距离,r 是节点 X_i 的传输范围。

对于每个在同一个信道中与源节点 X_i 同时发送数据的节点 X_k,有 $|X_k-X_j|\geqslant (1+\Delta)|X_i-X_j|$,其中,参数 Δ 是一个大于零的常数,定义了保护区域的大小。

2) 物理模型

假定 $\{X_k : k \in \mathcal{T}\}$ 是在同一时刻通过一个特定信道同时进行传输的节点子集，P_k 代表节点 X_k 所选择的传输功率。对于 $k \in \mathcal{T}$，如果满足下面的条件，则节点 $X_i(i \in \mathcal{T})$ 发送的数据能够为节点 X_j 成功接收：

$$\frac{P_i / \mid X_i - X_j \mid^\alpha}{N + \displaystyle\sum_{\substack{k \in \mathcal{T} \\ k \neq i}} P_k / \mid X_k - X_j \mid^\alpha} \geqslant \beta \tag{3-1}$$

物理模型描述了成功的接收数据所需要的最小信噪比。式(3-1)中，N 代表背景噪声的功率谱密度；α 代表路径损耗因子，通常是一个大于 2 的常数。

3) 考察目标

因为所讨论的网络是随机的，因此其容量也是随机的。研究随机网络容量的目标就是利用一个与 n（区域中的节点数目）相关的函数来刻画其容量的边界，认为网络容量是以很高的概率收敛于这个边界的。例如，当 n 趋向于无穷时，网络容量收敛于此边界的概率趋向于 1。通常采用的是下面所述的渐进性表示方法

若随机网络的容量是 $O(f(n))\mathrm{bit/s}$，则存在两个常数 $C_1 > 0, C_2 < \infty$ 满足

$$\begin{cases} \lim_{n \to \infty} P(\forall \lambda(n) = C_1 f(n)) = 1 \\ \lim_{n \to \infty} P(\forall \lambda(n) = C_2 f(n)) = 1 \end{cases} \tag{3-2}$$

4) 研究结论

基于以上模型的考察目标定义，众多研究共同推进了网络信息论和网络极限容量计算的发展。Gupta 和 Kumar 对无线 Ad Hoc 网络容量的计算进行了开创性的研究，其结论表明，在协议模型和物理模型中，任意网络和随机网络的容量分别为：

(1) 在协议模型中，无论是在球面还是平面上，随机网络的单个节点容量是 $O(W(n \lg n)^{-1/2})\mathrm{bit/s}$。

(2) 在物理模型中，随机网络的单个节点容量可以达到 $O(W(n \lg n)^{-1/2})\mathrm{bit/s}$，而不可能达到 $O(W n^{-1/2})\mathrm{bit/s}$。

从这些结论可以看出，随着网络节点数目的增加，单个节点的容量逐渐减少直至趋于 0。网络的整体容量随着节点的增加反而下降，其原因是：

接收节点周围区域中的干扰使得此区域中的其他节点无法从其发送节点接收数据。

随着节点数目的增加，每个数据包传输所需要经过的跳数也会相应增加，因此节点的转发负担也增加了，即每个节点必须保留其容量的一部分供其他节点转发数据而非为自己所用。由于每一跳的传输距离有限，在大型网络中数据传输所需经历的跳数以 $n^{-1/2}$ 的阶增长。

在其他假设下也有许多研究者推导了网络容量极限。

Dousse 和 Thiran(2005)的研究表明,在物理模型中,当衰减函数在原点处一致收敛时,每个节点的可获得容量以 $O(1/n)$ 减少。

考虑常规衰落信道,Toumpis 和 Goldsimith 指出,在静态网络中,单个节点容量 $O(n^{-1/2}(\lg n)^{-3/2})$ 是可以达到的;在动态网络中,同阶的单个节点容量也是可以达到的,但是存在一个独立于节点数目的最大传输延迟。

Xie 和 Kumar(2004)的研究表明,如果网络中的节点可以利用一种复杂的合作策略来消除干扰,那么在大型网络中任意网络的容量上界为 $O(n^{1/2})$。

Gastpar 和 Vetterli(2002)采用物理模型和一种转发传输模型研究了无线网络的容量问题。在这种转发传输模型中,只存在一对数据节点,其他的节点只用于转发。根据他们的研究,如果采用复杂的网络编码技术,随着网络中节点数趋向于无穷大,无线网络的容量可以渐进达到 $O(\lg n)$。

Tonmpis(2004)研究了在衰落信道中三种无线网络的容量问题:非对称网络、簇网络和混合网络。在非对称网络中,存在 n 个源节点和大约 n^d 个目标节点。每个源节点随机选择一个目标节点。当 $1/2 < d < 1$ 时,可获得的网络容量为 $O(n^{1/2}(\lg n)^{-3/2})$;当 $0 < d < 1/2$ 时为 $O(n^d/\lg n)$。一个簇网络有 n 个客户节点(client node)和大约 n^d 个簇头节点。在网络中,每个客户节点与簇头通信,但是簇头的选择并不重要。在此条件下,网络容量的下界和上界分别是 $O(n^d(\lg n)^{-2})$ 和 $O(n^d\lg n)$。一个混合网络包括 n 个无线节点和大约 n^d 个基站。基站通过高带宽的有线网络连接,只用来支持无线节点的操作。研究表明,如果 $1/2 < d < 1$,网络容量的下界是 $O(n^d(\lg n)^{-2})$;而当 $0 < d < 1/2$ 时,使用基础设施带来的性能增益可以忽略不计。

Li(2001)等对小规模 Ad Hoc 网络进行了广泛的仿真实验。他们在一定程度上验证了网络容量的边界是 $O(n^{-1/2})$。Franceschetti 等在物理模型下,使用渗透理论设计路由策略,得出了比 Gupta 和 Kumar 的结果更为紧密的容量上下界值。他们得到的单个容量的界值也是 $O(n^{-1/2})$。

3.2.2　提高网络容量的研究

到目前为止,在研究无线网络容量方面已经进行了很多工作,这些工作可以被分为两类:一类如前所述,在不同假设前提下推导出网络容量的界值;另一类则着眼于提高网络容量的各种方法。

1) 利用基础设施的支持来提高网络容量

最近的研究剔除了一种特定的有基础设施支持的无线 Ad Hoc 网络。这种有基础设施支持的无线 Ad Hoc 网络包括普通的 Ad Hoc 节点和一些稀疏分布的基站。这些基站通过高带宽的有线网络连接并且只用于无线 Ad Hoc 节点转发数据。这种混合网络是传统蜂窝网和纯无线 Ad Hoc 网络的一种融合和折中。而在混合网络中,数据包既可以以多跳方式也可以通过基础设施传往目标节点。这两种传输方式共存于同一网络之中。

Benyuan 等的论文指出,如果基站以规则六边形的方式分布于无线 Ad Hoc 网络中,无论是采用确定性的路由策略还是概率性的路由策略,基站的数目增长率如果快于 $n^{1/2}$(n 为网络中普通节点的数目),则混合网络的最大容量随基站数目的增加呈线性增长,为 $O(mW)$,其中,m 为基站数目,W 为普通节点的最大数据传输速率,当基站的数目增长率慢于 n 时,网络容量为 $O((n/\lg(n/m^2))^{1/2}W)$。

当基站和普通 Ad Hoc 节点都是随机分布时,Kozat 和 Tassinulas(2003)的研究表明,如果每个基站支持的普通节点数目有限,每个节点可以获得的容量为 $O(1/\lg(n))$。

2) 利用节点的移动性来提高网络容量

当考虑节点的移动性时,如果每个节点将其数据包分发给尽可能多的不同用户,只要其中有一个节点接近了目标就将其缓存的数据包转发给目标节点。在这种机制下,因为有很多转发节点,其中一个接近目标节点的可能性是非常大的。这种策略就有效地利用了多用户分集方法,因为数据包被分发给很多中间节点,而这些中间节点具有独立的时变信道。

Grossglause 和 Tse(2002)指出,假定所有节点是移动的并且每个节点的位置是各态历经的而且在一个开放圆形区域中静态均匀分布,那么随着区域中的节点数目趋向于无穷,每对传输节点的平均容量可以以很高的概率维持在一个常数。Diggavi 等(2002)进行了进一步研究并得出,即使每个节点只允许朝一个方向运动,随着区域中节点数目的增加,每个节点的容量仍然可以以很高的概率维持在一个常数。

另外一些研究者将延迟和容量结合起来考虑,得出了一些有用的结果。Bansal 和 Liu(2003)的研究表明:假定区域中随机分布有 n 个静止节点和 m 个根据随机移动模型运动的移动节点,根据均匀分布从静态节点中随机选取发送-接收节点对,网络的容量至少可以达到 $O\left(\dfrac{\min(n,m)}{n\lg^3 n}\right)$,而每个数据包经历的最大延迟为 $2d/v$(其中,d 是网络直径,v 是移动节点的移动速率)。

3) 利用有向天线来提高网络容量

通常无线网络分析中采用的是全向天线模型。全向天线的发射和接收在各个方向上是相同的,同时它会分散发射信号的能量使得只有一小部分的能量能够到达接收用户。有向天线能克服全向天线的这些不足。在无线 Ad Hoc 网络中使用有向天线可以极大地降低无线电干扰,从而更有效的使用无线信道,提高网络的容量。

Yi 等(2003)的研究表明,在随机网络中使用波束宽度为 α 的有向发射天线网络的容量可以提高 $2\pi/\alpha$ 倍;使用波束宽度为 β 的接收天线,容量可以提升 $4\pi^2/(\alpha\beta)$ 倍。

Perki 等(2003)指出,即使发射节点能够产生任意窄的天线波束(可以消除所有的无线电干扰)并且只要保证网络连通就可以将传输范围设置的尽可能小,网络的容量也只能以 $O(\lg^2 n)$ 增长。

4) 利用超宽带技术来提高网络容量

超宽带是指所占用频谱的带宽超过其中心频率的 20% 或者带宽至少为 500MHz 的无线电技术。超宽带发射机能够以非常低的功率进行高速数据传输。超宽带技术的特点使它很适合无线传感器网络和智能家居等个人无线领域。

在超宽带的条件下,因为带宽可以任意大,所以每条链路的香农传输容量与其接收功率成正比,如

$$R = \lim_{B \to \infty} B \log_2 \left(1 + \frac{P}{N_0 B}\right) = \frac{P}{N_0} \tag{3-3}$$

因为认为带宽是随节点密度增长而扩展的并且每条链路的容量由香农容量公式决定而非一个常数,所以随着节点数目的增加,每个节点可以获得的容量也是增加的。这与 Gupta 和 Kumar 的结论不同,Negi 和 Rajeswaran 指出:如果①系统带宽 $B \to \infty$;②每个节点的最大功率为 P_0;③每条链路可以获得其相应的香农容量限,那么每个节点可以获得的容量的上界和下界分别为 $O((n \lg n)^{(\alpha-1)/2})$ 和 $O(n^{(\alpha-1)/2}/\lg^{(\alpha+1)/2} n)$($\alpha$ 是路径损耗因子)。显然,两者之间存在 $\lg^\alpha n$ 阶的差距。

Zhang 和 Hou 运用位置渗透理论和链接渗透理论得出了更为紧密的上下界 $O(n^{(\alpha-1)/2})$。

3.3 网络容量域模型

3.3.1 模型与定义

由于 Ad Hoc 网络的香农容量域还是一个有待于进一步研究的问题,其结论离精确的网络吞吐计算仍有巨大差距。由此文献(Toumpls,2003)中,作者提出了网络容量域的概念并对 Ad Hoc 网络容量域做了相关的分析和定义,本章借用其中的一些概念和定义,并对其进一步扩充,并依此分析合群模型下网络容量的变化。

1. 信道传播模型与网络模型

定义节点发送功率向量为 $P = [P_1 \quad P_2 \quad \cdots \quad P_n]^T$。

当节点 A_i 发送时,A_j 接收到信号的功率为 $G_{ij}P_i$,其中,G_{ij} 为节点 A_i 到 A_j 的信道增益。

相对于带宽、噪声都比较恒定的有线信道,无线信道不仅带宽资源紧缺,噪声和干扰强烈,而且信道状况随时间变化,因而 Ad Hoc 网络信道模型复杂多变。无线信道中,信号要受到自由空间传播、地面和建筑物的反射、多普勒效应和多径等多种衰落效应的影响。目前的信道模型一般将无线信号的衰落分为慢衰落(或大尺度衰落)和快衰落(或小尺度衰落)。慢衰落模型对信号的平均能量,信号在自由空间传播的距离衰落及地面反射造成的衰落进行建模,链路损耗增益(以 dB 为单位)可以表示为

$$\lg G_{ij} = K + \alpha \lg\left(\frac{d_0}{d_{ij}}\right) + s \tag{3-4}$$

其中,K 与 d_0 为标准化常数。α 为路径损耗指数,通常室外空间传播模型下,$\alpha \geqslant 2$,如自由空间模型中,$\alpha = 2$;双线模型下,$\alpha = 4$。d_{ij} 为发送节点 A_i 与接收节点 A_j 间的欧氏距离。s 为阴影因数,与对数路径损耗模型一样,阴影模型采用对数正态分布阴影,即 s 服从以 0 为期望,σ 为标准差的正态分布。

定义信道增益矩阵 G 为一个 $n \times n$ 的矩阵,$G = \{G_{ij}\}$。

矩阵对角线上元素没有实际物理意义,规定 $G_{ii} = 0$。每个节点接收机受热噪声,来自其他网络、其他用户的各种背景干扰的影响。假设节点 A_i 产生的对节点 A_j 的干扰在链路上的增益同样为 G_{ij},考虑热噪声和背景干扰的共同影响,使用一个单一的加性白噪声(Additive White Gaussian Noise,AWGN)噪声源建模。记节点 A_i 产生的噪声功率谱密度为 η_i,则有如下定义:

定义网络系统噪声向量为 $H = [\eta_1 \quad \eta_2 \quad \cdots \quad \eta_n]^T$。

设 $\{A_t : t \in \mathcal{T}\}$ 为某时刻正在发送信息的节点的集合,节点 A_t 的发送功率为 P_t。若节点 $A_j(j \in \mathcal{T})$ 收到节点 $A_i(i \in \mathcal{T})$ 发送的信息,则 A_j 收到的信号的信扰噪比(信号与干扰加噪声比)SINR(Signal to Interference and Noise Ratio)可表示为

$$\gamma_{ij} = \frac{G_{ij}P_i}{\eta_j W + \sum_{k \in \mathcal{T}, k \neq i} G_{kj}P_k} \tag{3-5}$$

继续设 A_i 满足某给定性能度量的要求,其发送信息速率随 γ_{ij} 变化,即节点 A_i 与 A_j 达成一致,以速度 $r = f(\gamma_{ij})$ 发送信息,则函数 $f(\cdot)$ 反映了接收机的质量及性能度量。以香农容量为例,则

$$f(\gamma_{ij}) = W \log_2(1 + \gamma_{ij}) \tag{3-6}$$

根据香农定理,若传输速率满足式(3-6),则总可以找到适当的调制方式,使节点接收链路上传输的误比特率任意小。换句话说,即在某种特定的调制方式下,

$f(\gamma_{ij})$为满足需求的最大传输速率。需要注意的是,式(3-5)中,所有其他节点产生的干扰信号也视为噪声,若考虑串行干扰消除(Successive Interference Cancellation,SIC),以上假设条件将放宽。

假定所有节点拥有信道增益矩阵(G)、噪声矩阵(H)和功率矢量(P)。

2. 速率矩阵与容量域

本节定义了速率矩阵(Rate Matrix)并将其引入 Ad Hoc 网络的容量域,速率矩阵为描述网络的传输方案和时分复用调度提供了一种数学框架。

1) 传输方案和时分复用分配

定义传输方案为某一时刻所有网络节点间的信息流的完全描述,记为 S。

传输方案包括了某一时刻的所有传输/接收节点,并指明信息源。由于假定网络节点不能同时收发,以及传输速率为 $r_{ij}=f(\gamma_{ij})$,因此接收端的信号总能满足传输性能要求。

考虑如图 3-1 所示的四节点网络,节点对(A_1,A_2)、(A_2,A_3)、(A_3,A_4)、(A_4,A_1)可以相互直接通信,但节点对(A_1,A_3)和(A_2,A_4)不能直接通信。因此,如果 A_1 要与 A_3 通信,信息必须先转发到中间节点,A_2 和 A_4 之间与此情况类似。图 3-1(a)和图 3-1(b)分别表示了两种可能的传输方案 S_1、S_2。在传输方案 S_1 中,节点 A_1、A_2 分别向 A_3、A_4 发送信息。正如前面讨论的,传输速率分别为 $r_{ij}=f(\gamma_{ij})$。在传输方案 S_2 中,A_2 转发 A_1 的数据到 A_3,A_4 转发 A_3 的数据到 A_1。分时复用不同的传输方案实现多跳路由。假定网络通信时间被分为连续的固定长度的帧。在每一帧里,如果网络依次采用不同的传输方案 $S_1,S_2,\cdots,S_k$,方案 S_i 持续时间占帧长的百分比为 a_i,其中 $\sum_{i=1}^{k} a_i=1$,则可记时分复用方案 $\tau=\sum_{i=1}^{k} a_i S_i$。在如图 3-1 所示的网络中如果分别采用复用方案 $0.5S_1+0.5S_2$ 和 $0.75S_1+0.25S_2$,最终的端到端信息流图如图 3-2(a)和图 3-2(b)所示。

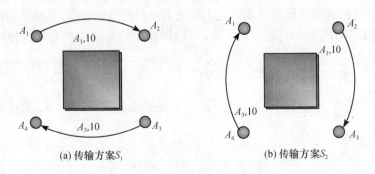

(a) 传输方案S_1　　　　　　　　　　(b) 传输方案S_2

图 3-1　四个节点的两种传输方案

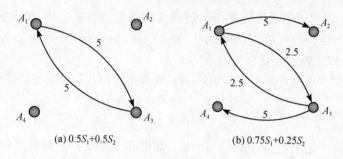

(a) $0.5S_1+0.5S_2$　　　　　　　　(b) $0.75S_1+0.25S_2$

图 3-2　两种复用方案的信息流

2) 传输速率矩阵

为了在数学上更好的描述传输方案 S,定义传输速率矩阵如下。

对于一个有 n 个节点的 Ad Hoc 网络和一种传输方案 S,定义速率矩阵 $R(S)=\{r_{ij}\}$,其中

$$r_{ij} = \begin{cases} r, & \text{如果 } A_j \text{ 接收信息},A_i \text{ 是源节点} \\ -r, & \text{如果 } A_j \text{ 发送信息},A_i \text{ 是源节点} \\ 0, & \text{其他情况} \end{cases}$$

$r_{ij}<0$ 表示节点 A_j 转发源自 A_i 的信息,这些不被看做是 A_j 从 A_i 收到的信息。如果 $r_{ij}>0$,则 A_j 接收源自 A_i 的信息,它可能是直接从 A_i 接收或者从某一个中继节点 A_k 接收,此时相应的 $r_{ii}=-r_{ij}$ 或 $r_{ik}=-r_{ij}$。

例如,对应于图 3-1 所示的 S_1、S_2,速率矩阵分别是

$$R_1 = \begin{bmatrix} -10 & 10 & 0 & 0 \\ 0 & 0 & 0 & 0 \\ 0 & 0 & -10 & 10 \\ 0 & 0 & 0 & 0 \end{bmatrix}, \quad R_2 = \begin{bmatrix} 0 & -10 & 10 & 0 \\ 0 & 0 & 0 & 0 \\ 10 & 0 & 0 & -10 \\ 0 & 0 & 0 & 0 \end{bmatrix} \tag{3-7}$$

速率矩阵从数学上完整地描述了某一时刻网络的状态:信息的发送节点和接收节点及发送速率。发送的信息必须被某一节点接收,因此速率矩阵的行和为零。正如前文所述,速率矩阵很好地描述了网络节点间的传输方案,当网络采用时分复用的方式工作在不同的传输方案下时,可以用加权的速率矩阵表示这种时分复用方案。如果 $\sum_{i=1}^{N} a_i S_i$(其中,$a_i>0$ 且 $\sum_{i=1}^{N} a_i = 1$)是一种时分复用方案,那么对应的速率矩阵就是 $R = \sum_{i=1}^{N} a_i R_i$,$R_1,\cdots,R_N$ 分别是传输方案 $S_1,\cdots,S_N$ 的速率矩阵形式。于是有

$$R\left(\sum_{i=1}^{N} a_i S_i\right) = \sum_{i=1}^{N} a_i R(S_i) \tag{3-8}$$

例如,对于时分复用方案 $0.5S_1+0.5S_2$ 和 $0.75S_1+0.25S_2$,与图 3-3 对应,

速率矩阵为

$$0.5R_1 + 0.5R_2 = \begin{bmatrix} -5 & 0 & 5 & 0 \\ 0 & 0 & 0 & 0 \\ 5 & 0 & -5 & 0 \\ 0 & 0 & 0 & 0 \end{bmatrix},$$

$$0.75R_1 + 0.25R_2 = \begin{bmatrix} -7.5 & 5 & 2.5 & 0 \\ 0 & 0 & 0 & 0 \\ 2.5 & 0 & -7.5 & 5 \\ 0 & 0 & 0 & 0 \end{bmatrix} \tag{3-9}$$

3) Ad Hoc 网络的容量域

传输协议是一组节点间传输信息必须遵循的"规则",这些规则可以规定谁发送/接收信息,发射功率多大,是否允许空间复用,接收是否采用连续干扰消除技术等。规定了网络的传输协议,也就确定了网络可用的传输方案。

定义能完整描述某传输协议所需的最少传输方案对应的速率矩阵为基本速率矩阵。

显然,传输协议的限制越少,可行的传输方案越多,基本速率矩阵集合的规模也越大。基本速率矩阵的加权和描述了相应时分复用方案的网络信息流,因此可以这样定义确定的传输协议下的 Ad Hoc 网络的容量域:基本速率矩阵的加权和的集合。由于当速率矩阵的加权和矩阵的非对角线元素为负值时,表明某些节点为其他节点转发信息时发送的信息量大于接收到的信息量,这是一种不稳定的情况,因此这样的加权和矩阵不在 Ad Hoc 网络的容量域内。所有符合上述条件的加权和矩阵都属于 Ad Hoc 网络容量域。

基于以上讨论,对于一定的传输协议,采用时分复用的方法,Ad Hoc 网络的容量域被定义为基本速率矩阵的凸包。如果 $\{R_1, \cdots, R_N\}$ 是基本速率矩阵的集合,那么 Ad Hoc 网络的容量域是

$$C = C(\{R_i\}) \stackrel{\text{def}}{=\!=\!=} \text{Co}(\{R_i\}) \bigcap \mathscr{P}_n = \Big\{ \sum_{i=1}^{N} a_i R_i : a_i \geqslant 0, \sum_{i=1}^{N} a_i = 1 \Big\} \bigcap \mathscr{P}_n$$

$$\tag{3-10}$$

式中,$\mathscr{P}_n$ 是所有 $n \times n$ 矩阵中满足非对角线元素均非负这一条件的子集,而 $\text{Co}\{R_i\}$ 是基本速率矩阵 $\{R_i\}$ 的凸包。

3.3.2　网络容量域性质

1. 网络容量域的集合空间解释

定义一个由 n 个节点组成的网络的网络容量空间为一个 $n \times (n-1)$ 维实数空

间 $C = \mathbf{R}^{n \times (n-1)}$。

定义 C 的坐标轴为任意两节点间的传输速率，记作 $\{r_{ij|i \neq j}\}$。

容量域的形状依赖于基本速率矩阵的集合，基本速率矩阵集合由网络拓扑和参数，以及网络传输协议决定。可以这样理解容量域：如果 R 是容量域内的一个矩阵，那么在规定的传输协议下，存在一种时分复用的方案使得网络能够工作，节点 A_i 直接或者通过多跳向节点 A_j 以速率 $r_{ij|i \neq j}$ 发送信息，而 $-r_{ii}$ 是节点 A_i 单位时间内向其他节点发送信息的总和。由于属于容量域的矩阵的行和均为零，因此容量域 C 是某协议对应下的 $\mathbf{C}$ 中的一个子空间。

该子空间表示单位时间内所有节点的所有可能传输情况的集合，集合中的元素是所有节点向其他节点发送的信息量，因此是一个 $n \times (n-1)$ 的向量。对应于 R，为一个秩最大为 $n-1$ 的 $n \times n$ 的方阵。退化到最简情况，$n = 2$，则 C 表示两节点互传信息所有可能的速率对。因此，所有可能的传输速率都在集合 C 中，集合 C 的大小就可以描述网络的容量，即网络容量域的测度。

2. 网络容量域的测度

1）容量域性质

为更清晰的定义容量域的测度，首先需要说明网络容量域的一些性质。根据容量域的定义方法，该 $n \times (n-1)$ 维子空间 C 具有以下性质：

定理 3-1　C 是一个凸集。

证明

$$\forall R^a \overset{\text{def}}{=\!=} \{r_{ij}^a\}, R^b \overset{\text{def}}{=\!=} \{r_{ij}^b\} \in C, \lambda \in [0,1], \exists c_i, i = 1,2,\cdots,N$$

$$R^c \overset{\text{def}}{=\!=} \{r_{ij}^c\} = \lambda R^a + (1-\lambda)R^b = \lambda \sum_{i=1}^N a_i R_i + (1-\lambda) \sum_{i=1}^N b_i R_i$$

$$= \sum_{i=1}^N (a_i \lambda + b_i(1-\lambda))R_i \overset{\text{def}}{=\!=} \sum_{i=1}^N c_i R_i$$

满足

$$\sum_{i=1}^N c_i = \sum_{i=1}^N (a_i \lambda + b_i(1-\lambda)) = \lambda \sum_{i=1}^N a_i + (1-\lambda) \sum_{i=1}^N b_i = \lambda + (1-\lambda) = 1 \tag{3-11}$$

$$r_{ij}^c = \lambda r_{ij}^a + (1-\lambda)r_{ij}^b \geqslant 0 \tag{3-12}$$

由式(3-10)，$R^c \in \text{Co}(\{R_i\})$，由式(3-12)，$R^c \in \mathscr{P}_n$，因此 $R^c \in C$。

由凸集的定义，$\forall R^a \overset{\text{def}}{=\!=} \{r_{ij}^a\}, R^b \overset{\text{def}}{=\!=} \{r_{ij}^b\} \in C, \lambda \in [0,1], \lambda R^a + (1-\lambda)R^b \in C$，则 C 为凸集。□

定理 3-2　设 V 是凸集，$X \in V$，如果 $\forall X_1, X_2 \in V, X_1 \neq X_2$ 不存在 $\lambda \in (0,1)$，

使得 $X=\lambda X_1+(1-\lambda)X_2$，则称 X 为 V 的顶点。有限个点构成的集合的凸包是以这个集合的某子集为顶点集的凸（超）多面体。

证明　记 $V=\text{Co}(\{X_i\})$ 为点集 $\{X_i:i=1,2,\cdots,n,n<\infty\}$ 的凸包。

使用反证法，设 $\exists X^a$ 为 V 的一顶点且 $X^a\notin\{X_i\}$，则 $X^a\in V$，即 $\exists a_i\geqslant 0$，$\sum\limits_{i=1}^{n}a_i=1$，使得 $X^a=\sum\limits_{i=1}^{n}a_iX_i$。

令

$$X^b=\frac{a_1}{1-a_n}X_1+\frac{a_2}{1-a_n}X_2+\cdots+\frac{a_{n-1}}{1-a_n}X_{n-1}+0\cdot X_n,\ X^c=X_n$$

因为
$$\sum_{i=1}^{n}a_i=1$$

所以
$$\sum_{i=1}^{n-1}\frac{a_i}{1-a_n}+0=1$$

即 $\exists X^a,X^b\in V,\lambda=1-a_n\in(0,1)$，满足 $X^a=\lambda X^b+(1-\lambda)X^c$，则 X^a 不是 $\text{Co}(\{X_i\})$ 的顶点，与假设不符。所有除 $\{X_i\}$ 以外的点，必不是顶点，即 V 的顶点集必为 $\{X_i\}$ 的子集。又由于 $\{X_i\}$ 元素个数有限，V 边界必不存在（超）曲面或（超）曲线，即 V 必为一个凸（超）多面体，则 V 为以 $\{X_i\}$ 的某子集为顶点的凸（超）多面体。□

定理 3-3　网络容量域 C 是一个在 $n\times(n-1)$ 维空间中，以基本矩阵 $\{R_i\}$ 为顶点的凸超多面体，在各坐标轴 $r_{ij|i\neq j}$ 正半部分的切割凸超多面体。

证明　定义向量 $\beta=\{\beta_k:k=1,2,\cdots,n\times(n-1)\}\in C,\beta_{(i-1)(n-1)+j}=r_{ij}(i,j=1,2,\cdots,n,i\neq j)$。由 C 维数的性质，C 中的矩阵 R 可以一一对应地用一个 β 表示，则 C 等价于一个由一组向量 β 构成的集合 B。

由于 $C=\text{Co}(\{R_i\})\bigcap\mathscr{P}_n\subset\mathscr{P}_n$，因此，$\forall\beta\in B,\beta_k\geqslant 0(k=1,2,\cdots,n\times(n-1))$，即 B 位于所有坐标轴 β_k 的正半轴。

又由定理 3-1、定理 3-2，网络容量域 C 是一个在 $n\times(n-1)$ 维空间中，以基本矩阵 $\{R_i\}$ 为顶点的凸超多面体，在各坐标轴 $r_{ij|i\neq j}$ 正半部分的切割凸超多面体。□

2) 测度定义与计算方法

根据以上定义及定理，显然可以有如下定义：

凸包 $\text{Co}(\{R_i\})$ 表面与各坐标轴 $\{r_{ij|i\neq j}\}$ 的交点 V_{ij} 构成的集合为 $\text{Ve}(\{R_i\})=\{V_{ij}:i,j=1,2,\cdots,n,i\neq j\}$。

定义网络容量域 C 的测度 $\mu(C)$ 为以 $\{R_i\}\bigcup\text{Ve}(\{R_i\})\bigcup 0\bigcap\mathscr{P}_n$ 为顶点的凸超多面体的体积。

显然，网络容量域 C 是一个以 $\{R_i\}\bigcup\text{Ve}(\{R_i\})\bigcup 0\bigcap\mathscr{P}_n$ 为顶点的凸超多面体。由于在有限维空间中，在已知顶点坐标的条件下，有限个顶点构成的凸超多面体的体积是可求的。因此,求解网络容量域测度的关键就在于 C 顶点的确定。而其中的关键又在于求解 $\mathrm{Co}(\{R_i\})$ 表面与坐标轴的交点 $\mathrm{Ve}(\{R_i\})$。

V_{ij} 即凸包 $\mathrm{Co}(\{R_i\})$ 表面上的点中,除某 $r_{ij|i\neq j}$ 轴以外,其他坐标都等于 0 的坐标点。根据 r_{ij} 的物理意义,即节点 A_i 向节点 A_j 的信息传输速率,则 V_{ij} 为仅有节点 A_i 向节点 A_j 传输时,可达的最大传输速率(允许中继,即中间过程可以有其他节点传输)。

在此意义下,V_{ij} 可以根据其物理意义,精确计算或估算一个范围,从而求解特定协议下网络容量域的测度的近似值。

采用概率方法求解网络容量域测度也是一种可行的方法。利用扩展立方体的体积计算方法,可以在 $\mathbf{C}$ 中选取一个大小合适的超立方体 T,设边长为 L,使其可以完全包含 C 又不过于庞大,则该超立方体 T 的体积为 $L^{n\times(n-1)}$。使用 Mento Carlo 法生成足够数目的传输矩阵 R,使其均匀分布于 T 内,判断这些矩阵是否落在网络容量域 C 中,统计比例,记为 ρ,则网络容量域 C 的测度 $\mu(C)=\rho L^{n\times(n-1)}$。判断 R 是否在 C 中可以通过如下欧式空间内的 $n\times(n-1)$ 维线性规划方法:

$$\begin{cases} \min\ g(x)=\displaystyle\sum_{i=1}^{N-1}x_i \\ \mathrm{s.\,t.}\ 0\leqslant x_i\leqslant 1 \\ R=\displaystyle\sum_{i=1}^{N-1}x_iR_i \end{cases} \tag{3-13}$$

如果求解得到 $g(x_{\mathrm{opt}})\leqslant 1$,则 R 属于网络容量域 C 中;否则不属于。由于线性规划已有成熟方法可解,因此网络容量域的计算也可实施。

3. 网络容量域切面

定义网络容量域的意义在于给出一种系统的、完整的数学方法,描述网络中所有可能的信息传输情况,以及各节点传输间的关系。但高维空间不够直观,超多面体无法形象表示,因此可以通过定义一组 $\mathbf{C}$ 中的超平面,对网络容量域进行切割,得到可以直观表示的二维平面。这种超平面对应于解析式,即固定 $\mathbf{C}$ 中的 $N-2$ 个坐标,从而可以绘制剩下的两个坐标的关系平面。这种切面可以描述两对源宿节点(至多四个节点)传输的关系。下面在描述几种典型网络的网络容量时,将具体说明这种切面分析的直观效果。

4. 网络一致容量

方便起见,定义了 Ad Hoc 网络的一致容量 C_u:在某一传输协议和时分复用的情况下,如果所有节点希望以相同的最大速率 $r_{\max}$ 通信,那么网络的一致容量就

是 $r_{\max} \times n(n-1)$。此时容量矩阵所有非对角线元素的值均为 $r_{\max}$，$n \times (n-1)$ 是网络有 n 个节点时可能的源节点/目标节点的最大对数。

3.3.3　不同网络容量分析

本小节针对不同的传输协议，给出了不同网络的网络容量域。重点考察了多跳和空间复用对网络容量的影响。

考虑一个由 5 个节点组成的网络，它们均匀而独立的分布在方形区域 $\{-10\text{m} \leqslant x \leqslant 10\text{m}, -10\text{m} \leqslant y \leqslant 10\text{m}\}$，节点 A_i 与 A_j 之间的信道功率增益为

$$G_{ij} = K s_{ij} \left(\frac{d_0}{d_{ij}} \right)^{\alpha} \tag{3-14}$$

式中，d_{ij} 是节点间的距离；K 和 d_0 是调整常数，分别设 $K = 10^{-2}$ 和 $d_0 = 1\text{m}$，路径损失指数 $\alpha = 4$。阴影因子是独立同分布的随机变量，服从零均值对数正态分布，方差 $\sigma = 8\text{dB}$（$s_{ij} = 10^{N_{ij}/10}$，N_{ij} 是零均值高斯分布的随机变量，标准差 $\sigma_{ij} = 8\text{dB}$）。发射功率 $P_i = 1\text{W}$，接收机处的噪声为功率谱密度 $\eta = 10^{-11}\,\text{W/Hz}$，系统带宽 $W = 10^6\,\text{Hz}$。链路数据速率由式(3-6)决定。

1. 单跳路由，无空间复用

此时节点间均直接通信（节点不转发来自其他节点的数据包），并且任何时候只有一个节点在发送数据。网络中总共有 n 个节点，每个节点都可能有 $n-1$ 个目的节点，因此网络共有 $N^a = n(n-1) + 1$ 种传输方案（包括所有节点都不发送数据这一种），这些传输方案的速率矩阵分别记为 $R_i^a (i = 1, \cdots, N^a)$，它们由 G、P、H 和式(3-4)得到，所有节点都保持沉默时速率矩阵为零矩阵。这样由定义得到的容量域为

$$C^a = \text{Co}\{R_i^a, i = 1, \cdots, N^a\} \bigcap \mathscr{P}_n \tag{3-15}$$

图 3-3 画出了 C^a 在平面 $r_{ij} = 0(\{ij\} \neq \{12\}, \{34\}, i \neq j)$ 上的二维投影。此时，只有 A_1 和 A_3 在发送数据，在单跳路由时其他节点既不需要发送自己的数据，也不需要为其他节点发送数据。由于不允许空间复用，因而任何时候只有一个数据源/目的节点对是激活的，虽然没有其他链路的干扰会使单一链路数据传输速率增大，但却失去了空间复用带来的频率资源使用效率的提高。此时网络一致容量 $C_u^a = 0.83\text{Mb/s}$。

2. 多跳路由，无空间复用

同一时刻只允许一个节点发送数据，但数据包可以通过中间节点转发到达目的节点。网络有 n 个节点，每个节点可以有 $n-1$ 个接收机，也可能为 n 个节点转

发数据(包括目标节点与其本身),因此总共有 $N^b = n^2(n-1)+1$ 种可能的传输方案(包含所有节点都不发送的情况),它们的速率矩阵分别为 $R_i^b(i=1,\cdots,N^b)$,得到此时的容量域为

$$C^b = \mathrm{Co}\{R_i^b, i=1,\cdots,N^b\} \bigcap \mathscr{P}_n \tag{3-16}$$

为了进行直观明显的比较,同样在图 3-3 中画出了 C^b 在平面 $r_{ij}=0(\{ij\}\neq\{12\},\{34\},i\neq j)$ 上的二维投影。由于没有空间复用,同一时刻只有一对节点在传输数据,但由于允许多跳路由,数据包不一定要沿着信道增益小的直接链路传输,而是通过信道增益大、链路数据传输速率高的多跳链路到达目的节点,因此从图 3-3 中可以看出,多跳路由带来的容量增益是很明显的。

通过计算,多跳路由下,网络一致容量相对单跳方式提升了 242%,达到 $C_u^b = 2.85\mathrm{Mb/s}$。

3. 多跳路由,空间复用

在同时允许多跳路由和空间复用的情况下,网络中允许同一时间有多对发送—接收节点以最大速率传输,此时 n 个节点的网络可能的基本传输方案的数目为

$$N^c = \sum_{i=1}^{\lfloor n/2 \rfloor} \frac{n(n-1)\cdots(n-2i+1)}{i!} n^i + 1 \tag{3-17}$$

式(3-17)和中第 i 项表示 n 个节点中有 i 对发送—接收节点时,总共可能的基本传输方案数目。从 n 个节点中选出 $2i$ 个节点,组成有序的 i 对发送—接收节点,可能的排列为 $n(n-1)\cdots(n-2i+1)$。然后由于这 i 对节点各对间是无序的,因此除以 $i!$ 得到发送—接收对的组合个数。又由于每对组合可能描述直接的源—目的信息流,也可能描述中继信息流,每对组合对应的信息源可能的数目为 n,i 对发送—接收节点对应 n^i 种可能的信息源组合,因此每项乘以 n^i。

这些传输方案的速率矩阵为 $R_i^c(i=1,\cdots,N^c)$,定义容量域

$$C^c = \mathrm{Co}\{R_i^c, i=1,\cdots,N^c\} \bigcap \mathscr{P}_n \tag{3-18}$$

同样,在图 3-3 中画出了 C^c 在平面 $r_{ij}=0(\{ij\}\neq\{12\},\{34\},i\neq j)$ 上的二维投影。可以看出,空间复用允许多个节点同时发送接收,带来的容量增益是明显的。多跳空间复用情况下,网络一致容量相对仅允许多跳,不允许空间复用的情况又提升了 26%,达到 $C_u^c=3.58\mathrm{Mb/s}$。由于计算能力的限制,以上仅分析了 5 个节点的情况,可以想象到,随着节点数的增加,空间复用的优势将进一步体现。

理想空间复用下,网络可以同时允许最多 $\lfloor \frac{n}{2} \rfloor$ 对节点传输,如果这些节点的位置分布合理,使每对节点都在信道条件最好的情况下传输,理论上网络容量的上限应能无限接近网络信息论中的香农极限。从这个意义上,如果移动网络中节点的

运动使每次传输的发送—接收节点对都处于合适的位置,将有利于网络容量的提升,这也可以证明文献(Grossglauser,2002)中,移动性可以提升网络容量的结论。

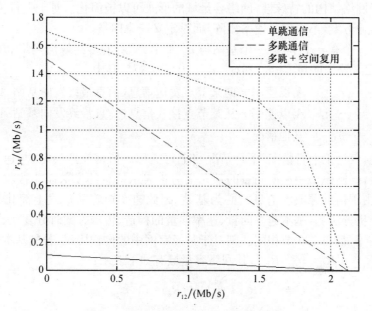

图 3-3 不同传输方案的网络容量域

3.4 合群管理网络容量效能分析

根据上述网络容量域分析,通过多跳传输和空间复用,可以有效提高网络的容量。移动网络的合群管理恰符合这两个条件,因此可以预想到其带来的网络容量上的效能提升。

使用网络容量域的分析方法,对合群管理下的蜂窝网网络容量进行分析。显然,在多无线支持的情况下,网络容量肯定会提升。同时,若以单位时间成功接收的信息量作为网络容量的衡量标准,组播与广播实际上也会带来网络容量的提升。但为针对性地仅分析网络组织形式上通过合群管理带来的效能,本小节不讨论以上两种意义上的效能,仍然讨论单一接入方式、单播的情况,比较合群多跳蜂窝接入相对单跳蜂窝接入的网络容量性能的提升。

3.4.1 模型描述

合群管理下的异构蜂窝移动网络可以用一种 Ad Hoc 网络的特例来描述。设网络中有 n 个节点,A_1,A_2,$\cdots A_n$,其中,A_1 到 A_{n-1} 为移动终端节点,A_n 为基站。理论上,A_1 到 A_{n-1} 所有终端节点都可以相互发送接收信息,但这里只讨论所有终端节点只向基站发送或只从基站接收的情况,即 A_n 为所有传输的信息的起源或归宿。终端节点间的传输仅为中继传输(在允许多跳中继的情况下)。

由于网络结构的特殊性,网络容量域的形式可以被简化。对于上行传输,对应于每种传输方案,不再定义速率矩阵,而是定义速率向量。

对于一个有 n 个节点(一个基站与 $n-1$ 个终端)的多跳蜂窝网络和一种传输方案 S,定义速率向量 $R(S)=\begin{bmatrix} r_1 & r_2 & \cdots & r_{n-1} \end{bmatrix}^{\mathrm{T}}$,其中

$$r_i = \begin{cases} r, & A_i \text{以速率} r \text{向某节点发送信息(信息最终发向基站} A_n) \\ -r, & A_i \text{以速率} r \text{从某节点接收信息(信息最终发向基站} A_n) \\ 0, & \text{其他情况} \end{cases}$$

在此,仅讨论上行情况,下行情况与上行类似。值得注意的是,与速率矩阵的定义相反,蜂窝模型中速率向量的某元素为正表示信息的发送而非接收。在蜂窝模型下,由于信息源或者信息宿必为基站,因此速率矩阵从形式上简化为速率向量。在分析方法上,基本速率向量、速率向量的构造、传输方案时分复用、加权和的描述方法等,都与 3.3 节相同。则对于某蜂窝网中的传输协议,若其基本速率向量集合为 $\{R_i\}=\{R_1 \quad \cdots \quad R_N\}$,其网络容量域有如下表示:

$$C = C(\{R_i\}) \overset{\text{def}}{=\!=} \mathrm{Co}(\{R_i\}) \bigcap \mathscr{P}_{n-1}$$

$$= \left\{ \sum_{i=1}^{N} a_i R_i : a_i \geqslant 0, \sum_{i=1}^{N} a_i = 1 \right\} \bigcap \mathscr{P}_{n-1} \tag{3-19}$$

式中,$\mathscr{P}_{n-1}$ 表示所有分量都是非负实数的 $n-1$ 维向量集合。与一般的 Ad Hoc 网络容量域分析一样,所有包含负元素的速率向量都被排除在网络容量域以外。因为只有基站才是最终接收信息的站点。

网络容量域中向量的求解仍然可以使用式(3-12)中的线性规划方法。以下针对一个 n 节点的蜂窝网络,分别讨论比较传统蜂窝模式与支持合群管理的多跳蜂窝模式的网络容量。

3.4.2　传统蜂窝模式

传统蜂窝模式下,某时刻至多仅存在一个终端向基站发送信息,加上所有终端都保持沉默,不发送信息的情况,基本速率向量的个数 $N_{\text{cell}}^d = n$。基本速率向量为 $R_i^d (i=1,2,\cdots,N_{\text{cell}}^d)$,除 0 向量以外,其他 $N_{\text{cell}}^d - 1$ 个向量分别为某一分量为对于传输的最大速率,其他分量为 0 的基本向量。则传统蜂窝模式下的网络容量域为

$$C_{\text{cell}}^d = \mathrm{Co}(\{R_i^d\}) \bigcap \mathscr{P}_{n-1} \tag{3-20}$$

显然,传统蜂窝模式下,所有基本向量的分量都非负,因此

$$C_{\text{cell}}^d = \mathrm{Co}(\{R_i^d\}) \bigcap \mathscr{P}_{n-1} = \mathrm{Co}(\{R_i^d\}) = \left\{ R = \sum_{i=1}^{N_{\text{cell}}^d} a_i R_i^d : a_i \geqslant 0, \sum_{i=1}^{N_{\text{cell}}^d} a_i = 1 \right\}$$

$$\tag{3-21}$$

3.4.3　多跳蜂窝模式

多跳蜂窝模式下,某时刻仍然仅存在至多一个节点发送信息,虽然信息最终将发向基站,但该次传输的目的可以不是基站,信息可以通过中继多跳到达基站。为简化分析并与合群管理模式对比,仅考虑所有节点通过其固定中继向基站发送信息,中继节点直接向基站发送信息的情况。此情况下,基本速率向量的个数 $N_{\text{cell}}^e = n$。基本速率向量为 $R_i^e (i=1,2,\cdots,N_{\text{cell}}^e)$,除 0 向量以外,其他 $N_{\text{cell}}^e - 1$ 个向量分别表示除基站以外的节点以其最大速率向各自的目标节点发送信息的情况。对于中继节点,传输目的为基站;对于其他节点,传输目的为其中继节点。则该模式下网络容量域为

$$C_{\text{cell}}^e = (\{R_i^e\}) \bigcap \mathscr{P}_{n-1} \tag{3-22}$$

3.4.4　合群管理模式

合群管理模式下,设网络中 $n-1$ 个终端节点合群成为 m 个独立合群组,每个组有成员节点 n_i 个,$\sum_{i=1}^{m} n_i = n-1, n_i \geqslant 1$。当 $n_i = 1$ 时,表示 i 组只有一个成员,即节点处于游离状态,非合群状态。此情况下,传输方案包括:所有组的组头直接向基站发送数据;组头接收组员数据,并向基站转发;组与组之间组内传输空间复用。则基本速率向量的个数为

$$N_{\text{cell}}^f = m + \prod_{i=1}^{m} n_i \tag{3-23}$$

式(3-22)中的第一项 m 表示所有组头各自向基站单跳直接发送数据的情况,第二项表示组头接收组员数据的情况,并包含组间空间复用的情况。积式中的第 i 项表示第 i 个组,组内节点向组头发送数据的可能情况的个数。这里 n_i 表示第 i 组的成员个数。每组可能有 $n_i - 1$ 个成员单独向组头发送数据,加上都不发送的情况,每组有 n_i 种可能。各组之间独立,因此总共的基本传输方案个数,即基本速率向量个数如式(3-22)。

记合群管理模式下,基本速率向量为 $R_i^f (i=1,2,\cdots,N_{\text{cell}}^f)$,网络容量域为

$$C_{\text{cell}}^f = \text{Co}(\{R_i^f\}) \bigcap \mathscr{P}_{n-1} = \left\{ R = \sum_{i=1}^{N_{\text{cell}}^f} a_i R_i^f : a_i \geqslant 0, \sum_{i=1}^{N_{\text{cell}}^f} a_i = 1 \right\} \bigcap \mathscr{P}_{n-1}$$

$$\tag{3-24}$$

3.4.5　结果比较与分析

根据以上蜂窝网网络容量域的计算方法,比较分析两种方式下的网络容量。

场景描述

考虑一个由 7 个节点组成的网络,将其分成 2 组,每组 3 个成员。各组均匀而独立的分布在方形区域{$-10\text{m} \leqslant x \leqslant 10\text{m}$,$-10\text{m} \leqslant y \leqslant 10\text{m}$}内,每组成员分布集中,均匀分布在面积为 4m^2 的正方形内,信道参数同 3.2.4 设置。链路数据速率由式(3-4)决定。设所有节点包括基站接收机灵敏度相同,为 $\omega = -100\text{dBm}$,所有节点成功接收的可信度也相同,$p^c = 95\%$。

网络容量比较

图 3-4～图 3-6 展示了传统单跳接入方式、多跳接入方式及合群接入方式下网络容量域在不同超平面下的截面,反映了不同类型节点(组头或成员)之间的最大传输能力的关系。

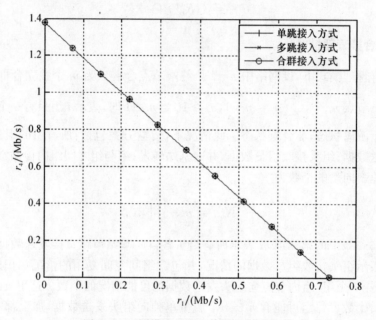

图 3-4　不同模式下组头传输速率的关系

图 3-4 给出了 C_{cell}^d、C_{cell}^e 和 C_{cell}^f 在超平面 $r_i = 0 (i \neq 1, 4)$ 上的二维投影。节点 A_1 与 A_4 分别为两个合群组的组头,因此图 3-4 反映了三种方式下组头传输速率的关系。可以看到对于组头,三种传输方式是完全一样的,因此其投影截面也完全相同。

图 3-5(a)和图 3-5(b)分别给出了 C_{cell}^d、C_{cell}^e 和 C_{cell}^f 在超平面 $r_i = 0 (i \neq 1, 2)$ 和超平面 $r_i = 0 (i \neq 2, 3)$ 上的二维投影。节点 A_1 与 A_2、A_3 分别为同一合群组的组头和成员节点,图 3-5 反映了三种方式下组头与其成员及成员间传输速率的关系。

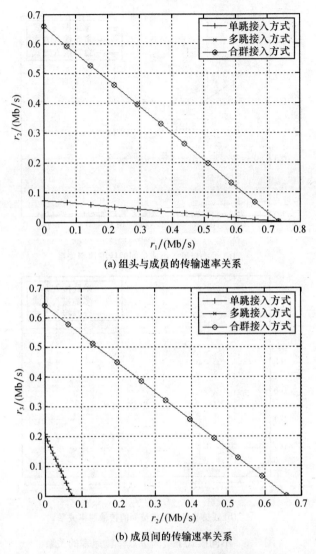

(a) 组头与成员的传输速率关系

(b) 成员间的传输速率关系

图 3-5　不同模式下同组节点传输速率的关系

通过多跳传输,选取信道条件更好的传输方式,可以获得更高的传输速率。但处于同一组内的两个节点,具有相同的接收或发送节点,由于节点某时刻只能从一个节点接收信息或向一个节点发送信息,不具备空间复用条件(A_1 不能在从 A_2 接收信息的同时向基站发送信息;A_2 和 A_3 不能同时向 A_1 发送信息),因此可以看到多跳方式和合群方式,同组内节点的传输速率变化关系相同,但相对于传统的单跳直接接入基站有大幅提升。

最后,图 3-6(a)和图 3-6(b)分别给出了 C_{cell}^d、C_{cell}^e 和 C_{cell}^f 在超平面 $r_i = 0(i \neq 1, 5)$和超平面 $r_i = 0(i \neq 2, 5)$上的二维投影。节点 A_5 与 A_1、A_2 分别为某合群组的

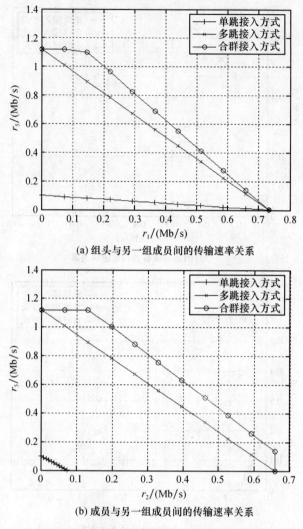

(a) 组头与另一组成员间的传输速率关系

(b) 成员与另一组成员间的传输速率关系

图 3-6　不同模式下组间节点传输速率的关系

成员节点与另一合群组的组头和成员节点。图 3-6 反映了三种方式下某合群组内成员节点与其他合群组内节点的传输速率关系。在此情况下,一方面,节点通过多跳传输,选取信道条件更好的传输方式,获得了更高的传输速率;另一方面,处于不同合群组的成员节点可以通过空间复用机制同时传输信息,因此可以看到合群方式容量域投影面积更大,网络容量域测度也更大,包含的传输方案更多,反映出该方式相对前面两种方式,网络容量进一步提升。

　　表 3-1 给出了三种方式的网络一致容量。合群管理方式由于考虑了物理位置特性,选取了合适的多跳传输路径,同时支持空间复用,因而从直观数据上可以看

到网络一致容量的提升。对于前述 7 节点示意场景,合群方式下的网络一致容量相对传统单跳方式提升了 240%,而相对一般的多跳接入方式,也提升了 9.6%。

表 3-1　不同模式下网络一致容量比较

网络一致容量/(Mb/s)		
C_u^d	C_u^c	C_u^f
0.43	1.46	1.60

从以上结果来看,即使没考虑组播、广播和多无线的使用,通过合群管理同样可以提升蜂窝网网络容量。其主要原因是合群管理意味着多跳接入和空间复用。通过多跳,节点可以选择信道衰减较少的多跳路径传输;同时合群空间复用意味着不同组间可以有节点对同时传输,从而提高了信道的利用率。以上分析规定了每个合群组内的节点采用单跳方式接入组头,若组内也允许多跳,可以想象得到,会进一步带来网络容量性能的提升。但由于进一步支持多跳会使基本速率矩阵数目大幅增加,网络容量域的计算变得困难,因此在实际传输方案设计中,适当在多跳和方案复杂度上折中,规定允许 1、2 跳接入组头,从而进一步提高网络容量。

3.5　合群管理功耗效能分析

由于无线终端发送和接收的能量开销与采用的无线技术有密切关系,多无线技术的合理选择使用会有利于能量的节省。一般情况下,节点发送接收信息的能量消耗与传输流量的比特数成正比。合群管理支持下,由于组播的支持,网络传输的信息量能有效减少。本节暂不讨论此意义上合群管理带来的能量开销上的性能提升,而重在分析由于合群结构组织形式可能利用的多跳通信的节能功效。

3.5.1　模型描述

设一个 n 节点的蜂窝网,$A_1,A_2,\cdots,A_{n-1}$ 为终端节点,A_n 为基站。部分关键参数向量定义同网络容量分析。定义网络节点发送功率向量为 P^{tx},信道增益矩阵为 $G=\{G_{ij}\}$。

定义节点接收灵敏度向量为 $\Omega=\{\omega_1,\omega_2,\cdots,\omega_n\}$,其中,$\omega_i$ 表示 A_i 能成功接收信息所要求的最低接收功率。

当节点 A_i 以功率 P_i^{tx}、速率 r 发送一个比特时,其能量开销为 $E_i^{tx}=P_i^{tx}/r$。根据信道增益矩阵,节点 A_j 收到该信号的功率 $P_j^{rx}=G_{ij}P_i^{tx}$。电磁波室外空间传播特性如式(3-4),则 A_j 收到的信号的功率 P_j^{rx} 应是 P_i^{tx} 和 d_{ij}(A_i 与 A_j 间距离)的函数。同时考虑阴影效应,P_j^{rx} 是一个取决于 d_{ij} 和阴影概率密度函数的随机变量。

定义节点 A_i 的成功接收可信度为 p_i^c ($p_i^c \in (0,1)$)，p_i^c 反映节点 A_i 的 QoS 需求。

即节点 A_i 为向节点 A_j 发送数据选取发送功率时，必须满足 $P\{P_j^{rx}(P_i^{tx}, d_{ij}) \geqslant \omega_j\} \geqslant p_i^c$，方认为节点 A_j 有足够的可能成功接收到发送的信息。

基于以上定义和假设，考虑所有终端节点以相同速率 r 向基站发送等量信息的网络总能量开销。设每个终端向基站发送 B bit 的信息，比较分析传统蜂窝模式与合群管理模式下，以下场景网络所有节点发送能量总开销：

所有 n 个节点分布在正方形区域 $\mathscr{A}$。基站 A_n 位于区域中心。物理位置上，$n-1$ 个终端节点分为 m 个组，每个组有成员节点 n_i 个，$\sum\limits_{i=1}^{m} n_i = n-1, n_i \geqslant 1$。当 $n_i = 1$ 时，表示组 i 只有一个成员，即节点处于游离状态，非合群状态。合群组均匀分布于 $\mathscr{A}$，每组成员集中围绕组中心分布在一个小区域内。

3.5.2 传统蜂窝模式

传统蜂窝模式下，所有终端节点以合适的功率直接向基站发送数据，网络最小能量开销可以表示为

$$\begin{cases} \min E_{sys}^{tx} = \dfrac{B}{r} \sum\limits_{i=1}^{n-1} P_i^{tx} & \text{(a)} \\[2mm] \text{s. t. } P\{G_{1n}P_1^{tx} \geqslant \omega_n\} \geqslant p_n^c & \text{(b)} \\[2mm] \quad P\{G_{2n}P_2^{tx} \geqslant \omega_n\} \geqslant p_n^c \\[2mm] \quad \cdots \\[2mm] \quad P\{G_{n-1,n}P_{n-1}^{tx} \geqslant \omega_n\} \geqslant p_n^c \end{cases} \qquad (3\text{-}25)$$

由于终端节点间相互独立，节点位置确定，不难求出满足基站 A_n 接收灵敏度下的最小发送功率 P_i^{tx}，带入式(3-25)中(a)，则可求出系统最小能量开销 E_{sys}^{tx}。

3.5.3 合群管理模式

合群管理模式下，计算稍复杂。系统的能量开销包含三个部分：所有成员节点向组头发送信息的能量开销；组头向基站发送信息的能量开销；组头转发收到的成员的信息给基站的能量开销。

记节点 A_j ($j = j(k) = \sum\limits_{i=0}^{k-1} n_i + 1, k = 1, 2, \cdots, m$) 为网络中的第 k 个组头，$k = 1, 2, \cdots, m$ 构成 k 个组头的集合，其中令 $n_i = 0$。$A_{j(k)+l}$ ($l = 1, \cdots, n_k - 1$) 表示第 k 组除组头 $A_{j(k)}$ 以外的 $n_k - 1$ 个成员节点。三部分节点能量开销可以表示为

$$
\begin{cases}
E_a^{tx} = \dfrac{B}{r}\sum_{k=1}^{m}\sum_{l=1}^{n_k} P_{j+l}^{tx} & \text{(a)} \\[2mm]
E_b^{tx} = \dfrac{B}{r}\sum_{k=1}^{m} P_j^{tx} & \text{(b)} \\[2mm]
E_c^{tx} = \dfrac{B}{r}\sum_{k=1}^{m}(n_k-1)P_j^{tx} & \text{(c)}
\end{cases}
\qquad (3\text{-}26)
$$

在满足节点接收灵敏度的要求下,系统的最小能量开销为

$$
\begin{cases}
\min E_{sys}^{tx} = E_a^{tx}+E_b^{tx}+E_c^{tx} = \dfrac{B}{r}\Big[\sum_{k=1}^{m}\big(\sum_{l=1}^{n_k}P_{j+l}^{tx}+n_kP_j^{tx}\big)\Big] & \text{(a)} \\[2mm]
\text{s. t. } P\{G_{(j+l),j}P_{j+l}^{tx}\geqslant \omega_j\}\geqslant p_j^c,\ l=1,2,\cdots,n_k-1,\ k=1,2,\cdots,m & \text{(b)} \\[2mm]
P\{G_{jn}P_j^{tx}\geqslant \omega_n\}\geqslant p_n^c,\ k=1,2,\cdots,m & \text{(c)}
\end{cases}
$$

$$(3\text{-}27)$$

根据式(3-27)中(b)、(c)分别求出每个节点发往各自目的的最小功率,代入式(3-27)(a),求解系统最小能量开销 E_{sys}^{tx}。

3.5.4　结果比较与讨论

1. 参数选择

考虑与网络容量域分析中相同的场景,比较上述传统单跳蜂窝接入模式和合群管理模式。所有 7 个节点分布在 $\{-10\text{m}\leqslant x\leqslant 10\text{m},-10\text{m}\leqslant y\leqslant 10\text{m}\}$ 的正方形区域 $\mathscr{A}$。基站 A_n 位于区域中心 $(0,0)$。物理位置上,6 个终端节点分为 2 组,每组 3 个节点成员。合群组均匀分布于 $\mathscr{A}$,每组成员分布集中,均匀分布在面积为 5m^2 的正方形内。

除基站外的所有节点以速率 $r=64\text{kb/s}$ 向基站发送 $B=1\text{Mbit}$ 的信息,考察两种结构及相应通信模式下系统的总能量开销。

2. 结果比较分析

图 3-7 比较了上述场景下的能量开销。由于合群管理结构下采用了多跳通信,而移动台间通信能量的开销是随其间的距离非线性变化的,因此通过选取合适的组头和路径可以达到节省能耗的目的。在传统的单跳蜂窝接入结构下,所有节点的发送能量开销为 $1.07\times10^{-4}\text{J}$,而合群管理方式下仅为 $4.16\times10^{-5}\text{J}$,相对前者能耗节省了 61%。在不同合群场景下,多次仿真结果虽数值上有差别,但基本结论一致。

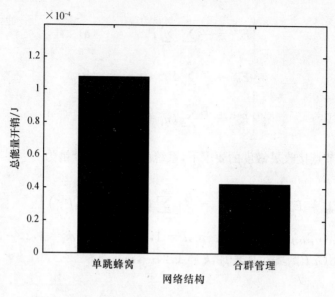

图 3-7　能量开销比较

3. 讨论

以上分析并没有讨论合群模式下组播支持和信息融合带来的效能。若设每个组内节点发送的信息有一定的相关性，发送的 B bit 包含独立单播部分 B^{uni} 和组播部分 B^{multi}。当组内节点几乎同时向基站发送这种高相关性数据时，组头可以通过信息融合，避免冗余信息的传输，式(3-26)中的(b)、(c)两部分的和可以有效减少，即

$$E_{b+c,\,\mathrm{merge}}^{\mathrm{tx}} = \sum_{k=1}^{m} P_j^{\mathrm{tx}} \left(\frac{B_{\mathrm{multi}} + \sum_{l=1}^{n_k} B_{i,\,\mathrm{uni}}}{r} \right) \leqslant \sum_{k=1}^{m} P_j^{\mathrm{tx}} \left(\frac{n_k B}{r} \right) \qquad (3\text{-}28)$$

当 $B^{uni} \ll B$，即节点发送的信息大部分是相同的信息，而仅有极少的独立信息时，使用合群管理方式可以有效节省信息传输能量。上述情况特别适用于控制信令，如一组节点跨越位置区，发送位置更新信令时，大量信息是冗余重复的，因此可以通过合群管理有效节省信息发送的能量开销。

当然，通过以上分析也可以明显看到，作为组头，其能量开销会明显高于组内成员。因此组头的选取和轮换机制是必需的。

参 考 文 献

Bansal N, Liu Z. 2003. Capacity, delay and mobility in wireless ad-hoc networks. Proc. of the 22nd

Annual Joint Conference of the IEEE Computer and Communications Societies, INFOCOM' 03,2:1553-1563.

Diggavi S N, Grossglauser M, Tse D N C. 2002. Even one-dimensional mobility increases ad hoc wireless capacity. Proc. of IEEE International Symposium on Information Theory, ISIT'02. 352.

Dousse O, Baccelli F, Thiran P. 2005. Impact of interferences on connectivity in ad hoc networks. IEEE/ACM Transactions on Networking, 13(2):425-436.

Gastpar M, Vetterli M. 2002. On the capacity of wireless networks: The relay case. Proc. of the 21st Annual Joint Conference of the IEEE Computer and Communications Societies, INFO-COM'02. 3:1577-1586.

Grossglauser M, Tse D N C. 2002. Mobility increases the capacity of ad hoc wireless networks. IEEE/ACM Transactions on Networking, 10(4):477-486.

Gupta P, Kumar P R. 2000. The capacity of wireless networks. IEEE Transactions on Information Theory, 46(2):388-404.

Kozat U C, T L. 2003. Throughput capacity of random ad hoc networks with infrastructure support. Proc. of ACM MobiCom'03. San Diego, CA, 55~65.

Li J Y, Charles B, Douglas S J, et al. 2001. Capacity of Ad Hoc wireless networks. Proc. of The 7th annual International Conference on Mobile Computing and Networking, 61.

Perki C, Sergio D S. 2003. On the maximum stable throughput problem in random networks with directional antennas. Proc. of The 4th ACM Inter-national Symposium on Mobile Ad Hoc Networking & Computing, 76.

Tonmpis S. 2004. Capacity bounds for three classes of wireless networks: Asymmetric, cluster, and hybrid. Proc. of the 5th ACM International Symposium on Mobile Ad Hoc Networking & Computing, 133.

Toumpis S, Goldsmith A J. 2003. Capacity regions for wireless ad hoc networks. IEEE Transactions on Wireless Communications, 2(4):736-748.

Xie L L, Kumar P R. 2004. A network information theory for wireless communication: Scaling laws and optimal operation. IEEE Transactions on Information Theory, 50(5):748-767.

Yi S, Yong P, Shivkumar K. 2003. On the capacity improvement of ad hoc wireless networks using directional antennas. Proc. of the 4th ACM International Symposium on Mobile Ad Hoc Networking & Computing, 108.

第4章 基于网络效用的合群无线网络模型

4.1 基于网络效用的无线网络建模

基于网络效用的跨层建模是网络设计的一种系统化方法。它将各个协议层的功能与性能要求抽象为数学优化问题中的目标函数与限制条件,用函数变量表示网络资源(如时隙、频带、功率、链路速率、能耗),将这些网络设计与优化的要素与要求以数学优化问题的形式表示出来,从而将各网络层的设计统一到一个完善的理论框架之下。一般而言,基于网络效用的网络设计问题可分为两个步骤。

(1)网络建模:首先明确网络设计目标,如拥塞控制、功率控制、容量最大等,还可以是多个目标的组合,此时在数学形式上就是个多目标的优化问题;然后根据网络资源、网络 QoS 要求及网络特点列出限制条件,该步骤一般涉及多个层次的交互,如无线链路速率显然受到功率、调制方式与周边干扰的影响。经过该步骤,网络设计转化为数学优化问题。

(2)优化问题分析:对所得的数学优化问题进行分析,如是否是凸问题、是否可设计分布式算法、算法的收敛性与稳定性等。该步骤主要的理论工具是非线性规划,特别是凸优化理论与分解方法。问题分析的过程往往可以得到多种优化方案,选择合适的优化方案还需根据网络的实际需求来进行。最后利用设计的算法求出问题最优解或者近优解。

本节将会对步骤(1)进行讨论,即如何对无线网络建立网络效用最大化的模型,随后两节对步骤(2)用到的优化理论与分解方法做简要阐述。

4.1.1 基于网络效用最大化的跨层优化概述

近几年来,将网络效用最大化用于无线网络优化设计方法成为了无线网络领域的一个研究热点,众多研究者认为网络效用最大化已成为解决无线多跳网络跨层设计问题的最强有力的工具之一,并与分解方法结合衍生出了"Layering as Optimization Decomposition"(Chiang,2007)的网络优化设计思想。

从网络设计者的视角来看,许多现有的网络协议可以看做是一种对某种形式的网络效用最大化问题求解的分布式解决方案,这点在 TCP 协议中已经得到了验证:文献(Baccelli,2002)指出了 TCP/IP 协议的各种拥塞控制机制及其变种实际上就是关于各种不同形式的效用函数的基本网络效用最大化问题,各种效用函数经过 TCP 的反向工程都可对应一种特定拥塞机制的 TCP 协议。除此之外，最近一些研究还指出了边界网关协议(BGP)可以被反向工程为稳定路径问题(网络效用最大化问题的形式)(Griffin, 2002)，争用媒体接入控制协议(Contention-based Medium Access Control)可被反向工程为基于博弈论的自私效用函数最大化(Lee, 2007)。根据这一思路，可以将现有网络协议反向工程为网络效用最大化问题，然后用数学优化的知识对其分析与修改以达到优化现有协议的目的。而实际上，网络效用最大化最开始就是用来改善与分析 TCP 协议拥塞控制的。表 4-1 列举了一些各层优化目标，在现有的各相应层次的协议设计时都曾以这些优化目标作为设计目标之一来进行。

表 4-1　各层的设计与优化目标

协议层	目　标
应用层	最小化反应时间(如网页浏览)
传输层	最大化效用函数(TCP/AQM)
网络层	最小化路径开销(最短路径、最小负载路径等)
数据链路层	最小化冲突次数、冲突时间等
物理层	最大化发送速率、最小化功耗等

除了改善现有网络协议，还可将网络效用最大化问题用于设计新型有特定需求的网络。网络效用函数的选择可以有很多自由度而不仅仅是源节点速率，它可以根据待设计网络的要求进行选择与构造。网络效用函数的典型选择将在下一小节介绍。网络效用最大化问题本身并不提供分层或者跨层的解决方案，它提供的是一种网络问题的数学语言描述，设计不同算法对其进行求解才会导致实现方案上的差别，从而导致了网络协议及实现方案上的差异。

基本网络效用最大化问题(Basic NUM)的基本形式如下：

$$\max \sum_s U_s(x_s)$$
$$\text{s. t. } RX \leqslant C \tag{4-1}$$

式中，x_s 表示各节点速率；U_s 表示各节点效用函数；R 是路由矩阵；X 是节点速率向量；C 是链路容量向量；该问题仅有节点速率是变量，其他均为常量。效用函数 U_s 常被假定为单调增的光滑凹函数。在基本网络效用最大化问题里，优化目标是最大化网络中各源节点的速率效用函数的和，限制条件是线性的数据流限制，唯一的优化变量是源节点的网络注入速率。

基本网络效用最大化模型能表达的网络设计问题相当有限.于是研究者又提出了更具灵活性的广义网络效用最大化问题(Generalized NUM)，众多的研究论文都可视为广义网络效用最大化模型的实例化的结果，其表达形式如下：

$$\begin{cases} \max \sum_s U_s(x_s, P_{e,s}) + \sum_j V_j(w_j) \\ \text{s. t. } RX \leqslant C(w, P_e) \\ x \in C_1(P_e), x \in C_2(F) \text{ 或} \in \prod(w) \\ R \in R_1, F \in F_1, w \in W_1 \end{cases} \tag{4-2}$$

式中，x_s 表示各节点速率；w_j 表示网元 j 的物理层资源。网络效用函数 U_s 与 V_j 均为非线性单调函数；R 是路由矩阵；C 是链路容量向量。链路容量向量是物理层资源 w 与所需解码错误概率 P_e 的函数，比如信号干扰与功率控制影响链路容量可以被该函数所描述。各节点速率还会受到信道解码可靠性与点到点错误控制机制（如 ARQ）的影响，这个约束用 $x \in C_1(P_e)$ 表示。同时速率也受媒体接入层的接入概率的影响，用 $x \in C_2(F)$ 来刻画，其中，F 表示冲突矩阵，如果媒体介入是受控接入的方式，也可以用 $\prod(w)$ 表示链路调度策略集。在广义 NUM 问题中，根据所研究的网络优化问题，x、w、P_e、R 和 F 中的一个或者多个均有可能是优化变量或者是已知参数，这使得该模型所能表达的网络优化问题大大丰富起来，同时也使得求解优化问题更加困难。

一般来说，网络效用最大化的限制条件包括两种类型：一类是考虑通信网络中物理状态、所用技术、成本开销等限制条件的集合；另一类是考虑网络技术指标，如 QoS 要求等。

网络效用最大化式(4-2)对网络中多个层次进行了建模描述，包括应用层、传输层、网络层、数据链路层和物理层，它将这些层次的内在联系以数学优化问题的形式联系在一起，从而可以以一种系统化、全局化的视角来研究网络问题。

4.1.2　效用函数

效用函数的设计是网络效用最大化的关键，也是跨层优化的核心所在，效用函数是待优化的目标函数，它表示了设计者所关心的网络表现。一般而言，效用函数的设计可参考三个方面：

(1) 效用函数作为网络应用流量的度量，如文献(Shenker, 1995)。

(2) 效用函数可设计为使网络资源的利用更加有效率。

(3) 可考虑通信节点公平性的网络资源分配，如文献(Mo, 2000)提出的 α 公平函数被广泛使用，其表达式如下：

$$U^\alpha(x) = \begin{cases} w_s(1-\alpha)^{-1}x^{1-\alpha}, & \alpha \neq 1 \\ w_s \lg x, & \text{其他} \end{cases} \tag{4-3}$$

若 x 表示节点速率，那么当 $\alpha = 0$ 时，网络效用最大化就退化为网络吞吐量最大问题。当 $\alpha = 1$ 时，称为比例公平函数；$\alpha = 2$ 时称为调和公平函数；$\alpha \to \infty$ 时为最大最小公平。根据现有的研究成果，TCP Vegas（Brakmo，1995）、FAST（Jin，2004）、Scalable TCP 对应 $\alpha=1$，HTCP（Leith，2004）对应 $\alpha=1.2$，TCP Reno（Jacobson，2004）对应 $\alpha=2$。

从网络优化受益者的角度，可以把效用函数分为两类：一类是网络中所有终端节点的效用函数和，这种函数的自变量可以是速率、可靠性、延迟、延迟抖动、发射功率等；另一类是从网络运营者的角度针对网络开销的函数，比如拥塞等级、能耗效率、网络寿命等。效用函数既可以是加性结构，也可以是非加性结构。最大化网络效用函数的加权和仅仅是其中一种选择。另外还可以是多目标优化的形式，它可以刻画终端节点与网络开销之间的折中关系，即帕累托（Pareto）最优。

4.1.3　协议层建模

本节将更为详细地对各层次建模的常见形式进行介绍。

应用层与传输层：这两层一般用网络中的效用函数建模，如 HTTP、TCP 协议等，可参见上一节网络效用函数的介绍。

网络层：网络层最重要的任务就是寻找合乎需求的路由。在网络效用最大化中，根据所研究的问题，路由可以是动态计算得到的，也可以是由其他路由协议确定好的。如果是动态计算得到的，那么一般是联合优化链路层调度与网络层路由的问题，它往往采用了背压式（Back-pressures）的算法进行计算，而"压力"就是求解优化问题的拉格朗日函数中的对偶变量。

如式（4-2）所示，建模时网络路由可用路由矩阵 $[R_{ls}]$ 表示，矩阵中每个元素都是二值变量 0 或者 1，即 $R_{ls}=1$ 表示数据流 s 流经链路 l，$R_{ls}=0$ 表示数据流 s 不流经链路 l。举例说明，网络如图 4-1 所示，设有三条数据流，分别为 $a{\rightarrow}b,a{\rightarrow}c{\rightarrow}b$，$c{\rightarrow}b$，于是路由矩阵可写为

$$\begin{bmatrix} 1 & 0 & 0 \\ 0 & 1 & 0 \\ 0 & 1 & 1 \end{bmatrix}$$

设三条数据流的注入速率分别为 x_1,x_2,x_3，三条链路的容量分别为 c_1,c_2,c_3，则有限制条件

$$\begin{bmatrix} 1 & 0 & 0 \\ 0 & 1 & 0 \\ 0 & 1 & 1 \end{bmatrix} \begin{bmatrix} x_1 & x_2 & x_3 \end{bmatrix}^{\mathrm{T}} \leqslant \begin{bmatrix} c_1 & c_2 & c_3 \end{bmatrix}^{\mathrm{T}}$$

数据链路层：数据链路层主要考虑的问题是无线链路的调度，它的主要任务是分配合适的网络资源，如时隙、频率、正交码等，以实现无线链路的点到点通信。

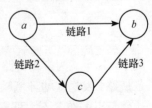

图 4-1　路由矩阵实例拓扑

一般可以分为两大类：一类是受控接入，即无竞争的链路调度，比如采用 TDMA、CDMA、FDMA 等接入技术；另一类是竞争接入，如 CSMA 等，当然也有网络综合采用了多种接入技术。

使用拉格朗日对偶函数放松限制条件，再利用对偶分解方法可以得到无线网络调度问题的一般形式为

$$\begin{cases} \max \sum_l \lambda_l c_l \\ \text{s. t.} \ c_l \in C(P), \quad \forall l \end{cases} \tag{4-4}$$

式中，λ_l 为链路 l 对应的拉格朗日乘子；c_l 为链路 l 的容量；$C(P)$ 表示容量集；P 表示影响链路的变量，如时隙、功率或者接入概率等。一般而言，调度问题式(4-4)是 NP 问题，但对于一些特殊的干扰模型，仍然可以在多项式时间内计算出最优解，如：

(1) 单跳无线网，在一个时隙只能有一个终端接入到基站或者 AP。

(2) 节点排斥干扰模型(Node-Exclusive Interference Model)，即假设无线链路的容量固定并且每个节点任一时刻最多只能与一个节点通信。这种模型适合于描述 FH-CDMA 网络。

(3) 若链路的数据传输速率是自身发射功率的凹函数，意味着链路间没有干扰。

除了这些特殊的网络模型，对于大部分干扰模型，调度问题的时间复杂度仍然是指数级的。对于调度问题，一是需要降低时间复杂度求解其近似解，二是需要设计分布式算法适应大规模多跳无线网络，这两者在跨层优化中往往是结合进行的。目前，设计近优分布式算法是一个热点研究方向，甚至成为了一个专门的领域。

物理层：物理层提供资源，如功率、带宽等，从而形成满足需求的无线数据链路。目前采用较多的链路容量模型是有限干扰模型(Interference-Limited Model)，信道容量是功率向量 P 与信道状态的非线性函数，即

$$c_l(P) = \frac{1}{T} \lg(1 + K\,\mathrm{SIR}_l(P)), \forall l \tag{4-5}$$

式中，T 是信号周期；常数 $K = (-\phi_1/\lg(\phi_2 \mathrm{BER}))$，$\phi_1$ 与 ϕ_2 是依赖调试方式与误比特率 BER 的参数。链路 l 的信干比定义为

$$\mathrm{SIR}_l(P) = \frac{p_l G_{ll}}{\sum\limits_{k \neq l} p_k G_{lk} + n_l} \tag{4-6}$$

式中，G_{lk} 定义为逻辑链路 k 的发送端到逻辑链路 l 的接收端的路径损耗参数；n_l 是链路 l 发送端的环境噪声。为不失一般性，可假定 G_{ll} 远大于 $G_{lk}(l \neq k)$。若假设通信节点的布置不太稠密，也没有太多相邻节点同时发送数据，那么 KSIR 将会远大于 1。在这种高信干比的情况下，c_l 可近似的认为等于 $\lg(K\,\mathrm{SIR}_l(P))$。

4.2　凸　优　化

凸优化是数学优化问题中最为常见的一种,它在理论与实践中均已十分成熟。在过去的二十年里,它在计算机网络、通信、经济、机械制造、管理、军事等方面都有许多应用,各种凸优化软件也是层出不穷。凸优化一般被视为数学优化问题难易程度的分水岭,即如果是一个凸优化问题,那么就可以高效地计算出它的最优解,如果不是凸优化问题,往往就会比较棘手。

4.2.1　基本概念

本节介绍一些与凸优化相关的基本概念与定义。首先是凸集的定义。

凸集:一个集合 C 称为凸集,当且仅当对于任意的数 $0 \leqslant \theta \leqslant 1$,集合 C 内任意两点 x_1, x_2 满足条件

$$\theta x_1 + (1 - \theta) x_2 \in C \tag{4-7}$$

简单地说,凸集就是集合中任意两点的连线都在该集合内的集合,如任意的线性集、立方体、球体显然都是凸集。称点 $\theta_1 x_1 + \cdots + \theta_k x_k (\theta_1 + \cdots + \theta_k = 1, \theta_i \geqslant 0, i = 1, 2, \cdots, k)$ 为点 $x_1, \cdots, x_k$ 的凸组合,凸组合点可以视为组合点的加权平均和。

凸包:集合 C 的凸包,记为 conv$C$,是一个集合 C 的凸组合点的集合,即

$$\text{conv}C = \{\theta_1 x_1 + \cdots + \theta_k x_k \mid x_i \in C, \theta_1 + \cdots + \theta_k = 1, \theta_i \geqslant 0, i = 1, 2, \cdots, k\} \tag{4-8}$$

正如其名,凸包永远是一个凸集,即使集合 C 是非凸集。

凸函数:函数 $f: \mathbf{R}^n \to \mathbf{R}$ 称为凸函数,当且仅当函数 f 的定义域 dom$f$ 是一个凸集,且对于任意点 $x, y \in \text{dom}f, 0 \leqslant \theta \leqslant 1$,满足不等式(4-9):

$$f(\theta x + (1 - \theta) y) \leqslant \theta f(x) + (1 - \theta) f(y) \tag{4-9}$$

如图 4-2 所示,从几何上解释了凸函数的形态。

当 $x \neq y$ 且 $0 < \theta < 1$,不等式(4-9)取严格的不等号时,称 f 为严格凸函数。当函数 $-f$ 为凸函数时,称函数 f 为凹函数,同理可得严格凹函数的定义。

判断一个优化问题是否为凸需要判断目标函数与限制条件是否为凸,下面将通过一些性质与常见的凸函数实例给出一些判断凸函数的性质与实例。

判断一个函数是否为凸函数可以用其定义,但是有时候用定义难以判断,于是当函数可导时,可考虑使用凸函数的一阶条件与二阶条件。

一阶条件　设函数 f 在定义域 dom$f$ 上是可微函数,那么 f 是凸函数当且仅当 dom$f$ 是凸集且对于所有 $x, y \in \text{dom}f$ 满足

$$f(y) \geqslant f(x) + \nabla f(x)^{\mathrm{T}} (y - x) \tag{4-10}$$

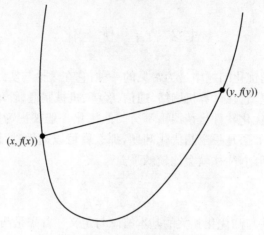

图 4-2　凸函数形态

一阶条件是在点 x 处的函数 f 的一阶泰勒逼近。不等式(4-10)说明对于一个凸函数，其一阶泰勒逼近实际上就是该函数的全局下界。反过来，如果一个函数的一阶泰勒逼近是该函数的下界，那么该函数是凸函数。

二阶条件　设函数 f 二次可微，即其海塞(Hessian)矩阵存在，于是 f 是一个凸函数当且仅当函数 f 的定义域 $\mathrm{dom}f$ 是凸集，并且其海塞矩阵是半正定的，即对所有 $x \in \mathrm{dom}f$，有

$$\nabla^2 f(x) \geq 0 \tag{4-11}$$

这里，$\geq$ 表示分量不等式，即 $f(x)$ 中各分量均大于零。

显然对于单变量函数，该条件退化为 $f''(x) \geq 0$ 且 $\mathrm{dom}f$ 为凸集。类似地，若判断 f 是凹函数，则当且仅当不等号反号。但注意，判断严格凸不能使用该判定条件，当 $\nabla^2 f(x) > 0$ 时，可以推知 f 是严格凸函数，反过来，如果 f 是严格凸函数，并不一定有 $\nabla^2 f(x) > 0$。

许多常见的函数都是凸函数或者凹函数，如 $\mathrm{e}^{ax}(x \in \mathbf{R}, \alpha$ 是任意确定的实数，凸函数$)$，$x^a (x \in \mathbf{R}^+, a \geq 1$ 或 $a \leq 0$，凸函数；$0 \leq a \leq 1$，凹函数$)$，$|x|^p (x \in \mathbf{R}, p \geq 1$，凸函数$)$，$\lg x (x \in \mathbf{R}$，凹函数$)$。

对于自变量是向量的函数，也有一些常见例子：任何 $\mathbf{R}^n$ 上的范数均为凸函数，最大值函数 $f(x) = \max\{x_1, \cdots, x_n\}$ 为凸函数，对数和函数 $f(x) = \lg(\mathrm{e}^{x_1} + \cdots + \mathrm{e}^{x_n})$ 为凸函数，几何平均函数 $f(x) = (\prod_{i=1}^{n} x_i)^{1/n} (\mathrm{dom}f = \mathbf{R}_+^n)$ 为凹函数。

此外，还有一些凸函数的常用组合形式可用来判断复合函数是否为凸。

(1) 非负加权和：若函数 $f_1, \cdots, f_n$ 均为凸函数，$w_1, \cdots, w_n$ 均为非负实数，那么加权和

$$f = w_1 f_1 + \cdots + w_n f_n \tag{4-12}$$

也是凸函数。类似地,凹函数的非负加权和也为凹函数,严格凸(凹)函数的正权值的加权和也为严格凸(凹)函数。

(2) 线性映射函数:设凸函数 $f:\mathbf{R}^n \to \mathbf{R}, A \in \mathbf{R}^{n \times m}, b \in \mathbf{R}^n$,定义函数 $g:\mathbf{R}^m \to \mathbf{R}$,

$$g(x) = f(Ax + b) \tag{4-13}$$

定义域 $\text{dom}g = \{x | Ax + b \in \text{dom}f\}$,于是函数 g 亦为凸函数。同理,若 f 为凹函数,g 也为凹函数。

(3) 点态最大值函数:若函数 $f_1, \cdots, f_n$ 均为凸函数,那么它们的点态最大值函数

$$f(x) = \max\{f_1(x), \cdots, f_n(x)\} \tag{4-14}$$

为凹函数。

(4) 最小值函数:若函数 h 为凸函数,则函数 $g(x) = \inf\{h(y) | Ay = x\}$ 也为凸函数。

(5) 函数组合:定义函数 $h:\mathbf{R}^k \to \mathbf{R}$ 与 $g:\mathbf{R}^n \to \mathbf{R}$,并定义函数组合 $f = h \circ g:\mathbf{R}^n \to \mathbf{R}$,即

$$f(x) = h(g(x)), \quad \text{dom}f = \{x \in \text{dom}g \mid g(x) \in \text{dom}h\} \tag{4-15}$$

那么当 f 是凸函数时,若 h 是凸函数且非减,那么 g 也是凸函数;当 f 是凸函数时,若 h 是凸函数且非增,那么 g 是凹函数;当 f 是凹函数时,若 h 也是凹函数且非减,那么 g 也是凹函数;当 f 是凹函数时,若 h 是凹函数且非增,那么 g 是凸函数。

有一类特殊的凸函数称为对数凸函数,即对任意 $x \in \text{dom}f$,$\lg f$ 为凸函数。显然,当 f 为对数凸函数时,$1/f$ 为对数凹函数。

4.2.2 凸优化问题标准形式

凸优化问题的标准形式如下:

$$\begin{cases} \min f_0(x) \\ \text{s. t. } f_i(x) \leqslant 0, i = 1, \cdots, m \\ \quad\quad a_i^{\mathrm{T}} x = b_i, i = 1, \cdots, p \end{cases} \tag{4-16}$$

式中,$f_0, \cdots, f_m$ 均为凸函数,满足限制条件的集合称为凸问题的可行集。凸问题的可行集为 $\bigcap\limits_{i=0}^{m} \text{dom}f_i$,由于 f_i 均为凸函数,所以凸问题的可行集均为凸。

对于网络效用最大化问题,其形式往往是凹最大化问题:

$$\begin{cases} \max f_0(x) \\ \text{s. t. } f_i(x) \leqslant 0, i = 1, \cdots, m \\ a_i^{\mathrm{T}} x = b_i, i = 1, \cdots, p \end{cases} \tag{4-17}$$

此时,只要函数 f_0 为凹函数,而函数 $f_1, \cdots, f_m$ 为凸函数,该问题仍然是一个凸优化问题。即凹最大化问题实际上就是一个最小化凸函数 $-f_0$ 的凸优化问题,于是所有适用于标准凸优化问题的结论、算法均适用于凹最大化问题。

凸优化问题最大的特点就是其局部最优点就是全局最优点,这也是凸优化问题可以得到高效解决的原因之一。当目标函数与限制函数均为线性函数时,凸优化问题退化为线性规划问题,也就是说线性规划是凸优化的特例。

4.2.3 拉格朗日对偶

拉格朗日对偶方法是解决松弛带限制条件的优化问题的有力工具,考虑如下优化问题(可以是非凸或者凸问题):

$$\begin{cases} \min f_0(x) \\ \text{s. t. } f_i(x) \leqslant 0, i = 1, \cdots, m \\ h_i(x) = 0, i = 1, \cdots, p \end{cases} \tag{4-18}$$

假设该问题的可行集 $D = \bigcap_{i=0}^{m} \mathrm{dom} f_i \bigcap \bigcap_{i=0}^{p} \mathrm{dom} h_i$ 非空,最优值为 p^*。问题(4-18)的拉格朗日函数 $L: \mathbf{R}^n \times \mathbf{R}^m \times \mathbf{R}^p \to \mathbf{R}$ 为

$$L(x, \lambda, \nu) = f_0(x) + \sum_{i=1}^{m} \lambda_i f_i(x) + \sum_{i=1}^{p} \nu_i h_i(x) \tag{4-19}$$

称 λ_i 为第 i 个不等式限制条件 $f_i(x) \leqslant 0$ 的拉格朗日乘子,ν_i 为第 i 个等式限制条件 $h_i(x) = 0$ 的拉格朗日乘子。向量 λ, ν 称为问题(4-18)的对偶变量或者拉格朗日乘子向量。

接着定义拉格朗日函数的最小值作为对偶函数 $g: \mathbf{R}^m \times \mathbf{R}^p \to \mathbf{R}, \lambda \in \mathbf{R}^m, \nu \in \mathbf{R}^p$

$$g(\lambda, \nu) = \inf_{x \in D} L(x, \lambda, \nu) = \inf_{x \in D} (f_0(x) + \sum_{i=1}^{m} \lambda_i f_i(x) + \sum_{i=1}^{p} \nu_i h_i(x)) \tag{4-20}$$

根据前面的凸函数判定方法,由于对偶函数是线性函数族的点态最小值函数,所以无论问题(4-18)是否为凸,对偶函数 $g(\lambda, \nu)$ 一定为凹函数。

对偶函数的一个重要的性质就是对偶函数 $g(\lambda, \nu)$ 是问题(4-18)最优值的下界,即对于任意 $\lambda \geq 0$ 及 ν 有

$$g(\lambda, \nu) \leqslant p^* \tag{4-21}$$

拉格朗日对偶函数给出了最优值的下界,于是可以自然想到一个问题:拉格朗日对

偶函数能给出的最好下界是多少？这就是拉格朗日对偶问题，其形式为

$$
\begin{cases}
\max\ g(\lambda,\nu) \\
\text{s. t.}\ \lambda \geq 0
\end{cases}
\tag{4-22}
$$

问题(4-22)称为问题(4-18)的拉格朗日对偶问题，简称对偶问题，问题(4-18)则称为对偶问题的原问题。由于问题(4-22)是凹函数的最大化问题，限制条件又为凸，于是无论问题(4-18)是否为凸问题，对偶问题(4-22)一定是一个凸优化问题。

4.2.4 强对偶与 Slater 条件

设对偶函数的最优值为 d^*，于是可知 $d^* \leqslant p^*$，称为弱对偶性。原问题最优值与对偶问题最优值的差 $p^* - d^*$ 称为最优对偶间隙(Optimial Duality Gap)。显然，对偶间隙总是大于等于零的。当对偶间隙为零，即 $d^* = p^*$ 时，称为强对偶成立。这意味着拉格朗日对偶问题获得的最优值等于原问题的最优值。

对于一般的优化问题，强对偶性质往往是不成立的，但对于凸问题，强对偶性质仅需满足很弱的条件就能成立。比如最常用的 Slater 条件：设凸问题形式如下：

$$
\begin{cases}
\min\ f_0(x) \\
\text{s. t.}\ f_i(x) \leqslant 0, i = 1,\cdots,m \\
\quad\ Ax = b
\end{cases}
\tag{4-23}
$$

若存在可行点使得

$$
\begin{cases}
f_i(x) \leqslant 0, \quad i = 1,\cdots,m \\
Ax = b
\end{cases}
\tag{4-24}
$$

则强对偶成立。满足式(4-24)的点称为严格可行点。

Slater 条件非常有用，它给出了一个简单的判定法则验证强对偶性，在实际问题中，Slater 条件是很容易满足的。

4.2.5 KKT 最优条件

KKT(Karush-Kuth-Tucker)条件是数学优化的重要定理，它是优化问题的最优解是否为全局最优解的必要条件。特别地，对于凸优化问题，它既是必要条件，又是充分条件。设函数 $f_0,\cdots,f_m,h_1,\cdots,h_p$ 均为可微函数。

非凸问题的 KKT 条件 设 x^* 与 (λ^*,ν^*) 分别为原问题与对偶问题的最优解，并且对偶间隙为零，于是有

$$\begin{cases} f_i(x^*) \leqslant 0, i=1,\cdots,m \\ h_i(x^*) = 0, i=1,\cdots,p \\ \lambda_i^* \geqslant 0, i=1,\cdots,m \\ \lambda_i^* f_i(x^*) = 0, i=1,\cdots,m \\ \nabla f_0(x^*) + \sum_{i=1}^m \lambda_i^* \nabla f_i(x^*) + \sum_{i=1}^p \nu_i^* \nabla h_i(x^*) = 0 \end{cases} \tag{4-25}$$

凸问题的 KKT 条件　对于凸问题,KKT 条件不仅是必要条件,也是充分条件,也就是说若 f_i 为凸函数,h_i 为线性函数,$\tilde{x},\tilde{\lambda},\tilde{\nu}$ 是任何能满足如下 KKT 条件的点:

$$\begin{cases} f_i(\tilde{x}) \leqslant 0, i=1,\cdots,m \\ h_i(\tilde{x}) = 0, i=1,\cdots,p \\ \tilde{\lambda}_i \geqslant 0, i=1,\cdots,m \\ \tilde{\lambda}_i f_i(\tilde{x}) = 0, i=1,\cdots,m \\ \nabla f_0(\tilde{x}) + \sum_{i=1}^m \tilde{\lambda}_i \nabla f_i(\tilde{x}) + \sum_{i=1}^p \tilde{\nu}_i \nabla h_i(\tilde{x}) = 0 \end{cases} \tag{4-26}$$

那么 $\tilde{x}$ 是原问题的最优解,$(\tilde{\lambda},\tilde{\nu})$ 是对偶问题的最优解,并且强对偶成立。

KKT 条件在数学优化中扮演了重要的角色,在有些情况下,可以直接用 KKT 条件列出方程组求解优化问题的解析解。更重要的是,大多数优化算法都源自于 KKT 条件,甚至就是求解 KKT 条件本身。

4.2.6　投影梯度法与次梯度法

考虑如下一般的凹最大化问题:

$$\begin{cases} \min f_0(x) \\ \text{s. t.} \ \ x \in \chi \end{cases} \tag{4-27}$$

那么相应的投影梯度法迭代求解式得到 $\{x(t)\}$

$$x(t+1) = [x(t) + \alpha s(t)]_\chi \tag{4-28}$$

这里,设问题(4-27)的拉格朗日对偶函数是可微函数,$s(t)$ 为拉格朗日对偶函数关于 x 的梯度,$[\cdot]_\chi$ 表示在可行集 χ 上的投影,α 为迭代步长,是一非负常数。投影梯度法的优点是计算简单,但其收敛速度严重依赖于海塞矩阵的条件数或者水平子集。

若拉格朗日对偶函数 $g(\lambda)$ 是关于 x 的不可微函数,梯度 $s(t)$ 就不存在,那么需要用次梯度投影法求解。

次梯度:设拉格朗日对偶函数表示为 $g(\lambda)$,那么函数 $g(\lambda)$ 在点 x_λ 的次梯度

$s(x_\lambda)$ 为

$$g(\lambda') \leqslant g(\lambda) + (\lambda' - \lambda)'s(x_\lambda) \tag{4-29}$$

那么对应的次梯度算法类似于梯度算法：

$$x(t+1) = [x(t) + \alpha(t)s(t)]_\chi \tag{4-30}$$

不同于梯度函数，由次梯度定义可知，对于一个对偶函数的任意点，其对应的次梯度会有很多个，甚至无穷多个。但对于次梯度算法，找到一个次梯度即可，而不需找出所有的次梯度。对于次梯度算法，只有保证迭代步长 $\alpha(t)$ 充分小才有可能逼近最优解，当迭代步长 $\alpha(t)$ 满足条件

$$\sum_{t=1}^{\infty} \alpha(t) = \infty, \quad \sum_{t=1}^{\infty} \alpha^2(t) < \infty \tag{4-31}$$

且 $t \to \infty$，次梯度法才能收敛。满足此条件的步长 $\alpha(t)$ 称为消失步长，如

$$\alpha(t) = \frac{1+m}{t+m} \tag{4-32}$$

式中，m 为非负常数。

根据消失步长的特点可知，有限步内，次梯度法只能收敛到最优解的领域，在多数情况下，逼近最优解的近优解已经能够满足需要。另外，由于消失步长的迭代步长越来越小，所以次梯度法收敛速度往往较慢。

4.3　网络效用优化的分解方法

分解方法（Bertsekas, 1989; Palomar, 2006）是设计优化问题对应的分布式算法的有力工具，它可以解开耦合变量或者耦合限制条件，将大规模优化问题分解为多个容易解决的子问题，通过主问题协调各个子问题获得分布式解决方案。在网络优化中，可以将网络的各个层次对应到分解得到的各子问题上。分解方法有很多种，如对偶分解（Dual Decomposition）、原分解（Primary Decomposition）、Dantzig-Wolfe 分解、最优条件分解，一般最常用的是对偶分解与原分解，前者是分解优化问题的拉格朗日对偶问题，主问题将根据拉格朗日乘子来分配网络资源；而后者则是分解原优化问题，直接由主问题根据需要将网络资源分配给各子问题。下面将简明扼要的举例说明分解方法。

4.3.1　对偶分解方法

对偶分解方法适合于约束条件线性耦合的优化问题，当使用拉格朗日法放松该问题时，优化问题即可分解为多个子问题，如下例，设 χ_i 是变量 x_i 的可行集：

$$\begin{cases} \max_{\{x_i\}} \sum_i f_i(x_i) \\ \text{s. t. } x_i \in \chi_i \, \forall \, i \\ \qquad \sum_i h_i(x_i) \leqslant c \end{cases} \tag{4-33}$$

显然,由于限制条件 $\sum_i h_i(x_i) \leqslant c$ 存在,该问题是个耦合问题,于是使用拉格朗日法去掉该限制条件,即得到

$$\begin{cases} \max_{\{x_i\}} \sum_i f_i(x_i) - \lambda^{\mathrm{T}} (\sum_i h_i(x_i) - c) \\ \text{s. t. } x_i \in \chi_i \, \forall \, i \end{cases} \tag{4-34}$$

于是,问题(4-34)可以写为一个两层的优化形式,在底层,对于每一个 i,问题(4-34)被分解为

$$\begin{cases} \max_{x_i} f_i(x_i) - \lambda^{\mathrm{T}} h_i(x_i) \\ \text{s. t. } x_i \in \chi_i \end{cases} \tag{4-35}$$

当 λ 已知时,各子问题可以在本地计算对应的最优 x_i。

在上一层,主问题即为关于对偶变量 λ 的对偶问题:

$$\begin{cases} \min_{\lambda} g(\lambda) = \sum_i g_i(\lambda) + \lambda^{\mathrm{T}} c \\ \text{s. t. } \lambda \geqslant 0 \end{cases} \tag{4-36}$$

式中,$g_i(\lambda)$ 为问题(4-36)的最优目标函数值。同样,该方法当强对偶成立时可取得最优解。

当对偶函数 $g(\lambda)$ 为可微函数时,对偶问题(4-36)也可用梯度投影法求解。更一般的情况是 $g(\lambda)$ 不可微,此时可采用次梯度法求解,问题(4-36)对于每个 $g_i(\lambda)$ 的次梯度 $s_i(\lambda)$ 为

$$s_i(\lambda) = - h_i(x_i^*(\lambda))$$

式中,$x_i^*(\lambda)$ 是对于某个 λ,问题(4-35)的最优解。得到各个 $s_i(\lambda)$,于是全局梯度应为

$$s(\lambda) = \sum_i s_i(\lambda) + c = c - \sum_i h_i(x_i^*(\lambda)) \tag{4-37}$$

4.3.2　对偶分解应用实例

本节以一个最基本的网络效用最大化问题解释如何用分解方法设计分布式算法。考虑一个有 S 个源节点与 L 条链路的通信网络,每个源节点的网络注入速率

设为 x_s，每条链路的最大容量设为 c_l。每个源节点对应一个数据流，数据流的路由上的链路集合设为 $L(s)$。各源节点对应的网络效用函数设为 $U_s(x_s)$，U_s 是一个严格凹、二次可微的增函数。于是网络效用最大化问题表示为

$$
\begin{cases}
\max\limits_{\{x_i\}} \sum\limits_s U_s(x_s) \\
\text{s. t. } x_i \geqslant 0 \,\forall\, i \\
\qquad \sum\limits_{s:l\in L(s)} x_s \leqslant c_l \,\forall\, l
\end{cases}
\tag{4-38}
$$

于是相应的拉格朗日函数为

$$
\begin{aligned}
L(x,\lambda) &= \sum_s U_s(x_s) + \sum_l \lambda_l \Big(c_l - \sum_{s:l\in L(s)} x_s\Big) \\
&= \sum_s L_s(x_s,\lambda^s) + \sum_l c_l\lambda_l
\end{aligned}
\tag{4-39}
$$

式中，$\lambda_l \geqslant 0$ 为拉格朗日乘子，称为链路 l 的链路代价；$\lambda^s = \sum\limits_{l\in L(s)} \lambda_l$ 表示源节点 s 对应的数据流上所有链路的链路代价 l 的和。$L_s(x_s,\lambda^s) = U_s(x_s) - \lambda^s x_s$ 表示第 s 个源节点对应的拉格朗日函数。

对于一个确定的 λ^s，各节点对应的对偶分解子问题的解为

$$
x_s^*(\lambda^s) = \arg\max_{x_s\geqslant 0}[U_s(x_s) - \lambda^s x_s] \,\forall\, s
\tag{4-40}
$$

由于 U_s 是严格凹函数，所以问题(4-40)的最优解唯一。

主问题即对偶问题为

$$
\begin{cases}
\min\limits_{\lambda} g(\lambda) = \sum\limits_s g_s(\lambda) + \lambda^{\mathrm{T}} c \\
\text{s. t. } \lambda \geqslant 0
\end{cases}
\tag{4-41}
$$

式中，$g_s(\lambda) = L_s(x_s^*(\lambda^s),\lambda^s)$。问题(4-40)的解唯一，于是对偶函数 $g_s(\lambda)$ 是可微函数，可以用梯度投影法求解 λ，即

$$
\lambda_l(t+1) = \Big[\lambda_l(t) - \alpha\Big(c_l - \sum_{s:l\in L(s)} x_s^*(\lambda^s(t))\Big)\Big]^+, \quad \forall\, l
\tag{4-42}
$$

式中，t 表示迭代次数，迭代步长 $\alpha \geqslant 0$ 为一个充分小的数，$[\cdot]^+$ 表示在多维空间正方向上的投影。当 $t\to\infty$ 时，对偶变量 $\lambda(t)$ 将会收敛到最优解 λ^*。

综上所述，整个算法如下。

已知参数：各个源节点的效用函数 U_s，以及各链路容量 c_l。

初始化：设 $t=0$，λ_l 为任意非负值

(1) 各源节点本地解决问题(4-40)，然后广播最优解 $x_s^*(\lambda^s(t))$。

(2) 各链路根据式(4-42)更新 $\lambda_l(t+1)$，并广播结果。

（3）$t_1 = t_1 + 1$，检查收敛条件，若满足，算法结束；不满足，跳转到（1）。

4.3.3　原分解方法

原分解方法也是常见的分解方法，它一般对变量耦合的问题使用，即若固定某些变量，优化问题可以解开耦合分成若干个子问题，如以下问题：

$$\begin{cases} \min\limits_{y,\{x_i\}} \sum\limits_i f_i(x_i) \\ \text{s.t. } x_i \in \chi_i, \quad \forall i \\ \quad\quad A_i x_i \leqslant y \\ \quad\quad y \in Y \end{cases} \quad\quad (4\text{-}43)$$

当变量 y 固定时，该问题变为可分解的结构。可以把问题（4-43）分为两个层次，在底层，当 y 取一定值时，对于每个 i，有子问题

$$\begin{cases} \min\limits_{x_i} f_i(x_i) \\ \text{s.t. } x_i \in \chi_i \\ \quad\quad A_i x_i \leqslant y \end{cases} \quad\quad (4\text{-}44)$$

子问题（4-44）当 y 值固定时，可以独立求解最优值。

在上一层，主问题是关于耦合变量 y 的：

$$\begin{cases} \min\limits_y \sum\limits_i f_i^*(y) \\ \text{s.t. } y \in Y \end{cases} \quad\quad (4\text{-}45)$$

$f_i^*(y)$ 是问题（4-44）对于某 y 的最优目标函数值。当问题（4-43）为凸问题时，相应的问题（4-44）与问题（4-45）均为凸优化问题。

当函数 $\sum\limits_i f_i^*(y)$ 可微时，问题（4-45）可用投影梯度法求解。更一般地，若其不可微，可使用次梯度法求解，对应的次梯度

$$s_i(y) = \lambda_i^*(y) \quad\quad (4\text{-}46)$$

式中，$\lambda_i^*(y)$ 是问题（4-46）中对应的限制条件 $A_i x_i \leqslant y$ 的最优拉格朗日乘子的值。于是全局次梯度为 $s(y) = \sum\limits_i s_i(y) = \sum\limits_i \lambda_i^*(y)$。

4.3.4　混合分解方法

对于比较复杂的问题，往往需要进行多层次的分解才能得到满意的算法，还可以综合采用两种分解方法，即对于不同的变量，不同的分解层，采用不同形式的分解，综合两种分解方法的优点，这就是混合分解的思想。对于同一个问题，混合分解的次序不同将会导致最后算法的差异。

现举例说明混合分解的思想,下面是一个既包括耦合变量又包括耦合限制条件的复杂问题:

$$\begin{cases} \min\limits_{y,\{x_i\}} \sum\limits_i f_i(x_i,y) \\ \text{s.t. } x_i \in \chi_i, \forall i \\ \quad A_i x_i \leqslant y \\ \quad \sum\limits_i h_i(x_i) \leqslant c \\ \quad y \in Y \end{cases} \tag{4-47}$$

一种解开耦合的方法是首先对耦合变量 y 使用原分解,然后对耦合限制条件 $\sum_i h_i(x_i) \leqslant c$ 使用对偶分解。通过这样的分解,将会出现一个两层优化分解结构,即原分解得到一级主问题,对偶分解得到二级主问题与子问题。显然,另一种解开耦合的方法是首先用对偶分解解开限制条件,然后用原分解解开耦合变量。不同的分解次序将会影响所得算法的收敛时间及算法所对应的网络协议。

另一种可使用混合分解的典型问题结构是

$$\begin{cases} \min\limits_x f_0(x) \\ \text{s.t. } f_i(x) \leqslant 0, \quad \forall i \\ \quad g_i(x) \leqslant 0 \end{cases} \tag{4-48}$$

一种可用的解耦合方法是对两个限制条件同时使用拉格朗日乘子将其对偶分解得到对偶函数 $g(\lambda,\mu)$,然后在对偶问题中同时最小化两个对偶变量 $\min_{\lambda,\mu} g(\lambda,\mu)$,也可首先对其中一个对偶变量最小化,然后再最小化另一个,即 $\min_\lambda \min_\mu g(\lambda,\mu)$,这种次序实际上就是首先使用对偶分解,然后对得到的对偶问题使用原分解。

不同于以上方法同时用对偶分解解开两个限制条件,另一种方法是首先解开其中一个限制条件,比如先解耦合 $f_i(x) \leqslant 0$ 得到对偶函数 $g(\lambda)$ 作为主问题,然后再对偶分解解开另外一个限制条件,这种方法本质上就是先后两次使用对偶分解。

对于需要多层分解的问题,各层次问题均需要多次迭代求解,如果底层的问题比高层问题收敛速度快,那么整个迭代算法的收敛性与稳定性均可以得到保障。如果各层次问题收敛速度一样,当满足一定条件时,整个算法也仍然可以保证收敛。

4.4　合群无线网络的建模

4.4.1　合群网络的网络效用模型

合群的网络结构广泛应用于无线通信网络中,合群结构的优化设计问题对应的目标函数与限制条件均为局部耦合的,即同属于一组群内的各通信节点是互相耦合的。图 4-3 展示了三种不同程度的网络耦合,图(a)为完全分布式网络,图(b)为合群耦合网络,图(c)为全耦合网络。这三种网络耦合形式在目前的无线通信网中均有代表性的例子,全局非耦合网络如完全分布式的 Mesh 网,合群耦合网络如分簇传感器网络等,全局耦合网络如 GSM 网。

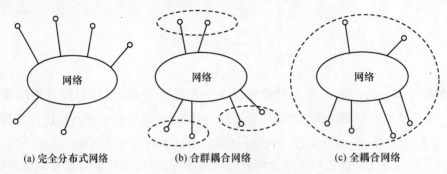

(a) 完全分布式网络　　　(b) 合群耦合网络　　　(c) 全耦合网络

图 4-3　三类耦合网络(虚线内为相互耦合的部分)

　　一般而言,合群网络的网络效用不仅是本地变量的函数,也是属于本群的其他相关联通信节点的函数,于是可对合群网络的网络效用优化设计进行如下建模:

$$\begin{cases} \max_{\{x_k\}} \sum_{k=1}^{K} U_k(x_k, \{x_l\}_{l \in \Psi(k)}) \\ \text{s. t. } x_k \in \chi_k, \quad \forall k \\ \sum_{k=1}^{K} g_k(x_k) \leqslant c \end{cases} \quad (4\text{-}49)$$

式中,U_k 的自变量是本地变量 x_k 和群内与其耦合的其他效用函数 $x_l(l \in \Psi(k))$;$\sum g_k(x_k)$ 是凸函数。从问题(4-49)可以看出,该问题既有条件耦合也有效用函数耦合,这也体现了合群问题的复杂性。

4.4.2　优化算法

　　解决该耦合问题的关键在于引入辅助变量与等式限制。于是对问题(4-49)中的各耦合变量引入辅助变量 x_{kl} 与等式限制:

$$\begin{cases} \max_{\{x_k\},\{x_{kl}\}} \sum_{k=1}^{K} U_k(x_k, \{x_{kl}\}_{l \in \Psi(k)}) \\ \text{s. t. } x_k \in \chi_k, \quad \forall k \\ \sum_{k=1}^{K} g_k(x_k) \leqslant c \\ x_{kl} = x_l, \quad \forall k, l \in \Psi(k) \end{cases} \quad (4\text{-}50)$$

式中，x_{kl} 与 x_k 是代表第 k 个节点的本地变量。对于该问题，采用对偶分解方法得到

$$
\begin{cases}
\max\limits_{\{x_k\},\{x_{kl}\}} \sum\limits_{k=1}^{K} U_k(x_k,\{x_{kl}\}_{l\in\Psi(k)}) + \lambda^{\mathrm{T}}\Big(c - \sum\limits_{k=1}^{K} g_k(x_k)\Big) \\
\qquad + \sum\limits_{k,l\in\Psi(k)} \gamma_{kl}^{\mathrm{T}}(x_l - x_{kl}) \\
\mathrm{s.t.}\ \ x_k \in \chi_k,\quad \forall k \\
\qquad x_{kl} \in \chi_l,\quad \forall k,l\in\Psi(k)
\end{cases}
\tag{4-51}
$$

式中，λ 是链路代价，γ_{kl}^{T} 可认为是耦合代价。利用该拉格朗日函数结构上的可分解性，可将其分解为各节点的子问题：

$$
\begin{cases}
\max\limits_{x_k,\{x_{kl}\}} U_k(x_k,\{x_{kl}\}_{l\in\Psi(k)}) - \lambda^{\mathrm{T}} g_k(x_k) \\
\qquad + \Big(\sum\limits_{l,k\in\Psi(l)} \gamma_{lk}\Big)^{\mathrm{T}} x_k - \sum\limits_{l\in\Psi(k)} \gamma_{kl}^{\mathrm{T}} x_{kl} \\
\mathrm{s.t.}\ \ x_k \in \chi_k,\quad \forall k \\
\qquad x_{kl} \in \chi_l,\quad \forall l\in\Psi(k)
\end{cases}
\tag{4-52}
$$

式中，$\{x_{kl}\}_{l\in\Psi(k)}$ 是第 k 个节点的本地辅助变量。

对于给定的 γ_{kl} 与 λ 集合，相应的对偶函数设为 $g(\{\gamma_{kl}\},\lambda)$，于是对偶问题

$$
\begin{cases}
\min\limits_{\{\gamma_{kl}\},\lambda}\ g(\{\gamma_{kl}\},\lambda) \\
\mathrm{s.t.}\ \lambda \geqslant 0
\end{cases}
\tag{4-53}
$$

等价于

$$
\begin{cases}
\min\limits_{\lambda}\ \Big(\min\limits_{\{\gamma_{kl}\}} g(\{\gamma_{kl}\},\lambda)\Big) \\
\mathrm{s.t.}\ \lambda \geqslant 0
\end{cases}
\tag{4-54}
$$

根据次梯度法可得到

$$
\lambda(t+1) = \Big[\lambda(t) - \alpha\Big(c - \sum\limits_{k} g_k(x_k)\Big)\Big]^{+}
\tag{4-55}
$$

$$
\gamma_{kl}(t+1) = \gamma_{kl}(t) - \alpha(x_l(t) - x_{kl}(t)),\quad l\in L(k)
\tag{4-56}
$$

根据上面的推导，可得到两个各具特点的算法。

1）完全对偶算法

参数：各节点效用函数 U_k，限制函数 g_k，各链路容量 c_l。

初始化：令 $t=0$，$\lambda(0)$ 为任意一个非负值，集合 $\{\gamma_{kl}(0)\}$ 各值为任意数。

（1）各源节点本地解决问题（4-52）并且广播得到的解 x_k^{*}（注意不是辅助变量 $\{x_{kl}^{*}\}$）。

（2）代价更新：

i）各链路根据迭代式（4-55）更新链路代价，并广播结果 $\lambda_l(t+1)$。

ii）各节点 k 根据迭代式（4-56）更新耦合代价，然后对群内相关节点广播结果 $\gamma_{kl}(t+1)$。

令 $t_1 \leftarrow t_1+1$，然后转到步骤 i）（直到满足结束条件时停止）

2）部分对偶算法

参数：各节点效用函数 U_k，限制函数 g_k，各链路容量 c_l。

初始化：令 $t=0$，$\lambda(0)$ 为任意一个非负值，集合 $\{\gamma_{kl}(0)\}$ 各值为任意数。

（1）各源节点本地解决问题（4-52）并且广播得到的解 x_k^*（注意不是辅助变量 $\{x_{kl}^*\}$）。

（2）快速代价更新：各节点 k 更新耦合代价，然后在群内广播新的代价 $\gamma_{kl}(t+1)$

（3）令 $t_1 \leftarrow t_1+1$，然后转到步骤（1）（直到满足结束条件时停止）。

（4）慢代价更新：各链路根据式（4-55）更新链路代价并广播结果 $\lambda_l(t+1)$。

（5）跳转到步骤（1）（直到满足收敛条件）。

在完全对偶算法中，链路代价与耦合代价在利用次梯度法解决时可以同时得到更新。相比完全对偶算法的一层迭代，在部分对偶算法中，迭代分为两个尺度，快迭代更新相应群内的耦合代价，慢迭代更新网络中的链路代价。

参 考 文 献

Baccelli F, McDonald D R, Reynier J. 2002. A mean-field model for multiple TCP connections through a buffer implementing RED. INRIA, Tech. Rep, 4.

Bertsekas D P, Tsitsiklis J N. 1989. Parallel and Distributed Computation. New Jersay: Prentice-Hall.

Brakmo L S, Peterson L L. 1995. TCP Vegas: End to end congestion avoidance on a global internet. IEEE Journal of Selected Area in Communications, 13(8): 1465-1480.

Chiang M, Lee J W, Calderbank R A. 2007. Reverse engineering MAC: A game theoretic model. IEEE Journal of Selected Area in Communication.

Chiang M, Steven H L, Robert A C, et al. 2007. Layering as optimization decomposition: A mathematical theory of network architectures. Proceedings of the IEEE, 95(1): 255-311.

Griffin T G, Shepherd F B, Wilfong G. 2002. The stable path problem and interdomain routing. IEEE/ACM Transaction on Networking, 10(2): 232-243.

Jacobson V. 2004. Congestion avoidance and control. ACM Sigcomm, 4.

Jin C, Wei D X, Low S H. 2004. FAST TCP: Motivation, architecture, algorithms, and performance. IEEE Infocom.

Lee J W, Chiang M, Calderbank R A. 2007. Utility-optimal medium access control. IEEE Transaction on Wireless Communication.

Leith D J,Shorten R N,Lee Y. H-TCP:A framework for congestion control in high-speed and long-distance networks. Hamilton Institute,Tech. Report.

Mo J,Walrand J. 2000. Fair end-to-end window-based congestion control. IEEE/ACM Transaction on Networking. 8(5):556-567.

Palomar D P,Chiang M. 2006. A tutorial on decomposition methods for network utility maximization. IEEE Journal on Selected Areas in Communications,24(8):1439-1451.

Shenker S. 1995. Fundamental design issues for the future Internet. IEEE Journal of Selected Area in Communication,13(7):1176-1188.

第 5 章 多信道无线合群网络的联合速率控制与功率分配

第 4 章对网络效用最大化建模方法做了基本介绍,本章使用该方法,对采用多信道多无线(Multi-Channel Multi-Radio,MCMR)技术的合群通信网络群内的联合速率控制与功率分配问题进行建模分析。本章根据多目标优化理论,提出了一种联合速率控制与功率分配的跨层优化模型,由于该问题的非凸性,首先将其转化为对数凸问题,接着利用拉格朗日对偶分解方法设计了优化模型对应的分布式算法,最后证明了该分布式算法的收敛性。该算法通过改变两个目标的线性组合的本征权取值能够在网络效用与网络功耗之间取得良好的平衡,即达到帕累托最优状态,该算法可根据速率要求动态调整各源节点的网络注入速率与各链路的发射功率使网络达到效用与功耗的联合最优。

5.1 多信道多无线网络简介

提高无线网络的容量一直是网络研究中最重要的课题之一。合群通信网络采用多信道多无线接口技术能显著提高系统容量。现广泛使用的 IEEE 802.11 提供了多条信道(802.11b/g 最多同时支持 3 个正交信道,而 802.11a 可支持多达 12 个正交信道)。近年来,由于硬件成本的不断降低,许多研究者考虑在一个通信节点上装备多个无线接口以充分利用多个信道。伊利诺斯大学香槟分校(UIUC)建立了四个节点的多信道 802.11b 试验床。每个节点装备了两个网卡,并且设计了基于负载感知的信道分配算法。实验表明该多信道网络容量比单信道网络大 2.63 倍。

对于多接口多信道的网络的各协议层可以总结出以下问题。

(1) 无线接口功率控制:同一节点的无线接口及不同节点的接口功率控制。

(2) 信道分配:各节点或者无线链路应使用哪个信道。

(3) 调度:各无线链路在何时或者以何种概率接通网络。

(4) 路由:如何选择合适的路径以减小干扰并增大网络吞吐量。

(5) 拥塞控制:多信道提高了频带利用率,也加大了拥塞的可能性,如何合理的控制注入速率避免拥塞。

这些问题相互关联,关系紧密,因此形成了一个从物理层到传输层的跨层设计问题。一般而言,多信道网络的各功能模块复杂度较单信道网络大,需要特别设计的算法支持。

　　功率分配与速率控制是合群无线网络设计中两个非常重要的方面,它们分属于不同的网络层次,但其间又有着密切的关系:提高节点的发射功率虽然可以提升该节点的传输速率,但同时对周围节点形成了干扰,降低了周围节点的传输速率,也增加了发送节点的能耗,所以在设计多跳无线网络时,往往需要将功率分配与速率控制结合在一起考虑,使得物理层的功率分配算法与传输层的速率控制算法互相协调。如果将协议栈视为一个控制系统,分层结构协议栈实际是对网络的一个开环控制结构,比如物理层的功率控制与链路层的接入仅根据本地节点信息调节,但由于在协议栈底层缺少端到端的控制信息,使得底层的功率控制与链路层的接入控制无法自适应于上层服务质量(QoS)的改变。因此,分层结构协议栈将可能导致能耗的浪费与网络性能的低下。而跨层优化方法将协议栈设计成一个闭环的控制系统,它能根据传输层的拥塞反馈信息自适应调整功率。它将协议栈对应的优化问题分为拥塞控制与功率控制等模块,各模块之间通过变量信息交互,迭代计算使得网络性能能够达到全局最优。

　　基于网络效用最大化的功率分配与速率控制的联合设计方法得到了广泛关注。文献(Chiang,2004)讨论了无线蜂窝网中功率控制与速率控制的权衡关系,并用凸优化的方法解决了对应的优化问题。文献(Chiang,2005)基于 TCP 协议,提出了一种使得网络效用最大的多跳无线网络中的联合拥塞控制与功率控制的跨层优化框架,并设计了对应的分布式算法。文献(Neely,2005)以流量控制为目标,提出了时变无线信道下的 Ad Hoc 网的路由选择与功率控制联合优化问题,并采用对偶分解方法设计了相应算法。文献(Xiao,2004)提出了一类联合优化速率控制、路由与无线资源分配的模型,设计了集中式算法求解模型所对应的问题。文献(Chen,2006)研究了多跳无线网络中联合路由、调度、功率控制等的跨层优化算法,并证明了算法的收敛性与稳定性。文献(Eryilmaz,2006)利用缓存中队列长度设计了一种联合考虑拥塞控制、调度与网络资源分配的分析框架,该方法可以对有中心节点的网络中的各网络资源如功率、带宽进行兼顾公平性的分配。文献(Lin,2007)则提出了一种在给定网络流量的情况下,最小化多跳无线网络功耗的跨层优化算法,该算法可分布式计算出次优解。文献(Nana,2006)研究了多跳无线传感器网络中速率控制与功率控制对网络寿命的影响,提出了一种集中式的跨层分析算法来评估网络寿命与网络效用之间的折中。文献(Lin,2006)则对基于网络效用的无线网络跨层优化方法做出了较为全面的归纳,并提出了一些亟待解决的问题。

　　上述研究工作并未涉及多无线多信道网络的联合速率控制与功率分配问题,对通信节点能够动态分配多条链路功率的多无线多信道网络跨层优化没有设计相应的分布式算法,并且上述工作多从无线网络效用的角度考查网络性能,未在优化目标中显式的提出联合网络效用最大与总功耗最小。本章基于凸优化理论,将提升网络性能与降低网络总体功耗结合考虑,提出了多无线多信道无线网络的速率控制与功率分配的联合优化模型,并利用对偶分解设计了相应的分布式算法,证明了该算法的收敛性。

5.2　网络模型与优化问题

5.2.1　网络模型

将具有 N 个通信节点,L 条无线通信链路的多跳合群无线网络抽象为有 N 个点,L 条边的有向图。节点与链路集合分别用 set_N 和 set_L 表示,网络中每个节点既可以是源节点,也可以是目的节点或者中继节点。各节点均具备多个无线接口,可同时使用多个不同的信道进行数据的发送或接收。在任何时刻,对于同一个节点,只能有一个无线接口使用某个信道,即两个接口不能使用同一个信道。不同节点的各无线接口可使用同一个正交信道,但将导致通信接口间的同频干扰。设整个网络共有 M 个在使用的正交信道,信道集合用 set_M 表示。假定各链路所使用的信道已由信道分配算法所确定,$l \in set_M(k)$ 表示链路 l 的发送端使用了第 k 个正交信道。

假定整个网络的拓扑相对稳定,即群组已经形成并相对固定,路由模型采用广泛用于路由分析与网络优化领域的多物网络流模型(Even,1976)(Multicommodity Network Flows Model),即每个节点可将不同的数据流发送到多个不同的目的节点,也能接收多个不同源节点的数据,且每一个数据流的路由是唯一的。对于一个源节点为 s,目的节点为 d 的数据流,用记号 (s,d) 来标示,可设其速率为 $x_{s,d}$。为不失一般性,可假设该速率满足

$$x_{\min} \leqslant x_{s,d} \leqslant x_{\max} \tag{5-1}$$

式中,$x_{\max}$ 与 $x_{\min}$ 分别为传输速率的上下限。设源节点集合为 S,目的节点集合为 D,以节点 s 为发送端的所有并发链路集合设为 $O(S)$,所有经过链路 l 的数据流的集合记为 $R(l)$。源节点 s 与目的节点 d 之间的路径由一系列相邻节点间的链路组成,记这些链路组成的集合为 $L(s,d)$。由于本章重点在于联合速率控制与功率分配的优化,所以假定网络路由已由某种路由协议建立,即集合 $L(s,d)$ 为一个确定集合。

对于每条链路,路由经过该链路的各数据流的速率之和应小于其容量,即满足关系

$$\sum_{(s,d) \in R(l)} x_{s,d} \leqslant C_l^{(k,u)}, \quad \forall\, l \in set_L \tag{5-2}$$

式中,$C_l^{(k,u)}$ 表示链路 l 的容量,其发送端为无线接口 u 且使用无线信道 k。在无线

网络中,链路的容量取决于无线接口发送功率、干扰链路发送功率、带宽、信号调制方式等通信参数。本章假定带宽与调制方式确定,则链路容量是关于功率变量的函数,包括本链路发送端功率,以及对发送端产生干扰的其他链路的发送功率。为了描述这样一组相互干扰的功率变量,引入功率向量 P_k,各分量分别为同使用第 k 个正交信道的各链路的发送功率。

无线信道建模采用受限干扰信道模型,设 σ_l 为链路 l 的噪声功率,G_{lj} 为链路 j 的发送端与链路 l 的接收端之间的增益,当 $l \neq j$ 时,G_{lj} 表示链路 j 的发送端对链路 l 的接收端产生的通信干扰;当 $l = j$ 时,G_{ll} 表示链路 l 收发两端的增益。设 p_l,$p_j(l, j \in \text{set}_M(k))$ 分别是链路 l 和 j 发送端的功率,于是链路 l 的信扰噪比(SINR)可写为

$$\gamma_l(P_k) = \frac{G_{ll} p_l}{\sigma_l + \sum_{j \neq l} G_{lj} P_j} \tag{5-3}$$

设 W_l 为链路 l 的带宽,链路 l 使用无线信道 k 且发送端为无线接口 u,则由香农公式可知链路 l 的容量

$$C_l^{(k,u)}(P_k) = W_l \lg(1 + \gamma_l(P_k)) \tag{5-4}$$

设 $\text{Tr}(l) = u$ 表示链路 l 发送端为无线接口 u,接口 u 的传输功率上限为 $p_u^{\max}$,则对于每条链路有

$$p_l \leqslant p_u^{\max}(\text{Tr}(l) = u), \quad \forall l \in \text{set}_L \tag{5-5}$$

由于通信节点有多个无线接口,所以它可同时建立多条发送链路,这些链路的总发送功率满足限制条件

$$\sum_{l \in O(s)} p_l \leqslant p_{(s)}^{\max}, \quad \forall s \tag{5-6}$$

$p_{(s)}^{\max}$ 是节点 s 的最大功率,即各链路的发送功率总和受限于该节点的最大功率。

5.2.2　优化问题的数学表示

设从源节点 s 到目的节点 d 的数据流的效用函数为 $U_{s,d}(x_{s,d})$,$U_{s,d}(x_{s,d})$ 是严格凹并且单调增的二次可微函数。整个网络的效用可表示为 $\sum_{s \in S} \sum_{d \in D} U_{s,d}(x_{s,d})$,网络的优化目标是使得整个网络的效用最大,即解决优化问题

$$\begin{cases} \max \sum_{s \in S} \sum_{d \in D} U_{s,d}(x_{s,d}) \\ \text{s. t. 式(5-1)} \sim \text{式(5-6)} \end{cases} \tag{5-7}$$

此外,各链路还应减少功耗,整个网络各链路的总功耗为 $\sum\limits_{i \in N} \sum\limits_{l \in O(i)} p_l$,使功耗最小即求解

$$\begin{cases} \min \sum\limits_{i \in N} \sum\limits_{l \in O(i)} p_l \\ \text{s. t. } 式(5\text{-}1) \sim 式(5\text{-}6) \end{cases} \tag{5-8}$$

这样,优化网络效用与优化各链路功率构成了一个两目标的数学规划,它们之间通过限制条件式(5-1)~式(5-6)联系起来。采用加权组合法求解该两目标规划问题,设加权因子为 w_1, w_2,其中,$w_1 \in [01]$ 为本征权,它是反映各项设计指标相对重要性的加权因子;w_2 为校正权,用以调整两个目标在数量级上差别的影响。于是两目标规划问题可转化为一个单目标的优化问题,即求

$$\begin{cases} \max\limits_{\{x_{s,d}, p_l\}} w_1 \sum\limits_{s \in S} \sum\limits_{d \in D} U_{s,d}(x_{s,d}) - (1-w_1) w_2 \sum\limits_{i \in N} \sum\limits_{l \in O(i)} p_l \\ \text{s. t. } \sum\limits_{(s,d) \in R(l)} x_{s,d} \leqslant C_l^{(k,u)}, \quad \forall\, l \in \text{set}_L \\ \gamma_l(P_k) = \dfrac{G_{ll} p_l}{\sigma_l + \sum\limits_{j \neq l} G_{lj} P_j} \\ C_l^{(k,u)}(P_k) = W_l \lg(1 + \gamma_l(P_k)) \\ \sum\limits_{l \in O(s)} p_l \leqslant p_{(s)}^{\max}, \quad \forall\, s \\ p_l \leqslant p_u^{\max}(\text{Tr}(l) = u), \quad \forall\, l \in \text{set}_L \\ x_{\min} \leqslant x_{s,d} \leqslant x_{\max} \end{cases} \tag{5-9}$$

问题(5-9)结合了网络效用最大、网络总功耗最小两个优化目标,对各链路在传输层的速率控制及在物理层的功率分配进行了联合建模,把这两个方面在多无线多信道无线网络中的相互联系以非线性规划的形式表示出来。

5.3　分布式算法设计

5.3.1　非凸函数的转化

用集中式算法解决问题(5-9)在自适应性、可扩展性、鲁棒性等方面均有较大的局限,所以可设计相应的分布式算法。而问题(5-9)的目标函数虽然是凹函数,但条件(5-3)为关于向量 P_k 的非凸函数,使得该问题不是一个凸优化问题,因而难以设计高效的分布式算法。但当没有很多近邻干扰链路同时发送数据时,各链路的信干比较大,γ_l 远大于1,此时可通过变量代换将对应限制条件转为凸函数。

将条件(5-3)代入条件(5-4)可得

$$C_l^{(k,u)}(P_k) = W_l \lg \gamma_l(P_k) = W_l \lg \frac{G_{ll} p_l}{\sigma_l + \sum\limits_{j \neq l} G_{lj} P_j}$$

$$= W_l \big(\lg(G_{ll} p_l) - \lg(\sigma_l + \sum\limits_{j \neq l} G_{lj} P_j) \big)$$

对功率变量 p_l 做对数变换,记 $q_l = \ln p_l$,代入上式得

$$\widetilde{C}_l^{(k,u)}(Q_k) = W_l \Big[\lg(G_{ll} e^{q_l}) - \lg(\sigma_l + \sum\limits_{j \neq l} e^{q_j + \ln G_{lj}}) \Big] \qquad (5\text{-}10)$$

式(5-10)括号内的两项均为 Log-sum-exp 类型函数,于是式(5-10)为凸函数。将
式(5-10)代入问题(5-9)替换相应限制条件,则问题(5-9)转化为一个凸优化问题

$$\begin{cases}
\max\limits_{\{x_{s,d}, p_l\}} w_1 \sum\limits_{s \in S} \sum\limits_{d \in D} U_{s,d}(x_{s,d}) - (1 - w_1) w_2 \sum\limits_{i \in N} \sum\limits_{l \in O(i)} p_l \\[2mm]
\text{s. t.} \sum\limits_{(s,d) \in R(l)} x_{s,d} \leqslant C_l^{(k,u)}(P_k) \; \forall\, l, \forall\, k \\[2mm]
\widetilde{C}_l^{(k,u)}(Q_k) = W_l \Big[\lg(G_{ll} e^{q_l}) - \lg(\sigma_l + \sum\limits_{j \neq l} e^{q_j + \ln G_{lj}}) \Big] \\[2mm]
\sum\limits_{l \in O(s)} p_l \leqslant p_{(s)}^{\max}, \quad \forall\, s \\[2mm]
x_{\min} \leqslant x_{s,d} \leqslant x_{\max} \\[2mm]
0 < p_l \leqslant p_u^{\max}(\mathrm{Tr}(l) = u, \quad \forall\, l)
\end{cases} \qquad (5\text{-}11)$$

5.3.2　基于对偶分解的分布式算法设计

本节采用对偶分解方法来设计分布式算法求解优化问题(5-11)。首先引入拉
格朗日乘子 λ_l, μ_i 放松限制条件式(5-2)和式(5-6),得到拉格朗日函数

$$L(x, \lambda; p, \mu) = w_1 \sum\limits_{s \in S} \sum\limits_{d \in D} U_{s,d}(x_{s,d}) - (1 - w_1) w_2 \sum\limits_{i \in N} \sum\limits_{l \in O(i)} p_l$$

$$+ \sum\limits_{l} \lambda_l \big[C_l^{(k,u)}(P_k) - \sum\limits_{(s,d) \in R(l)} x_{s,d} \big]$$

$$+ \sum\limits_{i \in N} \mu_i \big(p_{(i)}^{\max} - \sum\limits_{l \in O(i)} p_l \big) \quad (\lambda_l \geqslant 0 \,\forall\, l, \mu_i \geqslant 0 \,\forall\, i) \qquad (5\text{-}12)$$

其对偶函数为 $g(\lambda, \mu) = \max_{x,p} L(x, \lambda; p, \mu)$,则对应的对偶问题是

$$\min\limits_{\lambda \geqslant 0, \mu \geqslant 0} g(\lambda, \mu) \qquad (5\text{-}13)$$

命题 5-1　原问题(5-11)目标函数的最优值 f^* 与对偶问题(5-13)目标函数
的最优值 g^* 相等,即无对偶间隙,强对偶成立。

问题(5-11)是个凸优化问题,又因为 $p_{(s)}^{\max}$、$p_u^{\max}$ 均严格大于 0,于是问题

(5-11)的限制条件有严格可行解,所以 Slater 条件成立,从而原问题与其对偶问题之间无对偶间隙。

将对偶函数改写为

$$g(\lambda,\mu) = \max \sum_s \sum_d \Big[w_1 U_{s,d}(x_{s,d}) - x_{s,d} \sum_{l \in L(s,d)} \lambda_l \Big] + \max \Big[\sum_l \lambda_l C_l^{(k,u)}(P_k)$$

$$- (1-w_1)w_2 \sum_{i \in N} \sum_{l \in O(i)} p_l + \sum_{i \in N} \mu_i \Big(p_{(i)}^{\max} - \sum_{l \in O(i)} p_l \Big) \Big] \tag{5-14}$$

这样就将原问题分成了两个子问题,第一个子问题为速率控制子问题 1

$$\max_{x_{\min} \leqslant x_{s,d} \leqslant x_{\max}} \sum_s \sum_d \Big[w_1 U_{s,d}(x_{s,d}) - x_{s,d} \sum_{l \in L(s,d)} \lambda_l \Big] \tag{5-15}$$

各节点通过求解

$$\max_{x_{\min} \leqslant x_{s,d} \leqslant x_{\max}} w_1 U_{s,d}(x_{s,d}) - x_{s,d} \sum_{l \in L(s,d)} \lambda_l \tag{5-16}$$

可调节注入速率。子问题 1 的优化变量仅为本地变量 $x_{s,d}$,所以节点可独立解决该问题。第二个子问题是功率分配子问题 2

$$\begin{cases} \max_{p_l} \Big[\sum_l \lambda_l C_l^{(k,u)}(P_k) - (1-w_1)w_2 \sum_{i \in N} \sum_{l \in O(i)} p_l + \sum_{i \in N} \mu_i \Big(p_{(i)}^{\max} - \sum_{l \in O(i)} p_l \Big) \Big] \\ \text{s. t. } p_l \leqslant p_u^{\max}(Tr(l) = u), \quad \forall l \in \text{set}_L \end{cases}$$
$$\tag{5-17}$$

其目标函数可变形为

$$\sum_{i \in N} \Big(\sum_{l \in o(i)} \lambda_l C_l^{(k,u)}(P_k) - (1-w_1)w_2 \sum_{l \in O(i)} p_l + \mu_i \Big(p_{(i)}^{\max} - \sum_{l \in O(i)} p_l \Big) \Big) \tag{5-18}$$

所以子问题 2 可由每个节点通过求解

$$\max \sum_{l \in O(i)} \lambda_l C_l^{(k,u)}(P_k) - (1-w_1)w_2 \sum_{l \in O(i)} p_l + \mu_i \Big(p_{(i)}^{\max} - \sum_{l \in O(i)} p_l \Big) \tag{5-19}$$

协调各条链路的功率分配,完成各链路的功率控制。

链路容量 $C_l^{(k,u)}(P_k)$ 是包括非本地变量的非线性函数,为了设计子问题 2 的分布式算法,将式(5-3)代入到子问题 2 的目标函数 $L_1(q,\mu)$ 得

$$L_1(q,\mu) = \sum_l \lambda_l W_l \Big[\lg(G_{ll} e^{q_l}) - \lg\Big(\sigma_l + \sum_{j \neq l} e^{q_j + \ln G_{lj}} \Big) \Big]$$

$$- (1-w_1)w_2 \sum_{i \in N} \sum_{l \in O(i)} e^{q_l} + \sum_{i \in N} \mu_i \Big(p_{(i)}^{\max} - \sum_{l \in O(i)} e^{q_l} \Big)$$

$$= \sum_l \lambda_l W_l \Big[\lg(G_{ll} e^{q_l}) - \lg\Big(\sigma_l + \sum_{j \neq l} e^{q_j + \ln G_{lj}} \Big) \Big]$$

$$- \sum_{i \in N} \big[(1-w_1)w_2 + \mu_i \big] \sum_{l \in O(i)} e^{q_l} + \sum_{i \in N} \mu_i p_{(i)}^{\max} \tag{5-20}$$

对 $L_1(q,\mu)$ 求关于 q_l 的偏导

$$\frac{\partial L_1(q,\mu)}{\partial q_l} = \lambda_l W_l - [(1-w_1)w_2 + \mu_i]e^{q_l} - W_l\sum_{j\neq l}\frac{\lambda_j G_{jl}e^{q_l}}{\sum_{k\neq j}G_{jk}e^{q_k}+\sigma_l}$$

$$= \lambda_l W_l - [(1-w_1)w_2 + \mu_i]e^{q_l} - W_l p_l\sum_{j\neq l}\frac{\lambda_j G_{jl}}{\sum_{k\neq j}G_{jk}p_k+\sigma_l} \qquad (5\text{-}21)$$

由 $q_l=\ln p_l$，易知对 p_l 求偏导可得

$$\frac{\partial L_1(q,\mu)}{\partial p_l} = \frac{\lambda_l W_l}{p_l} - [(1-w_1)w_2 + \mu_i] - W_l\sum_{j\neq l}\frac{\lambda_j G_{jl}}{\sum_{k\neq j}G_{jk}p_k+\sigma_l}$$

$$= \frac{\lambda_l W_l}{p_l} - [(1-w_1)w_2 + \mu_i] - W_l\sum_{j\neq l}G_{jl}H_j \qquad (5\text{-}22)$$

式中

$$H_j = \frac{\lambda_j}{\sum_{k\neq j}G_{jk}p_k+\sigma_j}$$

于是由投影梯度法可知,有

$$p_l(t+1) = \left[p_l(t) + \xi\left(\frac{\lambda_l(t)W_l}{p_l(t)} - [(1-w_1)w_2 + \mu_i] - W_l\sum_{j\neq l}G_{jl}H_j(t)\right)\right]_X$$

$$(5\text{-}23)$$

式中,步长 ξ 为大于 0 的常数,$[\,\cdot\,]_X$ 表示在可行集 $X \overset{\text{def}}{=}\{p_l:0<p_l\leqslant p_u^{\max}\mathrm{Tr}(l)=u\}$ 上的投影。

容易看出,对偶问题 $\min\limits_{\lambda\geqslant 0,\mu\geqslant 0} g(\lambda,\mu)$ 等价于 $\min\limits_{\lambda\geqslant 0}(\min\limits_{\mu\geqslant 0}g(\lambda,\mu))$。括号内层最小化对应子问题 2,优化变量为 μ;外层最小化对应子问题 1,优化变量为 λ。于是优化算法可分为内外两层的迭代更新,内层是关于 μ_i 的更新,外层是关于 $l\neq j$ 的更新。p_l 的更新在内外两层均要进行。设 t_1 表示内层迭代 μ_i 的更新序数,t 表示外层迭代 λ_i 的更新序数。则式(5-23)为在外层上关于 λ_l,H_j 的迭代,式(5-24)为内层上关于 μ_i 的迭代。

$$p_l(t_1+1) = \left[p_l(t_1) + \xi\left(\frac{\lambda_l W_l}{p_l(t_1)} - [(1-w_1)w_2 + \mu_i(t_1)] - W_l\sum_{j\neq l}G_{jl}H_j\right)\right]_X$$

$$(5\text{-}24)$$

由于问题(5-11)不一定是严格凸的,所以对偶函数 $g(\lambda,\mu)$ 可能是一个分段可导函数,于是用次梯度法求解拉格朗日乘子

$$\lambda_l(t+1) = [\lambda_l(t) - \alpha(t)(C_l^{(k,u)}(P_k) - \sum_{(s,d)\in R(l)}x_{s,d})]^+ \qquad (5\text{-}25)$$

式中,$[\,\cdot\,]^+$ 表示在非负实数集上的投影,迭代步长 $\alpha(t)$ 满足条件

$$\sum_{t=1}^{\infty} \alpha(t) = \infty, \quad \sum_{t=1}^{\infty} \alpha^2(t) < \infty \qquad (5\text{-}26)$$

拉格朗日乘子 μ_i 也用次梯度法求解

$$\mu_i(t_1 + 1) = [\mu_i(t_1) - \beta(t_1)(p_{(i)}^{\max} - \sum_{l \in O(i)} p_l(t_1))]^+ \qquad (5\text{-}27)$$

同理,迭代步长 $\beta(t_1)$ 满足

$$\sum_{t=1}^{\infty} \beta(t) = \infty, \quad \sum_{t=1}^{\infty} \beta^2(t) < \infty \qquad (5\text{-}28)$$

5.3.3 分布式算法描述

根据 5.3.2 节的结果,可得内层循环的分布式算法描述如下。

算法 1

(1) 以任意非负值初始化节点对应的 $\mu_i(0)$,$t_1 = 0$,并将外层迭代得到的 p_l,λ_l,H_j 作为输入。

(2) 根据式(5-24),式(5-27)分别计算 $p_l(t_1+1)$,$\mu_i(t_1+1)$。

(3) $t_1 = t_1 + 1$,检查收敛条件,若满足,算法结束;不满足,跳转到(2)。

结合算法 1,问题(5-11)的分布式算法如下。

算法 2

节点 i 本地运行以下算法($i = 1, \cdots, N$):

(1) 节点 i 以任意非负值初始化其链路 $\lambda_l(0)$ 及对应链路的功率 $p_l(0)$,$l \in O(i)$,$t = 0$。

(2) 各节点本地解决优化子问题 1。

(3) 节点 i 首先接收与它同信道的链路 j 的发送端发出的 $H_j(t)$,根据式(5-23)计算 $p_l(t+1)$($l \in O(i)$,$j \neq l$,$j, l \in \text{set}_M(k)$)。

(4) 节点 i 以 $p_l(t+1)$ 作为初值执行算法 1。

(5) 以第(4)步的结果作为新的发射功率,计算 $H_l(t+1)$,并将 $H_l(t+1)$ 通知给与它同信道的各链路的发送端。

(6) 计算新的 $C_l^{(k,w)}(P_k)$,并由式(5-25)得到 $\lambda_l(t+1)$。

(7) $t = t + 1$,若满足收敛条件,算法结束;否则转(2)。

节点执行算法 2 时需要一些信息的交互:执行(2)时需要 $\sum_{l \in L(s,d)} \lambda_l(t)$ 信息,于是链路 $l \in L(s,d)$ 将其 λ_l 值发给源节点 s,使得 s 能根据收到的 λ_l 动态调整发送速率。执行(3)时,节点 i 首先需要接收对它产生干扰的链路 j 发出的 $H_j(t)$,从而能够根据式(5-23)调整自身功率。执行(5)时各节点需要将计算出的 $H_l(t+1)$ 通知给与它使用同一个信道的各无线接口。这些交互信息可通过公共信道传送。由于该算法可以完全分布式的执行,所以对拓扑或者信道的变化有自适应性,当网络拓

扑或者信道发生改变时,路由协议或信道分配协议可将网络变化反馈至算法 2,从而重新执行算法 2 以收敛到此时网络状态所对应的最优解。

5.4　仿真实验分析

仿真实验在由 10 个通信节点所构成的网络中进行,网络中共有四条正交信道 a,b,c,d,网络拓扑与信道分配如图 5-1 所示。节点 1～6 有一个或两个无线接口作为发送端,分别使用两条信道建立相应的输出链路,用(1)、(2)标定这两条输出链路,除了节点 4～6 用于发送无线接口,还有相应的无线接口同时接收数据。各无线接口最大功率为 $p_u^{\max}$,设为 2.5mW,各信道带宽 W 为 10kb/s,每个节点的最大功率 $p_{(s)}^{\max}$ 为 3mW。各链路的噪声功率 σ_l 为 0.001mW,链路增益 $G_{lj}=1/d_{lj}^4$,d_{lj} 表示链路 j 发送端到链路 l 接收端间的距离,图 5-1 中各实线相连的点的距离设为 100 米。整个网络有 7 条数据流,如表 5-1 所示,其中 7～10 号节点是目的节点,不发送数据。网络效用函数为 $U_{s,d}(x_{s,d})=\lg(x_{s,d})$,即比例公平效用函数。节点传输速率范围设在 1～40kb/s。

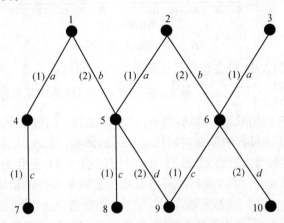

图 5-1　网络拓扑

表 5-1　仿真数据流

数据流	源节点	目的节点	路由
Flow1	1	7	1-4-7
Flow2	1	8	1-5-8
Flow3	2	8	2-5-8
Flow4	2	9	2-5-9
Flow5	2	10	2-6-10
Flow6	3	10	3-6-10
Flow7	3	9	3-6-9

图 5-2 使用半对数坐标描述算法 1 的迭代收敛过程,横坐标表示外层主循环迭代次数 t,纵坐标表示算法 2 每轮迭代得到的目标函数值 $f(x,p)$ 与最优值 f^* 之间的差距 $|f(x,p)-f^*|$,f^* 是采用内点法(中心式算法)求得的最优解。仿真实验中,算法 2 的迭代步长取为 $1/t$。迭代步长有多种形式,它的选取将会对收敛速度产生较大影响。

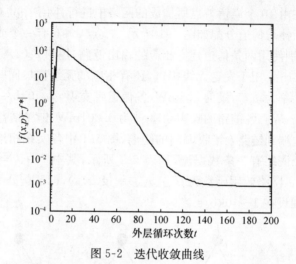

图 5-2　迭代收敛曲线

调整本征权的大小,将会改变目标函数中两项的权重关系。当本征权 w_1 增大时,网络效用值 $\sum\limits_{s\in S}\sum\limits_{d\in D}U_{s,d}(x_{s,d})$ 越大,随之而来的网络总功耗也越大。图 5-3 反映了本征权的改变对网络效用的影响,当 w_1 从 0 增加到 1 的过程中,网络效用逐渐增大。图 5-4 反映了本征权的改变对网络总功耗的影响,当 w_1 从 0 增加到 1 的过程中,网络总功耗逐渐增大。特别地,当 $w_1=0$ 时问题(5-11)退化为求满足条件的总功耗最小问题;当 $w_1=1$ 时,问题(5-11)退化为求满足条件的网络效用最大问题。由图 5-3 可知,当 $w_1\geqslant0.6$ 时,网络效用的增长相当缓慢,此时若再提高 w_1,所带来的网络效用增加十分有限;而由图 5-4 可知,当 $w_1\geqslant0.6$ 时,网络总功率仍然有较大提升空间。综合两图可知,$w_1\geqslant0.6$ 时,依靠提高功率所带来的网络效用增加已不明显。可认为在该场景下,网络在 w_1 取值于 0.5～0.6 时达到了一种"性价比"最优的平衡。

图 5-6 则反映了本征权的改变对 1～6 号节点功率分配的影响。每个直方块即节点最大功率高度为 3,三种颜色分别代表了链路(1)的发送功率,链路(2)的发送功率及未使用的功率(即节点最大功率与各链路功率之和的差)。当 $w_1=0.2$ 时,因为权重偏于减少功耗,由图 5-5(a)可知,各节点达到速率要求所需的最优功耗较小,6 个节点均未达其功率上限,节点的各链路功率也没有达到上限。当 $w_1=0.8$ 时,主要权重在于提高网络效用,于是节点需根据需求提高功率,由图 5-5(b)知,2、5、6 号节点大幅提升了各链路功率,均达到其总功率的上限。

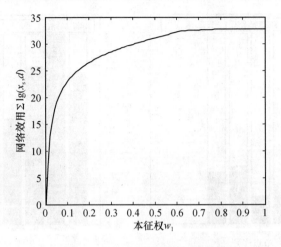

图 5-3　本征权对网络效用的影响

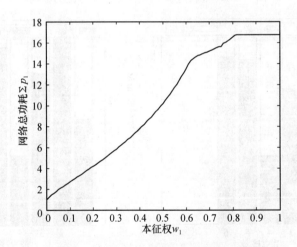

图 5-4　本征权的改变对网络总功耗的影响

图 5-6 反映了传输速率上下限对节点功率分配的影响。图 5-6(a)是当 $w_1 = 0.6$，传输速率范围在 15～40kb/s 之间时各节点功率分配图，此时各条链路以较小的功率即可满足要求。当传输速率范围改变为 20～60kb/s 后，如图 5-6(b)所示，各链路自适应地改变功率以满足需求，其中，节点 2 已经达到其最大功率，节点 5，6 所用功率也几乎达到了上限。同时可观察到节点 1,4 在两图中两链路功率变化较小，这是因为节点 1,4 的各链路在第一种情况下的最优速率已经能够满足传输速率在 20～60kb/s 内。

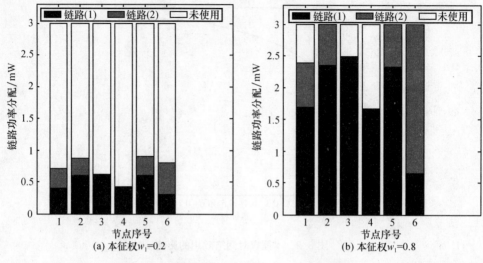

图 5-5　本征权对 1～6 号节点功率分配的影响

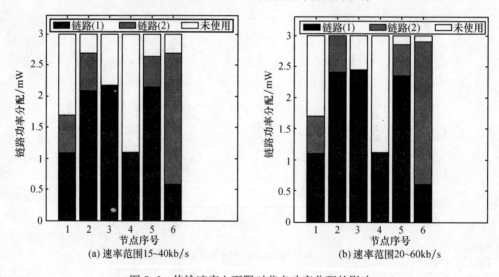

图 5-6　传输速率上下限对节点功率分配的影响

5.5　本章小结

　　本章以网络效用最大与总功耗最小为目标,提出了合群多无线多信道网络速率控制与功率分配的联合优化模型,对节点能够动态分配各链路功率的多无线多信道网络跨层优化给出了分布式算法。该算法通过改变本征权的取值能够在网络效用与网络功耗之间取得折中,并能根据各节点的速率要求动态调整各条链路的发射功率使得网络达到效用与功耗的联合最优。

参 考 文 献

Chen L,Low S H,Chiang M,et al. 2006. Cross-layer congestion control,routing and scheduling design in ad hoc wireless networks. IEEE INFOCOM 2006 Proceedings. Barcelona,Spain, 1-13.

Chiang M,Bell J. 2004. Balancing supply and demand of bandwidth in wireless cellular networks: Utility maximization over powers and rates. IEEE INFOCOM 2004 Proceedings. Hong Kong,China,2800-2811.

Chiang M. 2005. Balancing transport and physical layers in wireless multihop networks:Jointly optimal congestion control and power control. IEEE Journal on Selected Areas in Communications,23(1):104-116.

Eryilmaz A,Srikant R. 2006. Fair resource allocation in wireless networks using queue-length based scheduling and congestion control. IEEE Journal on Selected Areas in Communications,24(8):1514-1524.

Even S,Itai A,Shamir A. 1976. On the Complexity of Timetable and Multicommodity Flow Problems. SIAM Journal on Computing(SIAM),5(4):691-703.

Lin L B,Lin X J,Shroff N B. 2007. Low-complexity and distributed energy minimization in multihop wireless networks. IEEE INFOCOM 2007 Proceedings. Anchorage,Alaska,USA,1685-1693.

Lin X J,Shroff N B,Srikant R. 2006. A tutorial on cross-layer optimization in wireless networks. IEEE Journal on Selected Areas in Communications,24(8):1452-1463.

Nama H,Chiang M,Mandayam N. 2006. Utility-lifetime trade-off in self-regulating wireless sensor networks:a cross-layer design approach. IEEE International Conference on Communications 2006. Istanbul,Turkey,3511-3516.

Neely M J,Modiano E,Rohrs C E. 2005. Dynamic power allocation and routing time varying wireless networks. IEEE Journal on Selected Areas in Communications,23(1):89-103.

Xiao L,Johansson M,Boyd S. 2004. Joint routing and resource allocation via dual decomposition. IEEE Transactions on Communications,52(7):1136-1144.

第二部分 合群网络模型研究

经济的发展、社会的进步,通信、计算机、机电等技术的革新加速了移动通信网络的建设与扩充,但其带来的一系列新的技术问题及人们对个人通信不断提升的需求,共同推动着移动通信网络研究的发展。

本部分针对下一代移动通信系统研究中的两个重要分支,网络组织结构与移动性管理,考虑移动用户群体特性和混合网络结构的思想,提出一种移动通信网中的合群网络结构模型,以增加移动网络容量,提高移动网络效率,优化移动性管理。围绕该模型,具体给出了一种基于多无线混合网络结构的合群网络模型的设计框架,分析了其组织结构给网络在容量和能耗上带来的效能提升,讨论了移动节点的合群运动特性并提出一种新的合群随机运动模型,最后给出了服务于该网络模型的一系列算法、方案和规程,并以位置管理过程为实例探讨了其在移动性管理中的应用。

所开展的研究工作主要有以下几个方面:

基于下一代移动网络多无线功能的需求趋势和下一代移动终端的多无线接入能力,给出了一种以多无线混合网络模型为原型的合群网络模型设计框架。从网络拓扑结构、协议层次、功能实体模型几方面描述了模型设计框架,详述其中的移动性管理功能模块和垂直水平混合通信方式,并通过一个合群管理过程实例分析了模块工作机制和协作通信方式,展示了模型处理流程。

使用基本的慢衰落无线信道模型,分析了合群组织形式下节点通信的能量开销。考察所有节点向基站发送相同比特信息量的情况,由于多跳短距离通信的能耗小于单跳长距离通信,使用合群组织形式的网络节点的通信能量开销也低于传统蜂窝结构。考虑到合群网络结构还可以进一步利用多无线资源和数据融合压缩技术,可以得到合群结构在组织形式上优化了网络性能的结论。

以网络容量域模型为基础,针对合群结构这种组织形式,详细分析了在不考虑如信息压缩、多无线等辅助手段的条件下,合群管理本身给网络容量与节点通信能量开销带来的效能。证明了由于合群的组织形式可以有效利用短距离多跳通信和空间复用网络,网络容量域和一致网络容量相对传统蜂窝结构都有明显提升。

提出了一套保证合群模型运作的自治管理策略。针对现有网络条件不足以提供合群环境感知和合群维护的现状,提出利用水平对等通信,协商建立维护合群组的规程。特别关注了组头的选取和轮换,提出基于合群度的组头选取算法和基于威望值的组头轮换算法,并仿真分析了合群组建立和维护过程中的各种开销。

　　基于合群网络模型,彼此邻近的移动台组成一个合群组,在位置更新过程中,可以以合群组为粒度,报告位置更新,从而降低位置更新的信令开销和数据库接入开销。针对一个具体的合群运动场景,分析了合群位置管理方案和传统位置管理方案的位置信令开销和数据库接入开销,通过数值仿真证明了合群方案的预期效能。

　　本研究系移动通信网络学科所亟待解决的泛在网络构建与分布式控制问题所激发的探索类课题,论文的研究工作有助于下一代移动通信网组织理论的建立和移动性管理技术的发展,突破了制约移动通信系统建设的"瓶颈",具有一定的理论前瞻性和实际应用意义。

第6章 群移动网络运动模型

6.1 引 言

为完整分析和仿真一个新的移动通信系统及相应的协议信令系统,建立移动台运动模型来精确的描述系统真实运行环境下移动台的运动特征是必不可少的。一个有价值的新的系统、方案、设计,哪怕一个微小的改进,都必须经过理论分析和接近真实的仿真的双重验证。只有在这种前提下,才可能确认全新设计的移动通信系统和协议的可行性和可信性,因此运动模型的建立显得至关重要。

本书所提出的移动通信网中的合群网络模型是以移动用户的合群运动特性为基础的。因此运动模型的研究对群特征网络模型的进一步验证和仿真都有重要意义。目前移动通信系统中研究移动台运动的方法主要分为两类:真实轨迹重现和抽象运动模型定义。所谓真实轨迹重现是指通过一定的途径,观测获取真实环境中移动台的运动轨迹,对其进行时间信息、位置信息、速度信息等运动特征的复原再现,从而用于移动系统的分析。其优势不言而喻,它可以最真实的反映移动台的运动特征。但这种方法在实施上的困难也显而易见,且不说真实轨迹重现需要大量的时间观测采样,大量的数据处理,即使获得了某些移动台的运动轨迹,也很难保证这些数据具备一般性,毕竟我们不可能重现所有移动台,所有时间的运动轨迹。相比之下,抽象运动模型定义则可以完成许多前者不能实现的功能。抽象运动模型定义方法同样需要对真实运动进行观测,不同的是,该方法并非对观测数据原封不动的重现,而是通过提取这些运动特征信息,使用数学表达式描述运动过程,人工定义移动台的运动,从而用于移动通信系统的分析和仿真。虽然在真实性上不如真实轨迹重现,但它足以反映移动台的运动特征,同时一般性得以保证,适用范围也更为广泛,运用更加灵活。

本章围绕抽象运动模型展开讨论,首先概述了相关运动模型的研究,对其进行分类与总结。由于本章关注的重点为移动台的合群移动性,因此在这些研究的基础上,本章以常用的个体随机路点运动模型为基础,证明了多移动用户独立运动下的天然合群特性的存在。最后提出一种基于特征电荷向量的随机合群运动模型,从而更好的描述了真实环境下移动用户的合群运动。

6.2 运动模型研究综述

在移动通信系统分析中常使用的运动模型主要分三类：个体运动模型、群体运动模型及其他运动模型。本节将概述这些模型的相关研究并加以分析总结。

6.2.1 个体运动模型

个体运动模型主要用于对个体移动台运动特性的描述，广泛使用的个体运动模型包括随机路点运动模型（Random Waypoint Mobility Model）、随机游走运动模型（Random Walk Mobility Model）、高斯-马尔可夫运动模型（Gauss-Markov Mobility Model）、城市街区运动模型（City Section Mobility Model）等（Camp，2002）。

1. 随机路点运动模型

随机路点运动模型（简称 RWP 模型）是移动系统中最常使用的运动模型之一，也是众多衍生运动模型之源。RWP 模型对个体移动台的运动定义如图 6-1 所示。

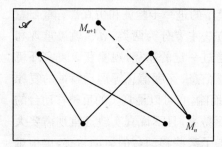

图 6-1 随机路点运动模型

RWP 模型定义移动台在某一有限区域 $\mathscr{A}$ 内运动，通常 $\mathscr{A}$ 是一个矩形或圆面，移动台按照如下规定从一个"路点"M_n 运动到下一个"路点"M_{n+1}：

下一路点 M_{n+1} 从区域 $\mathscr{A}$ 中均匀选择，M_{n+1} 的选择与历史及当前路点位置无关；

下一速度大小 V_n 通过速度概率分布函数 $f_V^0(V)$ 选择，速度大小选择同样与历史及当前速度大小无关；以常用的均匀速度分布为例，V_n 从 $V_{\min}$ 到 $V_{\max}$ 均匀选择，即 $f_V^0(V) = \dfrac{1}{V_{\max} - V_{\min}} 1_{\{V_{\min} < V < V_{\max}\}}$；

移动台以速度 V_n 匀速从 M_n 运动到 M_{n+1}。

根据移动台在每个路点停顿与否，RWP 模型又可分为两类，有停顿 RWP 模型和无停顿 RWP 模型（Bettsteter，2002）。

2. 随机游走模型

随机游走模型也可以算作 RWP 模型的一个衍生模型（Akyildiz，2000），具体又分为反射随机游走模型和环绕随机游走模型，如图 6-2 所示。

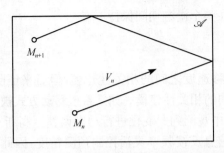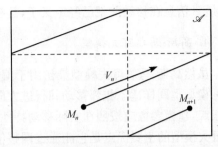

图 6-2　反射随机游走模型与环绕随机游走模型

在每段运动后,与 RWP 运动模型随机选择下一路点不同,随机游走模型随机选择一个速度矢量 V_n 和一个运动时段 $T_{n+1} - T_n$。速度、运动时段的选择与历史无关,速度向量的选择包括速度大小和方向。移动台初始位置在区域 $\mathscr{A}$ 中均匀选取。

运动区域 $\mathscr{A}$ 一般为一矩形 $[0,a] \times [0,b]$,移动台从当前路点 M_n 以 $\overline{V_n}$ 持续运动 $T_{n+1} - T_n$,当碰到 $\mathscr{A}$ 的边界时,如 (x_0, b),反射随机游走模型下移动台反射继续运动,相应的,如果是环绕随机游走模型,移动台从相应的另一边界 $(x_0, 0)$ 进入区域 $\mathscr{A}$ 继续运动。

速度向量根据平面内的速度概率分布函数 $f_V^p(\overline{v})$ 选择,运动时段长度根据时间分布函数 $f_T^p(t)$ 从一组正数中选择。

环绕随机游走模型也被视为一种圆环面上的 RWP 模型,随机游走模型由于其统计特性相对简单,在一些研究中也常使用。

由随机路点模型和随机游走模型也衍生出了一些新的运动模型,如随机方向模型、统计随机游走模型、无边界区域运动模型等。

3. 马尔可夫模型(一阶)

马尔可夫移动是一种个体移动模型,是对各种不同位置管理方案进行评估仿真中广泛使用的最早的模型之一。该模型更适于步行移动用户,即在移动过程中经常发生停停走走,且方向经常发生改变的情况(Barnoy,1995)。在这个模型中,根据转移概率分布,在某个离散时间 t 时刻,用户可能仍在某个区域(概率为 q)或已经移动到相邻的区域(概率为 $1-q$)。该模型明确地定义了在所有可能的漫游方向上的概率。与基本的随机移动模型(即移动是不相关的)不同,马尔可夫模型在某个时刻相邻区域间转移概率上允许作出调整。

类似于随机移动模型,该方法的一个局限性在于随机决定的前后移动彼此之间必须是统计独立的,因此在该模型中通过一系列区域时没有连续移动的概念。另外,虽然有更实际的测量放入到该模型中,但转移概率的定义是静态的。简言之,统计信息在移动前就已经定义了,且在整个漫游期间保持不变。

4. 高斯-马尔可夫模型

虽然高斯-马尔可夫模型最初用于偏移速度之间的相关性建模,但后来证明,这种模型也同样适于相邻移动间行进方向的相关性建模。如果希望移动方式被精确跟踪,建模参数应按照在实际移动特性中观测到的变化进行动态调整。高斯-马尔可夫模型的主要优点是它能通过调整信息反馈频率灵活控制预测精度,因此相比基于活动性的模型(有更多关于移动的细节),它只需要少量的计算负载来建立模型框架。

高斯-马尔可夫模型还认为移动终端有一个明确的目的地,除非它不需要定义一个目前的转移路径,但是,在每个边界交叉点的行进方向间,我们期望有相关性,依赖于相关性的程度,相对于最后更新小区,每个移动都会有范围在$[-\pi,\pi]$的方向变化。通常,相邻行进方向间的相关性越大,其曲线就越平滑。

在理想情况下,即移动用户以直线行进,高斯-马尔可夫模型的分布将显示一个低通滤波器的特性,相反,当行进方向间的相关性降低时,在分布模型中就会展示出有起伏的变化,可近似为一个高通滤波器特性。而且高斯-马尔可夫移动性模型可认为是有限关联模型的通用形式,另外,还可通过采用偶尔发送作为训练序列的寻呼包方法提高预测精度,这样其性能还会进一步提升,但其代价就是空中接口带宽的浪费。

5. 城市街区运动模型

城市区域模型下,仿真区域是一个街道网络,代表一个城市区(Amit,2003)。街道和运动速度限制根据仿真的城市类型而定。例如,大城市的街道可能表现为一种网格型,城市边缘由环城高速公路环绕。初始状态下,每个移动节点随机位于某街道上。节点在城区随机选择一个目的地,依据最短路径时间算法,选择一条路径,向目的地运动。该模型下,目的地仍然为某街道上的一点。为更加真实地仿真现实城市交通系统,可以附加速度限制、节点距离限制(车距)等约束。到达目的地后,节点依照一定规律,停止一段时间,然后选择下一个目的地,重复上述过程。

图 6-3 示意了一个简单的城市区域模型。此例中,市中心道路设定为中速道路,如图中 $x=3$ 和 $y=3$;其他道路为低速街道;城市外环为高速公路,在仿真区域中暂不考虑。假设一个节点从(1,1)出发,向(5,4)运动,到达后再转向(1,4)。图中平行线示意了该节点的运动路径,节点选择最快到达目的地路径,因此会尽量选择在中速道路上运动,考虑转弯可能会带来延迟,节点也会尽量选择直行道路,图中的路径是仿真中可能的一种运动轨迹。

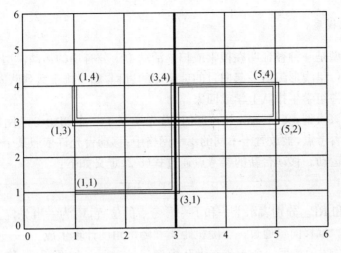

图 6-3　城市街区运动模型

城市区域模型给出了一种面向城市交通网络的真实运动模型。当然它同样忽略了一些因素,如现实中,节点在选择路径时会躲避拥塞,因此城市区域模型仍然是一种理想的个体运动模型,真正面向实际的运动模型只能通过分析现实运动节点的轨迹获得。

6.2.2　群体运动模型

群体运动模型用于描述分析一群或大量移动台共同运动的特性。典型的群体运动模型包括指数相关运动模型(Exponential Correlated Random Mobility Model,ECRM 模型)、参考点组运动模型(Reference Point Group Mobility Model, RPGM 模型)、纵队模型(Column Model)、追逐模型(Pursue Model)等。

1. 指数相关运动模型

文献(Hong,1999)提出了第一个群体运动模型,即指数相关随机运动模型。该模型使用一个运动函数来描述移动台的运动。给定某节点或者合群组在 t 时刻的位置 $\bar{b}(t)$,则在下一时刻 $t+1$,该节点或合群的位置 $\bar{b}(t+1)$ 由式(6-1)表示:

$$b(t+1) = b(t)\mathrm{e}^{-\frac{1}{\tau}} + \left(\sigma\sqrt{1-\mathrm{e}^{-\frac{2}{\tau}}}\right)r \tag{6-1}$$

式中,τ 用于调整移动台从上一位置转向下一位置的速度,τ 越小,变化越大;r 为一个标准差为 σ 的高斯随机变量。虽然该模型是提出的第一个合群运动模型,但是为描述某特定运动,选择合适的 (τ,σ) 参数相对复杂,因此实际研究应用中使用并不频繁。但基于此模型的一些改进模型在一定程度上弥补了它的缺点。

2. 纵队模型

纵队模型是一种被证明在搜索或扫描活动中十分有用的运动模型。模型描述了一组移动台呈线形编队一起向目的地运动的过程,如一排士兵列队向目标行进,又如生活中一组学生排队上学或回家。

为实现该模型,文献(Sanchez,2001)首先定义了一个初始参考网格。每个移动台根据其参考点,被放置于不同的参考网格中;移动台允许依照某个体运动模型围绕参考点运动。移动台新的参考点通过式(6-2)定义如下:

$$RP_{new} = RP_{old} + V_a \qquad (6-2)$$

式中,RP_{new}和RP_{old}分别表示上一和下一参考点的位置,V_a为一事先定义的参考网格偏移向量。偏移向量通过一个随机距离和随机角度计算生成。

图 6-4 左图示意了一个 4 节点纵队模型运动过程。如图所示,移动台各自围绕其参考点微动。参考点排列成网络,当其依某随机距离和角度运动时,移动台也跟随其运动。图 6-4 右图展示了两组移动台的运动轨迹。两组移动台的运动方向分别与队列平行和垂直。纵队模型也可视为参考点组运动模型的一种特例或变种模型。

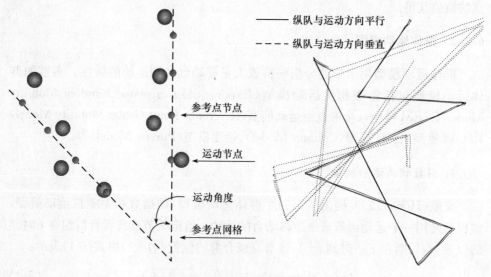

图 6-4　纵队运动模型示意

3. 追逐模型

追逐模型,顾名思义,试图描述一组移动台追随或追逐某目标运动的过程,如警察追逐逃犯等。追逐模型包含一个简单的位置更新复制公式以定义每个移动台

的新位置

$$\text{Pos}_{\text{new}} = \text{Pos}_{\text{old}} + \text{acc}(\text{Pos}_{\text{tar}}, \text{Pos}_{\text{tar,old}}) + V_{\text{ran}} \tag{6-3}$$

式中，$\text{acc}(\text{Pos}_{\text{tar}}, \text{Pos}_{\text{tar,old}})$ 表示被追目标的运动信息，追逐者根据目标的当前位置和先前位置，调整自己的运动；V_{ran} 表示一个随机的偏移向量，描述移动台在运动过程中的一些不确定因素，V_{ran} 的生成可以使用各种个体随机运动模型，最常见的如随机游走模型。图 6-5 给出了一个 6 节点的追逐模型示意图。浅色的节点为追逐目标，其他 5 个深色节点追逐目标运动，从而形成合群组。

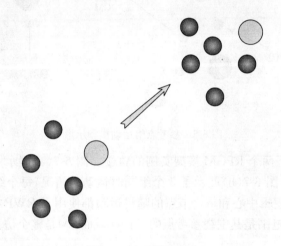

图 6-5　追逐模型示意

4. 参考点组运动模型

参考点组运动模型是最经典的组运动模型之一（Hong, 1999）。该模型描述了一组节点随机运动的合群特性及移动台个体的运动特性。群组的运动基于群组的逻辑中心的运动轨迹。群组的逻辑中心通过一个组运动向量 $\overrightarrow{\text{GM}}$ 计算群组的运动。群组中心的运动完全表现了群组成员的运动特征，包括它们的方向和速度。个体移动台围绕预先定义的参考点随机运动，参考点的运动取决于群组的逻辑中心的运动。当参考点的位置由 t 时刻的 $\text{RP}(t)$ 更新为 $\text{RP}(t+1)$ 时，它所对应的移动台的位置可由 $\text{RP}(t+1)$ 和一个随机运动向量 $\overrightarrow{\text{RM}}$ 相加求得。

图 6-6 给出了一个 3 移动台的 RPGM 运动过程示意：在 t 时刻，三个深色点代表三个移动台的参考点，位于 $\text{RP}(t)$；如图 6-6 所示，RPGM 模型使用向量 $\overrightarrow{\text{GM}}$ 计算参考点的下一位置，即 $\text{RP}(t+1) = \text{RP}(t) + \overrightarrow{\text{GM}}$，$\overrightarrow{\text{GM}}$ 可以随机选取或预先定义；参考点位置更新后，相应的移动台更新位置为 $\text{RP}(t+1) + \overrightarrow{\text{RM}}$，通常 $\overrightarrow{\text{RM}}$ 是在以 $\text{RP}(t+1)$ 为中心，某指定长度为半径的圆内均匀分布的向量。

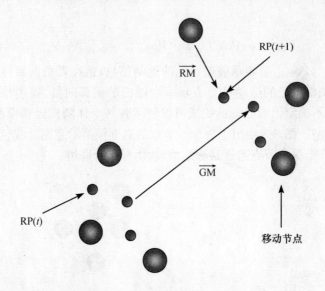

图 6-6　参考点组运动模型示意

图 6-7 展示了两个 RPGM 模型实例的轨迹。图 6-7(a)展示了一个 3 移动台成组运动的情况;图 6-7(b)展示了 5 个组同时运动的情况,每个组分别包含 2～6 个移动台。群组逻辑中心和单个节点的随机运动都使用了 RWP 模型,不同的是,对于$\overrightarrow{RM}$,选取的范围是其围绕参考点的一定区域而$\overrightarrow{GM}$是整个仿真区域。

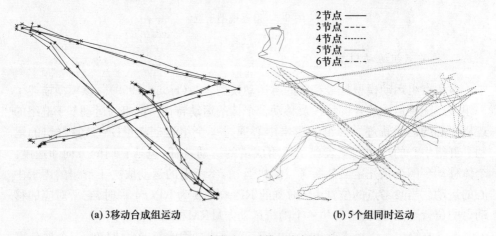

(a)3移动台成组运动　　　　　　　　(b)5个组同时运动

图 6-7　参考点运动模型实例轨迹

6.2.3　其他运动模型

1. 流动性模型

流动性模型是一个统计运动模型,是对所有移动终端的移动方式进行平均。

常用流动性模型来描述统计业务。假设移动终端的移动方向在 $[0,2\pi]$ 内均匀分布,以圆形区域为例,单位时间内穿越这些边界的平均人数等于人口密度 ρ、平均速度 V 及区域周长(πL)的乘积(Lam,1997)。

对于流动性模型,区域内包含的用户数越多,它的描述越准确,因为该模型是用平均值来计算的,因此,它很难应用于单个用户的移动方式。

2. 基于活动的模型

基于活动(Activity)的模型利用个体和群体活动方式来描述移动方式(Scourias, 1999)。该模型可能会对实际的移动方式给出一个更合理的描述,但所需的额外计算负载,如数据收集和分析等会随建模精度的增加而增加,这也限制了其应用的范围。

3. 移动轨迹模型

移动轨迹模型记录部分特定用户的真实移动情况,可能会比移动模型更贴近真实性。对于小规模范围,文献(Lam,1997)收集了一个建筑物内一部分人的移动轨迹;对于大规模范围,SuMATRA 计划观测了旧金山海湾地区移动用户连续 7 天的移动轨迹。但由于获得轨迹需要统计大量用户,因此对性能评估来说,完备的数据很难获取。

6.2.4　总结

上述对运动模型的研究,为移动网络的相关研究做出了相当大的贡献,大量移动网络中的新方案、算法都是使用这些运动模型作为仿真验证或理论分析的背景环境的。另一方面,这些模型也多是从实际移动网络系统中的真实运动归纳而来,分别很好地描述了个体运动的特征和群体运动的内在特征。

本书讨论合群网络模型及管理方法,既能保证常规独立的管理方案的正常实施,也提供在特殊合群场景下的成组管理。因此,从运动模型上,不再只是孤立的讨论个体运动和群体运动,需要研究个体运动在什么情况下会表现出合群特性,个体运动和群体运动的联系,合群特征用什么参数描述等,以确定合群管理方案的使用环境,实现自适应的合群管理,达到提升系统性能的目的。在此意义上,运动模型需要表现出足够的普遍意义和统计特性,而不是简单的个案模型,而在这些方面,前述移动模型的研究则表现得有所不足。

基于以上目标,本章将分析移动网络中的个体运动模型和群体运动模型的合群特性,为后面自适应合群管理的研究提供基础。

6.3　RWP 模型合群特性分析

如上节综述,随机路点运动模型(RWP)是移动系统中最常使用的运动模型之一,也是众多衍生运动模型之源。通常随机路点作为一种随机个体运动模型出现,但一个区域中,大量服从 RWP 模型的节点共同运动时,RWP 会表现出一种天然的合群特性。本节将针对 RWP 模型,分析这种多节点同个体随机模型下的合群特性。

6.3.1　Palm 积分介绍

由于 RWP 模型是一种非时间平稳过程,因此用传统的概率论、随机过程分析 RWP 过程十分复杂困难,甚至不可行。文献(Boude,2005)提出了用 Palm 积分工具分析非时间平稳过程,并提出了非平稳过程下的采样办法,证明了 Palm 积分在非时间平稳过程分析中的优势。本节将引入随机点过程的概念,简单介绍 Palm 积分的性质与定理,以将其用于 RWP 平稳状态的分析。

Palm 积分是一组描述“时间平均”和“事件平均”关系的方程。

“时间平均”通过在任意时间对系统采样获得,它对应于“时间平稳”分布,有些文献也简称为平稳分布。例如仿真系统中,每隔 10s 对节点位置进行一次采样。

“事件平均”观点上,采样发生在所选状态发生变更时,例如 RWP 模型中,当节点每次到达路点时,对节点的位置进行一次采样。使用这种方式获得的分布称为 Palm 分布,它是一种“事件平稳”分布,在信号处理术语中,也被称为自适应采样。

以下介绍 Palm 积分的一些概念和性质。

1. 平稳性

Palm 积分应用于平稳过程。假设观测一个仿真的输出,它可以描述成一个随机过程 S_t 的采样。若满足以下条件,则称这个过程为一平稳过程。

对任意给定的整数 n,任意一组时间序列 $t_1 < t_2 < \cdots < t_n$ 及任意给定的时间偏移 u,满足联合分布 $(S_{t_1+u}, S_{t_2+u}, \cdots, S_{t_n+u})$ 与 u 无关。换句话说,就是这个过程不随时间推移改变其统计特性。

在实际中,平稳性通常在仿真足够长时间后发生。而在一个无限状态空间上的马尔可夫链上,必须附加一些条件才能保证状态平稳。随机路点模型即属于后者,是否平稳依赖于节点的速度分布。如果满足 $v_{min} > 0$,则该过程会最终收敛到平稳期。

本节以后部分应用 Palm 积分分析某仿真输出的观测 X_t,假设 X_t 与仿真状态 S_t 联合平稳,即 (X_t, S_t) 是一个平稳过程。

注意到即使仿真是平稳的,仍然可以定义一些不是联合平稳的输出。例如,对于随机路点的联合平稳观测,即时速度或离开上一路点经过的时间都非联合平稳;与之相反,到达上一路点的时间则是一联合平稳分布。

2. 时间平均

对于某随机过程 X 及其观测 X_t，如果 X_t 与仿真联合平稳，即由平稳的定义，X_t 的分布与时间 t 无关，则称 X_t 的分布为 X 的时间平稳分布。

如果 X_t 是各态遍历的（例如，若 X_t 是平稳的，在一个离散状态空间，任何一个状态可以由任一其他状态转移到达，在 X_t 各态遍历），则对于任意有界函数 ϕ，可以估计 $E(\phi(X_t))$，假设采用离散时间

$$E(\phi(X_t)) \approx \frac{1}{T} \sum_{t=1}^{T} \phi(X_t) \tag{6-4}$$

式中，T 足够大。与之等价的一种表述是，对于任意集合 W，随机变量 X_t 处于 W 内的概率等于 X_t 处于 W 的时间占总时间的比率。换句话说，X_t 的时间平稳分布可以使用时间平均估计。

3. 状态变更、点过程和样本强度

考虑仿真过程中的一组"状态变更"，设其已进入平稳期。对于一组随机时刻序列 T_n，定义其为仿真过程 S_t 进入状态空间的某子空间的时间，或发生从某状态 s 转移到另一状态 s' 的时间，其中，(s, s') 在一特定集合内。例如，在 RWP 模型中，$(T_n)_{n \in z}$ 可能是节点到达路点的时间序列。T_n 称为一个"点过程"。

由于仿真过程在一个平稳期内，可以假设 0 时刻时仿真已经进行了一段时间。因为状态变更的点过程定义为仿真状态 S_t 的变更，所以它也是平稳的。方便起见，通常约定

$$T_0 \leqslant 0 < T_1$$

换句话说，T_0 是 0 时刻前，包括 0 时刻，最后一次发生状态变更的时间，而 T_1 是 0 时刻后第一次发生状态变更的时间。

状态变更的点过程的样本强度 λ 定义为单位时间状态发生变更次数的期望。假设在任意时刻，不可能同时发生两次状态变更。在离散时间轴下，λ 可以简单地认为等于在任意时间点上发生状态变更的概率，即

$$\lambda = P(T_0 = 0) \tag{6-5}$$

在连续时间轴中，样本强度 λ 定义为在任意时段 $[t, t+\tau]$ 发生状态变更的次数 $N(t, t+\tau)$ 满足式（6-6）的唯一值，即

$$E(N(t, t+\tau)) = \lambda\tau \tag{6-6}$$

4. Palm 期望与 Palm 概率

记 Y 为仿真过程的某随机输出，假设其可积（如因为其有界）。定义期望

$E^t(Y)$为如下条件期望：

$$E^t(Y) = E(Y \mid t \text{ 时刻发生状态变更}) \tag{6-7}$$

如果$Y = X_t$，其中，X_t和仿真过程联合平稳，则$E^t(X_t)$不依赖于t。对$t = 0$，称为 Palm 期望：

定义 Palm 期望为 0 时刻发生状态变更条件下的 X_0 的条件期望

$$E^0(X_0) = E(X_0 \mid 0 \text{ 时刻发生状态变更}) \tag{6-8}$$

相应的定义 Palm 概率如下：

定义 Palm 概率为 0 时刻发生状态变更条件下 X_0 在集合 W 内的条件概率

$$P^0(X_0 \in W) = P(X_0 \in W \mid 0 \text{ 时刻发生状态变更}) \tag{6-9}$$

注意到 $P^0(T_0 = 0) = 1$，即 Palm 概率下，T_0 等价于 0。

离散时间轴下，上述定义很容易理解。假设任意时刻状态变更是单一的，即任意时刻 t 不可能发生多次状态变更，则对于式(6-7)可以用如下条件概率表示：

$$E^t(Y) = E(Y \mid N(t) = 1) = \frac{E(YN(t))}{E(N(t))} = \frac{E(YN(t))}{P(N(t) = 1)} \tag{6-10}$$

式中，$N(t) = 1$ 表示 t 时刻发生了一次状态变更，否则为 0。

在连续时间轴下，事件"t 时刻发生状态变更"的概率为 0，因此不能用上述离散时间系统中的表示方法。但可以使用类似定义样本强度的方法，用连续时间系统下的条件概率密度函数表示条件期望

$$E^t(Y) = \lim_{\tau \to 0} \frac{E(YN(t, t+\tau))}{E(N(t, t+\tau))} = \lim_{\tau \to 0} \frac{E(YN(t, t+\tau))}{\lambda\tau} \tag{6-11}$$

其中，在 Radon-Nykodim 意义下，极限可以如下定义。对某给定的随机变量 Y，考虑对任意可测集合 B 到 $\mathbf{R}$ 的测度 μ

$$\mu(B) = \frac{1}{\lambda} E\left(Y \sum_{n \in \mathbf{Z}} 1_{\{T_n \in B\}}\right) \tag{6-12}$$

式中，λ 是点过程 T_n 的样本强度。如果 B 足够小（即它的 Lebesgue 测度或长度为 0），则 B 内发生状态变更的概率为 1 且 $\mu(B) = 0$。根据 Radon-Nykodim 理论 (Baccelli, 1987)，必存在定义在实数域 $\mathbf{R}$ 上的某函数 g，满足对于任意 B，$\mu(B) = \int_B g(t)\mathrm{d}t$。Palm 期望则可以定义为 $g(t)$。换句话说，对任意给定的随机变量 Y，$E^t(Y)$ 定义为对任意 B 满足式(6-13)的 t 的函数：

$$E\left(Y \sum_{n \in \mathbf{Z}} 1_{\{T_n \in B\}}\right) = \lambda \int_B E^t(Y)\mathrm{d}t \tag{6-13}$$

详细的 Palm 积分的定义见文献(Baccelli, 1987)。

5. 事件平均

若对于仿真过程,各态遍历条件满足,则当 N 足够大时,可以得到

$$E^0(X_0) \approx \frac{1}{N} \sum_{n=1}^{N} X_{T_n} \tag{6-14}$$

式(6-14)等价于如下描述:

$$P^t(X_t \in W) = P^0(X_0 \in W) \approx X_t \text{ 在 } W \text{ 内状态变更的比率}$$

以 RWP 为例,若 X_t 表示节点在 t 时刻且处于离开路点状态下的速率,这些速率的平均值就是一种事件平均。因此,Palm 分布也可称为一种事件平稳分布。

6. 转换方程与样本强度方程

时间平均与事件平均间存在一定联系,可以通过一些方程转换。这里介绍其中两个最常用的方程,转换方程与样本强度方程,用于下文 RWP 模型的分析。上述两个方程也被称为 Ryll-Nardzewski 方程与 Slivnyak 方程。转换方程描述了时间平稳与 Palm 概率间的关系。

定理 6-1 转换方程

$$\text{离散时间下} \quad E(X_t) = E(X_0) = \lambda E^0\Big(\sum_{s=1}^{T_1} X_s\Big) = \lambda E^0\Big(\sum_{s=0}^{T_1-1} X_s\Big)$$
$$\text{连续时间下} \quad E(X_t) = E(X_0) = \lambda E^0\Big(\int_0^{T_1} X_s \mathrm{d}s\Big) \tag{6-15}$$

证明 这里仅证明离散时间下的情况,而其中的关键又是证明其中连等式中的第二个等式 $E(X_0) = \lambda E^0\Big(\sum_{s=1}^{T_1} X_s\Big)$,第三个等式与此类似。

根据条件概率和样本强度 λ 的定义:

$$\lambda E^0\Big(\sum_{s=1}^{T_1} X_s\Big) = E\Big(\sum_{s=1}^{T_1} X_s N(0)\Big) \tag{6-16}$$

由于 $T_0 \leqslant 0 < T_1$,因此在时段$(1 \sim T_1-1)$,发生状态变更的次数为 0,即 $N(1, T_1-1)=0$。则有 $\forall s > 0, s \leqslant T_1$,满足 $N(1, s-1)=0$。因此

$$\lambda E^0\Big(\sum_{s=1}^{T_1} X_s\Big) = E\Big(\sum_{s=1}^{\infty} X_s N(0) 1_{\{N(1,s-1)=0\}}\Big)$$

$$= E\Big(\sum_{s=1}^{\infty} X_0 N(-s) 1_{\{N(1-s,1)=0\}}\Big) = E\Big(X_0 \sum_{s=1}^{\infty} N(-s) 1_{\{N(1-s,1)=0\}}\Big) \tag{6-17}$$

式(6-17)中第二个等式由平稳的定义得到。记 $T^-(-1)$ 为 0 时刻前最近一

次状态变更的时间,若$-s>T^-(-1)$,则 $N(-s)=0$,即从最近一次状态变更到 0 时刻之间,没有发生任何状态变更;若$-s<T^-(-1)$,则 $N(1-s,1)>0$,于是有 $1_{\{N(1-s,1)=0\}}=0$。因此当且仅当 $T^-(-1)=-s$ 时,$N(-s)1_{\{N(1-s,1)=0\}}=1$,其他情况为 0。所以

$$1 = \sum_{s=1}^{\infty} N(-s)1_{\{N(1-s,1)=0\}} \tag{6-18}$$

将式(6-18)代入式(6-17),得到 $E(X_0) = \lambda E^0\left(\sum_{s=1}^{T_1} X_s\right)$。 □

定理 6-2 样本强度方程　单位时间发生状态变更的次数 λ 满足

$$\frac{1}{\lambda} = E^0(T_1 - T_0) = E^0(T_1) \tag{6-19}$$

证明　根据定理 6-1,将 $X_t=1$ 代入转换方程即可得到样本强度方程。 □

注意,第一个等号右侧的 $E^0(T_1-T_0)$ 为两次状态变更间隔时间的期望。无论转换方程还是样本强度方程都是在离散时间下证明的,在连续时间下,严格论证较为复杂,在此不作介绍,具体可以参见文献(Schenider,1981)。

6.3.2　RWP 时间平稳特性

1. 样本强度

本节将应用上述 Palm 积分性质和定理分析 RWP 模型。假设 RWP 模型此刻已进入平稳期,考虑状态变更时刻序列 T_n,这里的状态变更指节点到达路点。

定理 6-3　单位时间状态变更的次数,即节点到达路点的次数 λ 满足如下关系式:

$$\lambda^{-1} = E^0(D_1)E^0\left(\frac{1}{V_0}\right) = \bar{\Delta}\int_0^{\infty} \frac{1}{v} f_V^0(v)\mathrm{d}v \tag{6-20}$$

式中,$\bar{\Delta}$ 表示区域 $\mathcal{A}$ 中任意两点间的距离的平均值。

证明　由定理 6-2,样本强度方程(6-19),可得

$$\lambda^{-1} = E^0(T_1) = E^0\left(\frac{D_1}{V_0}\right) \tag{6-21}$$

式中,$D_1 = \|M_1 - M_2\|$。根据 RWP 模型构造的定义,节点到达路点时独立选择下一路点和速率。因此,在 Palm 概率下 D_1 和 V_0 是无关的。 □

当且仅当 $E^0\left(\frac{1}{V_0}\right)$ 有限时,样本强度 λ 才有限。这也意味着,当节点到达路点后,采用均匀分布选取下一速度时,必须满足 $v_{\min}>0$。如果 $v_{\min}=0$,则式(6-20)中分母 $\lambda=0$,就意味着有问题。文献(Navidi,2004)证明了,若 f_V 是均匀分布,当且

仅当 $v_{\min} > 0$ 时,RWP 模型才能最终收敛于平稳状态。可以直观想象到,如果节点可能选取的最小速率为 0,则节点有可能停滞或需要很长时间才能到达下一路点。

若区域 $\mathscr{A}$ 为矩形或圆形,则 $\bar{\Delta}$ 存在显式表达式(Rudin,1987)。对于边长为 a 的正方形,$\bar{\Delta} \approx 0.5214a$;对于半径为 a 的圆,$\bar{\Delta} \approx 0.9054a$。对于一个任意形状的区域 $\mathscr{A}$,理论上是无法显式表达 $\bar{\Delta}(\mathscr{A})$ 的,但可以使用 Monte Carlo 仿真法计算求得:在一个包含 $\mathscr{A}$ 的矩形区域内,随机均匀生成大量点,统计 $\mathscr{A}$ 中的任意两点的距离,计算其平均值,可以近似求得 $\bar{\Delta}$。但实际分析中,可以不需要求出 $\bar{\Delta}$ 的具体值,本节后面会对此进行说明。

2. 节点位置分布

由于 RWP 模型中节点各自独立,在分析合群密度前,首先分析单个节点在运动区域各个位置上的分布密度。虽然根据定义,节点在选择路点时,是在区域 $\mathscr{A}$ 中均匀选取,即从 Palm 分布的意义上 $M(t)$ 是均匀分布,但从时间平稳分布的意义上并非如此。

如图 6-8 所示,记 $\mathrm{Prev}(t)$ 为 t 时刻前包括 t 时刻节点经过的最后一个路点的位置;$\mathrm{Next}(t)$ 表示 t 时刻后节点去往的路点的位置。直观上可以预测,任意时刻节点的位置 $M(t)$ 不是时间平稳的均匀分布,$M(t)$ 更倾向于出现在较长的线段上($\mathrm{Prev}(t) \sim \mathrm{Next}(t)$)。使用转换方程给出 $(\mathrm{Prev}(t), M(t), \mathrm{Next}(t))$ 的分布:

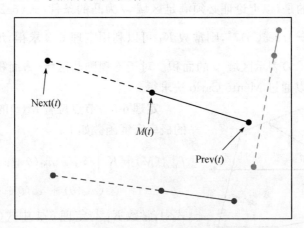

图 6-8　前路点 $\mathrm{Prev}(t)$、后路点 $\mathrm{Next}(t)$ 与当前位置 $M(t)$ 的定义

定理 6-4　$(\mathrm{Prev}(t), M(t), \mathrm{Next}(t))$ 的时间平稳分布可以显式地如下表示:

(1) $(\mathrm{Prev}(t), \mathrm{Next}(t))$ 在 $\mathscr{A} \times \mathscr{A}$ 上的联合概率密度函数为

$$f_{\mathrm{Prev}(t),\mathrm{next}(t)}(p,n) = K_1 \| p - n \| \tag{6-22}$$

式中,K_1 为常数;

(2) 在给定 $\mathrm{Prev}(t)=p$，$\mathrm{Next}(t)=n$ 下，$M(t)$在线段$[p,n]$上均匀分布。

证明　对于任意有界、非负函数 ϕ，由定理 6-1 中的转换方程(6-15)，可得

$$E(\phi(\mathrm{Prev}(t),M(t),\mathrm{Next}(t))) = \lambda E^0\left(\int_0^{T_1}\phi\left(M_0,M_0+\frac{t}{T_1}(M_1-M_0),M_1\right)\mathrm{d}t\right)$$

(6-23)

通过简单积分变量代换，等式右边可表示为

$$= \lambda E^0\left(T_1\int_0^1\phi(M_0,M_0+u(M_1-M_0),M_1)\mathrm{d}u\right) \tag{6-24}$$

设节点到达路点的时间为 0，$T_1=\dfrac{\|M_1-M_0\|}{V_0}$，且速率 V_0 与路点 M_0 和 M_1 的位置无关，因此式(6-24)可表示为

$$= \lambda E^0\left(\frac{1}{V_0}\right)E^0\left(\|M_1-M_0\|\int_0^1\phi(M_0,M_0+u(M_1-M_0),M_1)\mathrm{d}u\right)$$

$$= K_1\iint_{\mathscr{A}}\iint_{\mathscr{A}}\int_0^1\phi(M_0,(1-u)M_0+uM_1,M_1)\|M_1-M_0\|\,\mathrm{d}u\mathrm{d}M_0\mathrm{d}M_1 \tag{6-25}$$

由于对于任意有界函数 ϕ，$E(\phi(X))=\int f(X)\phi(X)\mathrm{d}X$，$f(x)$为 X 的概率密度函数。由式(6-25)，则$(\mathrm{Prev}(t),M(t),\mathrm{Next}(t))$的概率密度函数如定理 6-4 中 1、2。　　□

值得注意的是，以上论证必须满足区域 $\mathscr{A}$ 为凸的条件，式(6-25)的等式代换中，$K_1=\lambda E^0\left(\dfrac{1}{V_0}\right)\mathrm{area}(\mathscr{A})^{-2}$，则常数 K_1 可以利用定理 6-3 求得，$K_1=\mathrm{area}(\mathscr{A})^{-2}\bar\Delta^{-1}$，其中，$\mathrm{area}(\mathscr{A})$表示区域 $\mathscr{A}$ 的面积。对于不规则凸区域 $\mathscr{A}$，面积 $\mathrm{area}(\mathscr{A})$ 和平均距离 $\bar\Delta$ 都可以通过 Mento Carlo 法求得。

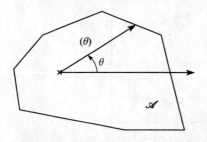

图 6-9　定理 6-5 中的 $a_M(\theta)$ 的定义

定理 6-5　节点位置 $M(t)$ 的时间平稳分布的概率密度函数如下：

$$f_{M(t)}(M) = K_1\int_0^{\pi}a_M(\theta)a_M(\theta+\pi)$$

$$\times(a_M(\theta)+a_M(\theta+\pi))\mathrm{d}\theta \tag{6-26}$$

式中，常数 K_1 与定理 6-4 中式(6-25)中的 K_1 相等。$a_M(\theta)$等于点 $M\in\mathscr{A}$ 沿角度 θ 到 $\mathscr{A}$ 边界的距离，如图 6-9 所示。

证明　为计算概率密度，定义 $\mathscr{A}$ 内任意有界函数 f，计算 $f(M(t))$ 的期望 $E(f(M(t)))$，由定理 6-4：

$$E(f(M(t))) = K_1\int_{\mathscr{A}\times\mathscr{A}\times1}f(up+(1-u)n)\|p-n\|\,\mathrm{d}p\mathrm{d}n\mathrm{d}u \tag{6-27}$$

将上述方程中的三个变量(五维实向量,两个路点的(x,y)两个坐标及u)进行如下(p,n,u)到$(x,y,\alpha,\beta,\theta)$的坐标变换:

$$\begin{cases} p = (x + \alpha\cos\theta, y + \alpha\sin\theta) \\ n = (x - \beta\cos\theta, y - \beta\cos\theta) \\ u = \dfrac{\beta}{\alpha+\beta} \end{cases} \qquad (6\text{-}28)$$

显然以上转换可逆,$(x,y)=up+(1-u)p$,即(x,y)描述节点当且位置$M(t)$的坐标。而且$\|p-n\|=\alpha+\beta$。式(6-28)坐标变换的雅可比行列式为1。因此

$$E(f(M(t))) = K_1 \int_{(x,y)\in\mathcal{A},\theta\in[0,2\pi],0\leqslant\alpha<a_{x,y}(\theta+\pi),0\leqslant\beta<a_{x,y}(\theta)} f(x,y)(\alpha+\beta)\mathrm{d}x\mathrm{d}y\mathrm{d}\alpha\mathrm{d}\beta\mathrm{d}\theta$$

先对α和β积分,然后对θ积分,可得

$$\begin{aligned} & E(f(M(t))) \\ & = K_1 \int_{(x,y)\in\mathcal{A}} \int_0^{2\pi} f(x,y)\frac{1}{2}\big[a_{x,y}(\theta)a_{x,y}(\theta+\pi)(a_{x,y}(\theta)+a_{x,y}(\theta+\pi))\big]\mathrm{d}\theta\mathrm{d}x\mathrm{d}y \end{aligned}$$

被积函数以π为周期,进一步化简

$$\begin{aligned} & E(f(M(t))) \\ & = K_1 \int_{(x,y)\in\mathcal{A}} f(x,y)\left(\int_0^\pi a_{x,y}(\theta)a_{x,y}(\theta+\pi)(a_{x,y}(\theta)+a_{x,y}(\theta+\pi))\mathrm{d}\theta\right)\mathrm{d}x\mathrm{d}y \end{aligned}$$

因此$M(t)$的概率密度函数为

$$f_M(M) = K_1 \int_0^\pi a_M(\theta)a_M(\theta+\pi)(a_M(\theta)+a_M(\theta+\pi))\mathrm{d}\theta。 \qquad \square$$

3. 合群密度

在确定独立节点在运动区域的位置分布后,多节点的合群密度则容易求得。考虑N个节点在区域$\mathcal{A}$内相互独立的做 RWP 运动,计算区域内各个位置节点的密度。

定义区域$\mathcal{A}$内的任意一点(x,y)上的合群密度$\rho(x,y)$为

$$\rho(x,y) = \lim_{L\to 0}\frac{E(N(x,y))}{L^2} \qquad (6\text{-}29)$$

式中,$N(x,y)$表示在区域$D(x,y)=\left[x-\dfrac{L}{2},x+\dfrac{L}{2}\right]\times\left[y-\dfrac{L}{2},y+\dfrac{L}{2}\right]$内节点的个数。

定理 6-6　RWP 下区域$\mathcal{A}$内的任意一点(x,y)上的合群密度$\rho(x,y)$等于区域内节点总数N乘以位置分布概率密度函数。

证明　由定理 6-5,可以看到 RWP 模型下独立节点的位置分布与其初始位置及 v_{max} 和 v_{min} 无关。因此每个节点的位置分布概率密度函数都相同,记作 $f(x,y)$。则任意节点 A_i 在 D 中的概率为

$$P(x,y) = \int_{D(x,y)} f(u,v)\mathrm{d}u\mathrm{d}v \tag{6-30}$$

由于节点之间独立,因此有

$$E(N(x,y)) = \sum_{i=0}^{N} i \binom{N}{i} P(x,y)^i (1-P(x,y))^{N-i} = \sum_{i=1}^{N} i \frac{N!}{i!(N-i)!} P^i (1-P)^{N-i}$$

$$= NP \sum_{i=1}^{N} \binom{N-1}{i-1} P^{i-1} (1-P)^{N-i} = NP \sum_{i=0}^{N-1} \binom{N-1}{i} P^i (1-P)^{N-1-i}$$

$$= NP[P+(1-P)]^{N-1} = NP(x,y)$$

则节点合群密度为

$$\rho(x,y) = \lim_{L \to 0} \frac{E(N(x,y))}{L^2} = N \lim_{L \to 0} \frac{P(x,y)}{L^2} = Nf(x,y) \tag{6-31}$$

得证。　　　　　　　　　　　　　　　　　　　　　　　　　　　　　　□

6.3.3　结果与验证

1. 一维 RWP 合群特性

一维随机路点模型用于描述一维曲线上的随机路点运动。移动台在某特定曲线上运动,每次到达一路点后,在曲线上随机选择下一路点和运动速度,并沿曲线向下一路点匀速运动。一维随机路点模型是最简单的随机运动模型之一,但它可以充分反映现实生活中移动用户的运动特征。一维随机路点模型中的一维曲线,可以是现实生活中的道路,或是用户日常特定的行进路线,一维随机运动模型的研究,对城市道路交通系统下的运动模型研究有着重要的意义。

根据定理 6-5、定理 6-6,求解 N 个节点在单位线段 $[0,1]$ 上运动的合群密度分布:

$$\begin{cases} f_M(x) = -6x^2 + 6x \\ \rho(x) = -6N(x^2 - x) \end{cases} \tag{6-32}$$

图 6-10 显示了根据式(6-32)分析计算和仿真后,100 个节点在线段 $[0,1]$ 上的合群分布结果。

2. 二维 RWP 合群特性

对于二维 RWP 模型,这里仅分析在矩形和圆两种形状下的情况。

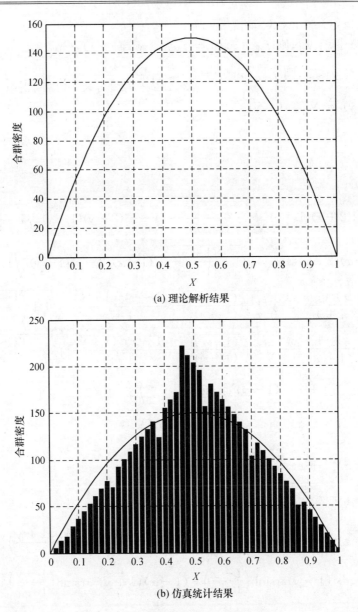

(a) 理论解析结果

(b) 仿真统计结果

图 6-10　一维 RWP 模型合群度

1) 正方形内节点合群密度

考虑在一个正方形区域内的 RWP 合群情况。

设 $\mathscr{A}=[-1,1]\times[-1,1]$ 的正方形区域上,$N=100$ 个节点共同以 RWP 模型运动。根据定理 6-5、定理 6-6,可以求得节点的合群密度:

$$\begin{cases} f_{M(t)}(x,y) = f_{M(t)}(\mid x \mid, \mid y \mid) & \text{(a)} \\ 若 \mid x \mid < \mid y \mid, 则\ f_{M(t)}(x,y) = f_{M(t)}(\mid y \mid, \mid x \mid) & \text{(b)} \\ 若\ 0 \leqslant y \leqslant x, 则\ f_{M(t)}(x,y) = \dfrac{15}{32 \times (2+\sqrt{2}+5 \times \ln(1+\sqrt{2}))} F(x,y) & \text{(c)} \\ \rho(x,y) = N f_{M(t)}(x,y) & \text{(d)} \end{cases}$$

$$(6\text{-}33)$$

式中

$$F(x,y)$$

$$= (1-x)(2+x)(1-y)\sqrt{1+\frac{(1-y)^2}{(1+x)^2}} + (1-x)(2+y)(1-y)\sqrt{1+\frac{(1-x)^2}{(1+y)^2}}$$

$$+ (1-x)(2+x)(1+y)\sqrt{1+\frac{(1+y)^2}{(1+x)^2}} + (1-x)(2-y)(1+y)\sqrt{1+\frac{(1-y)^2}{(1-x)^2}}$$

$$- \frac{(1-x)^2(1-y)^2}{1+x}\sqrt{1+\frac{(1+x)^2}{(1-y)^2}} - \frac{(1-x)^2(1-y)^2}{1+y}\sqrt{1+\frac{(1+y)^2}{(1-x)^2}}$$

$$- \frac{(1-x)^2(1+y)^2}{1+x}\sqrt{1+\frac{(1+x)^2}{(1+y)^2}} - \frac{(1-x)^2(1+y)^2}{1-y}\sqrt{1+\frac{(1-y)^2}{(1-x)^2}}$$

$$+ (1-x)[1+x-(1-y)^2]\operatorname{arsinh}\left(\frac{1-y}{1+x}\right)$$

$$+ (1-y)[1+y-(1-x)^2]\operatorname{arsinh}\left(\frac{1-x}{1+y}\right)$$

$$+ (1-x)[1+x-(1+y)^2]\operatorname{arsinh}\left(\frac{1+y}{1+x}\right)$$

$$+ (1+y)[1-y-(1-x)^2]\operatorname{arsinh}\left(\frac{1-x}{1-y}\right)$$

$$+ (1-x)^2(1-y)\operatorname{arsinh}\left(\frac{1+x}{1-y}\right) + (1-x)(1-y)^2\operatorname{arsinh}\left(\frac{1+y}{1-x}\right)$$

$$+ (1-x)^2(1+y)\operatorname{arsinh}\left(\frac{1+x}{1+y}\right) + (1-x)(1+y)^2\operatorname{arsinh}\left(\frac{1-y}{1-x}\right) \qquad (6\text{-}34)$$

式(6-33)中,(a)、(b)都可由定理 6-5 中式(6-26)的对称性得到,(c)及式(6-34)可使用数学工具 Mathematica 由定理 6-5 中式(6-26)积分求得。其中,$\operatorname{arsinh}(t)$为双曲正弦函数的反函数,$\operatorname{arsinh}(t) = \ln(t+\sqrt{1+t^2})$。

图 6-11 和图 6-12 分别显示了根据式(6-32)分析计算和仿真后,100 个节点在矩形 $\mathscr{A}$ 上的合群分布结果。

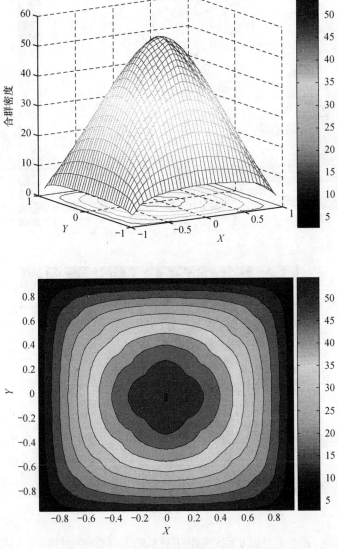

图 6-11　正方形区域 RWP 合群度分析（理论解析结果）

2）圆内节点合群密度

考虑在一个圆形区域内的 RWP 合群情况。

设仿真运动区域为单位圆：$\mathscr{A} = \{(x,y): x^2 + y^2 \leqslant 1\}$。显然，由于对称性，圆上的合群密度取决于位置点与圆心的距离 r，可以得到

$$\begin{cases} f_{M(t)}(x,y) = \dfrac{45}{32\pi}(1-r^2)\displaystyle\int_0^{\frac{\pi}{2}} \sqrt{1-r^2\sin^2\theta}\,\mathrm{d}\theta \\ \rho(x,y) = N f_{M(t)}(x,y) \end{cases} \tag{6-35}$$

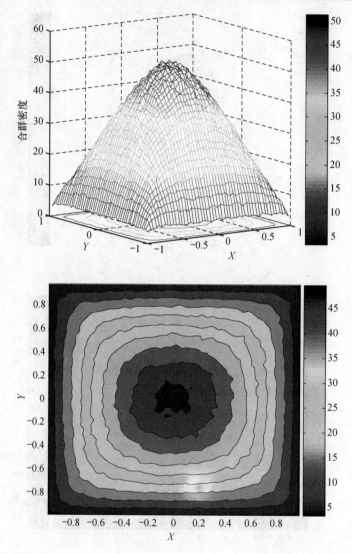

图 6-12　正方形区域 RWP 合群度分析(仿真统计结果)

式中

$$r = \sqrt{x^2 + y^2}$$

图 6-13 和图 6-14 分别显示了根据式(6-35)分析计算和仿真后,100 个节点在圆形区域 $\mathscr{A}$ 上的合群分布结果。

3. 分析与讨论

上述实例的分析和仿真结果验证了定理 6-5、定理 6-6 的结论,同时也直观地显示了 RWP 模型的合群特性。即使所有节点相互间的运动是无关的,它们

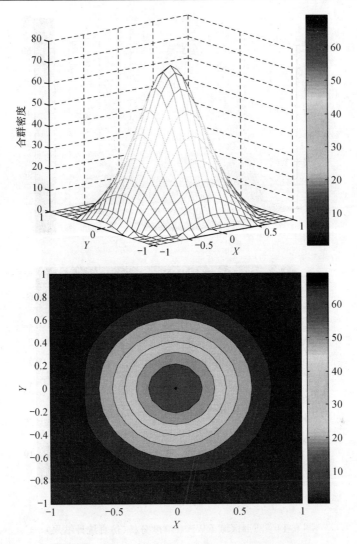

图 6-13　圆形区域 RWP 合群度分析(理论解析结果)

也倾向于集中于运动区域的中心。这也可以解释现实交通网络中,流量、密度最高的区域往往是干道的中段,城市中人口流量最大、密度最高的区域一般也是城市的中心。

　　上述分析虽然展现了 RWP 模型的合群特性,但真正意义上的合群必定不能假设节点的运动完全无关,节点有自己的运动习惯,彼此间有相关性,同类表现合群特征,因此下一节将进一步提出一种基于特征电荷向量的随机合群运动模型。

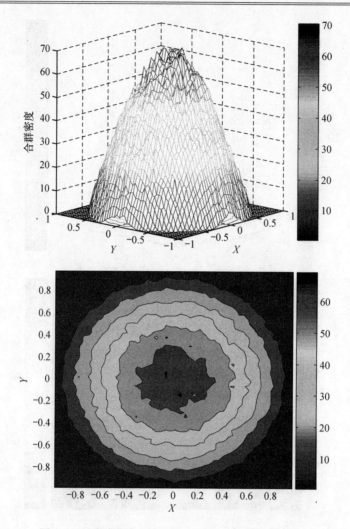

图 6-14　圆形区域 RWP 合群度分析（仿真统计结果）

6.4　一种基于特征电荷向量的随机合群运动模型

6.4.1　真实的合群特性

根据上述运动模型综述和 RWP 模型的合群特性分析，真实的移动通信网络场景中，必定存在着移动台的合群运动特性。但无论是综述中提及的现有合群运动模型，还是多节点 RWP 模型体现出的天然合群特性，都没有真实地拟合现实中的合群运动。具体表现为现有合群运动模型都是强制固定合群组的构成和形态，虽然部分模型增加了一些随机因素的扰动，但始终都没有一种成员加入、退出的过程,而且移动台也只能从属于一个组,这显然不符合现实生活中的情况。如学生可能和自己的同学"组成一组"去教室上课,而在另一时间,他可能与其好友"组成一组"去食堂进餐等,因此不能将其固定在某一组中。对于 RWP 模型表现出的合群特性,仅仅证明了合群的客观存在性,可以描述区域的合群密度特性,但没有考虑移动台间的关系,视它们为相互独立,而且合群也没有持续性,显然更不能称其为一种真实的合群模型。

本节提出一种面向真实运动的随机合群运动模型,希望描述移动台运动的以下特性。

(1) 个体运动的随机特性:类似 RPGM 及其衍生模型,本章提出的合群运动模型也需要考虑从属于某合群组的个体移动台相对合群的运动存在一些随机的扰动,扰动可以采用随机位移向量迭加到群组位移向量上生成,该设计用于体现个体在合群运动过程中,仍然可以因一些外界因素或个性因素,做一些随机微动。

(2) 个性化活动区域特性:每个移动台的运动都是有目的性的,其运动的目标通常是自己个性化活动区域的表现,因此像 RWP 模型那样在全区域随机选择运动目标也不合适,模型设计需要对不同个性或类别的移动台个体或群组规定不同的频繁活动区域。

(3) 移动的合群倾向特性:考虑生活中的合群情况,多发生在用户从一种活动转向另一活动的过程中,如上班下班。在这些移动过程中,移动台倾向于合群运动,如乘公共汽车、地铁或结伴而行等,模型设计也需要考虑这些因素特性。

根据以上需要考虑的运动特性,设计的移动模型应能描述以下过程。

(1) 选择群组过程:处于游离状态的移动台根据其个性化活动的特点,选择适当的群组加入。

(2) 进入群组过程:移动台根据群组选择的结果,加入跟它相邻的群组,移动台了解它要加入的群组的运动趋势,通过预判或追逐,向群组运动,加入群组,如乘客搭乘公共汽车。

(3) 退出群组过程:移动台随群组运动一段时间后,会主动退出,退出过程相对简单,群组继续沿其预定路线运动,移动台返回游离状态并可以加入新的群组。

(4) 游离运动过程:移动台不属于任何群组,独立随机运动,处于游离状态下的节点可以在适当的条件下加入群组。

6.4.2 模型描述

基于上述真实合群特性和运动过程的需求分析,借鉴物理粒子描述运动(Helbing,2001),提出一种基于电荷向量的合群随机运动模型。模型描述如下:

用一种粒子的运动过程仿真移动台的运动过程。设仿真区域为 $\mathscr{A}$,$\mathscr{A}$ 中包含两种带电粒子:

特征电荷粒子 Q：特征电荷粒子表示一种合群特性，它并不对应于任何实体设备。特征电荷粒子根据其代表的群，按照一定规律运动。具有相同电荷的粒子会被其吸引从而随其一起运动。

普通电荷粒子 q：普通电荷粒子对应于仿真中的一个移动台，粒子带有向量电荷，所谓向量电荷是指多种电荷构成的向量，它会被相应的特征电荷吸引，附着于特征电荷上运动。这里，该模型中借鉴了电荷的概念，用其来描述"吸引"和"随行"的过程。需要说明的是，与物理粒子电荷的定义不同，电荷不只是"正"、"负"两种。模型中的电荷是一个向量，向量的各个分量表示某种电荷的电量，不同种类的电荷是没有作用力的。特征电荷只能带一种电荷，即电荷向量中只有一个分量不为 0。

设仿真场景中有 n 种合群特性，则 $Q, q \in \mathbf{R}^{n+}$。其中，$q = (q_1 \quad q_2 \quad \cdots \quad q_n)^{\mathrm{T}}$，$Q = Qe_k$，$e_k$ 为 $\mathbf{R}^{n+}$ 中的单位基向量，即 $e_k = (\underbrace{0 \cdots 0}_{k-1} \quad 1 \quad \underbrace{0 \cdots 0}_{n-k})^{\mathrm{T}}$。

特征电荷粒子作为某种合群特性的代表，其运动规则服从预先定义的随机旅程模型；

普通电荷粒子对应于移动台，其运动过程存在三种状态：

游离状态：此状态下粒子 q 各自独立运动，运动规则服从预先定义的独立运动规则；

吸附状态：此状态下粒子 q 被某特征电荷粒子 Q 吸引，q 向 Q 运动，运动规则服从追踪运动规则；

随行状态：此状态下粒子 q 附着于 Q，随 Q 共同运动，运动规则为所附特征电荷 Q 和一随机扰动的向量之和。

普通粒子运动状态的转换如图 6-15 所示，初始状态下，粒子处于游离状态，按照独立运动规则运动，同时计算自己受到的电场引力

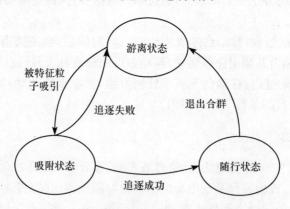

图 6-15　普通粒子运动状态的转换图

$$F_i(d_i) = \begin{cases} 0, & d_{\max} \leqslant d_i \\ \beta \dfrac{\langle Q_i, q \rangle}{d_i^{\alpha}}, & d_{\min} \leqslant d_i \leqslant d_{\max} \\ F(d_{\min}), & d_i \leqslant d_{\min} \end{cases} \tag{6-36}$$

式中，$\alpha, \beta \in \mathbf{R}$，为用于调节力场大小的常数；$\langle Q_i, q \rangle$ 表示普通粒子与第 i 个特征粒子电荷向量的内积，即对应元素乘积之和，也可表示为 $Q_i q^T$；d_i 表示两粒子之间的距离，考虑到 d_i 趋于 0 时 F 趋于无穷大，d_i 过大时 F 趋于 0 可忽略，因此定义有效距离范围为 $[d_{\min}, d_{\max}]$，此范围外 F 为常数。

设仿真区域中存在 M 个特征粒子，定义某引力阈值 F_{Thr}，若 $F_i \geqslant F_{\mathrm{Thr}}$，则 q 将根据特征粒子 Q_i 的位置、其自身位置、Q_i 的运动速度及其自身的最大速度，判断它能否追上 Q_i。记满足上述条件 i 的集合为 I，记 $F_{\max} = \max\{F_i : i \in I\}$，$i_m = \{i | F_i = F_{\max}\}$。若 i_m 存在，或 $I \neq \Phi$，则 q 状态转为吸附状态，开始追踪 Q_{i_m} 的运动。

由于经过了运动预判，通常情况下 q 一定可以追上 Q_{i_m}，除非 Q_{i_m} 改变了运动规律，如改变了速率或方向。若出现异常，q 处于吸附状态的时间 t 大于其预判的追上 Q_{i_m} 的时间 t_{catch} 加上一个容忍度 δ 时，则认为追踪失败，q 返回游离状态；正常情况下，当两粒子间的距离小于等于某设定的阈值 d_{Thr} 时，$d(Q_{i_m}, q) \leqslant d_{\mathrm{Thr}}$，则认为吸附成功，$q$ 转为随行状态。

随行状态下，q 的位移由两部分组成：随行的特征粒子位移向量 V_Q 和自身的随机扰动位移向量 V_{ran}。随行过程中，规定 q 所带的电荷按照一定规律衰减，并定时判断引力 F_{i_m} 是否仍然满足 $F_{i_m} \geqslant F_{\mathrm{Thr}}$。若条件不再满足，则 q 返回游离状态，所带电荷在一段时间后也恢复到初始值。

需要说明的是，本章所提出的基于电荷向量的随机合群运动模型借用了一些粒子物理中的概念，如引力、电荷等，但并没有使用如牛顿定律这样的力学或运动学方程计算粒子的速度、加速度等物理量。这是因为用这些方程描述移动台的运动并不合适，例如若根据式(6-36)计算引力，再根据牛顿定律计算加速度、速度、位移等，得到的结果可能会是普通粒子以较大的半径围绕特征粒子做圆周运动，这显然不是真实的合群运动的表现。从直观上考虑，移动台的运动多数情况下是匀速的，只是不同时段选取的速度不同，而使用牛顿定律，粒子互相吸引，多为加速运动，这也不合适。该模型期望借用带电粒子相互吸引的特性描述移动台合群的倾向，并不意味着完全搬用物理粒子运动的规律和定理。

6.4.3　运动规则定义

1. 特征粒子运动规则

特征粒子代表一种合群运动特性，运动规则使用随机旅程模型（Random Trip

Model,RTM)。随机旅程模型是一种一般通用模型,在特定规则下,它可能等同于
RWP 模型。RTM 模型运动规则如下:

设仿真区域 $\mathscr{A}$ 为一全连通区域。设 P 为 $\mathscr{A}$ 内的一组路径的集合,路径定义根
据具体情况而定。每条路径定义为一个[0,1]到 $\mathscr{A}$ 的映射。具体来说,例如对一
个城市交通网,路径集合 P 表示连接任意两个十字路口的最短时间路径的集合。
每次旅程包括一条路径和一段旅行时间,等价于路径及路径上的运动速度。特征
粒子根据预先定义的规则选择路径,显然路径选择规则必须满足前一路径的终点
等于下一路径的起点。旅程中假设运动是匀速的,速度受路径特性和节点特性的
共同影响,在某特定范围[$v_{\min}$,$v_{\max}$]($v_{\min} > 0$)内选取。

根据特征粒子的现实意义,它代表一种运动个性,因此它的活动区域不必为整
个仿真区域 $\mathscr{A}$。设某种特征粒子 Q_i 的活动区域为 $\mathscr{A}_i$,$\mathscr{A}_i \subset \mathscr{A}$。设旅程结束时间
$T_0 = 0 < T_1 < T_2 < \cdots$,记 $S_n = T_{n+1} - T_n$ 为第 n 个旅程经历的时间。在旅程状态变
更时刻 T_n,粒子选择路径 $P_n \in P$:$[0,1] \to \mathscr{A}$ 作为第 n 个旅程的路径。粒子在时刻
t 的位置即可表示为

$$X(t) = P_n\left(\frac{t - T_n}{S_n}\right), \quad T_n \leqslant t \leqslant T_{n+1} \tag{6-37}$$

粒子在一段旅程的起点 $X(T_n) = P_n(0)$,在旅程的终点 $X(T_{n+1}) = P_n(1)$。由
于粒子不能瞬间移动,所以对于所有 n,映射 P_n 必须满足 $P_n(1) = P_{n+1}(0)$。

2. 普通粒子独立运动规则

普通粒子独立运动为普通粒子处于游离状态时的运动。规定此状态下普通粒
子在小范围内按 RWP 模型运动,运动速率 v 服从[$v_{\min}$,$v_{\max}$]的均匀分布,$v_{\min} > 0$。
每次到达路点后,停滞时间 t_{pause} 服从[t_{pmin},t_{pmax}]的均匀分布。

3. 普通粒子追踪运动规则

普通粒子被特征粒子吸引,进入吸附状态,进行追踪运动。追踪过程如图 6-16
所示。

如图 6-16 所示,当普通粒子 q 受到某特征粒子 Q_i 吸引,且满足 $F(d_i) > F_{\text{Thr}}$
时,粒子 q 将判断其能否追上该特征粒子。设特征粒子的运动速率为 v_Q,运动方
向与两粒子的连线夹角为 α,普通粒子游离状态下最大运动速率为 $v_{\max}$。由正弦定
理,若普通粒子 q 追上 Q_i,则有

$$\frac{\sin\beta}{\sin\alpha} = \frac{v_Q}{v_{\max}} \tag{6-38}$$

若方程有解,则 $\sin\beta = \dfrac{v_Q}{v_{\max}}\sin\alpha \leqslant 1$,即只有当 α 足够小且 $v_{\max}$ 足够大时,q 以与

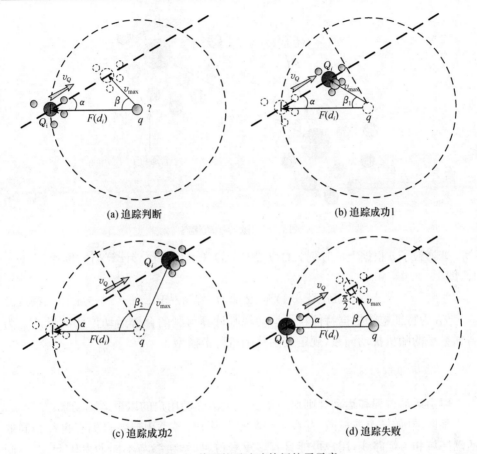

(a) 追踪判断　　　　　　　　　　　　　　(b) 追踪成功1

(c) 追踪成功2　　　　　　　　　　　　　　(d) 追踪失败

图 6-16　普通粒子追踪特征粒子示意

两粒子连线方向成 β 角的运动方向追踪,则可能与特征粒子相遇。若 $\sin\beta<1$,则 β 可能存在两解 $0<\beta_1<\dfrac{\pi}{2}<\beta_2<\pi$,且 $\beta_1+\beta_2=\pi$,如图 6-16(b)和图 6-16(c)所示。显然锐角 β_1 为满足条件的解,钝角 β_2 为满足条件的解还需满足 $\beta_2+\alpha<\pi$。

若 $\dfrac{v_Q}{v_{\max}}\sin\alpha>1$,说明普通粒子即使以最大速度,沿最佳线路追逐特征粒子也无法赶上,如图 6-16(d)所示。此情况下,普通粒子 q 不满足状态转换条件,根据预判,它不会去追踪 Q_i,将保持游离状态或判断是否存在其他可能加入的特征粒子。

4. 普通粒子随行运动规则

普通粒子进入随行状态,跟随特征粒子运动,运动规则类似 RPGM 模型,如图 6-17 所示。

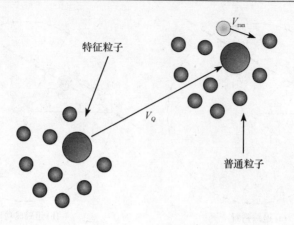

图 6-17　随行运动状态

普通粒子 q 根据上一时刻 t 的位置 $\mathrm{Pos}(t)$ 和两部分位移计算当前位置 $\mathrm{Pos}(t+1)$，即

$$\mathrm{Pos}(t+1) = \mathrm{Pos}(t) + V_Q + V_{\mathrm{ran}} \tag{6-39}$$

V_Q 为特征粒子根据特征粒子运动规则计算得到的合群运动位移向量，V_{ran} 为普通粒子的随机扰动向量，规定其服从随机游走模型。

5. 运动规则现实意义

以上运动过程和运动规则对应于现实生活移动用户的以下运动场景：

某区域（如城市或校园）存在不同类型的用户，各类用户各自拥有自己相同的活动区域和习惯路线；用户可能具有多重身份，如学生参与不同的俱乐部；在不同的活动区间运动时，用户倾向合群成组运动，如在去往共同的目的地时乘公共汽车或地铁；在独立活动时，用户的活动类型往往是小范围的随机游动，如在超市或商场内购物。

因此，仿真区域 $\mathscr{A}$ 对应于整个运动模型的考察区域；特征粒子 Q 对应于某种逻辑的共性运动；$\mathscr{A}_i$ 对应于某类用户的活动区域；P 对应于这类用户的习惯活动路线；普通粒子 q 对应于移动用户，每个电荷分量 q_i 表示其具有的第 i 类特性的权重。用以上模型即可描述一种既有合群，又有独立运动特征，同时有着自主根据特性凝聚的合群运动。

6.4.4　仿真与结果分析

1. 场景

考察一个 100 个移动台在 $6\mathrm{km} \times 6\mathrm{km}$ 区域 $\mathscr{A}$ 的运动。道路分布和速度限制如图 6-18 所示。

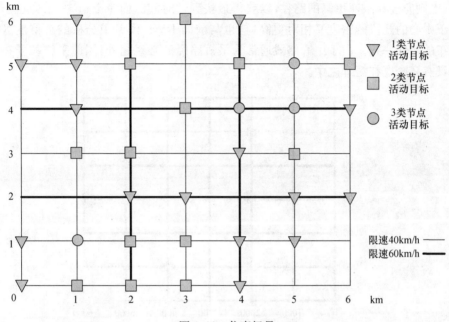

图 6-18　仿真场景

设存在 3 种特征粒子,每种 5 个,其各自活动区域也如图 6-18 规定。100 个移动台对应于 100 个普通粒子,其电荷向量各分量服从如下均匀分布:

$$f(q_1,q_2,q_3) = \begin{cases} w_1w_2w_3/6, & \sum_{i=1}^{3} \dfrac{q_i}{w_i} = 1 \\ 0, & \text{其他} \end{cases} \qquad (6\text{-}40)$$

式中,w_1、w_2、w_3 为调节各特性所占比例的权重。在游离状态下,普通粒子在其所在的街区作 RWP 运动,运动速率范围为步行速率[2km/h,5km/h],到达路点后的暂停时间在[0,2min]内服从均匀分布。特征粒子的运动路径为其活动区域的路口点两两依最短路径算法相连的连通图。运动速率范围为机动速率[20km/h,60km/h],同时受限于道路限速。普通粒子在随行运动过程中,每经过活动区,生成一个[0,1]间的随机数,将其和 p 比较,如果小于 p,则脱离特征粒子,转为游离状态

$$p = \frac{1}{2E(N) - N_i} \qquad (6\text{-}41)$$

式中,N_i 为普通粒子当前所随行的特征粒子的路口点个数;$E(N)$ 为粒子平均每次随行运动(长途运动)经过路口点的个数。

2. 仿真结果

图 6-19 展示了特征粒子运动轨迹的采样图。从图中可以明显看出,处于高速主干道上的采样点明显多于其他非主干道。显然,这是由于特征粒子在选路过程

中,更倾向选择限速更高的路径,以获得最快到达时间。而主干道中,采样粒子在处于中心的几段的密度又相对更高,这也与前面 RWP 模型中分析的合群度区域分布的特性一致。由于中心路段通常为最短路径的必经之处,因此采样粒子在此处具有高密度在情理之中。

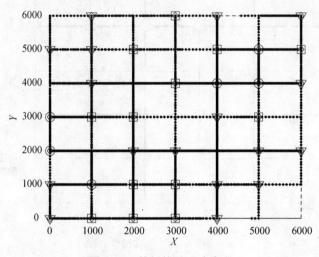

图 6-19　特征粒子运动踪迹

与特征粒子的采样结果一致,所有普通粒子运动的合群度分布也呈现向中间主干道集中的趋势,如图 6-20 所示。但由于普通粒子的运动由三种运动组成,追踪运动和随行运动会造成道路附近的合群度提高,而游离状态下粒子处于随着游走状态,因此,在各街区内,合群度基本呈现出一种均匀分布。

图 6-21 给出了所有普通粒子处于不同类特征粒子的合群状态的总时间比例,它与用户电量的分布基本一致。由此可以说明,本模型下电量的分布可以部分反应特定用户群的比例,即某类用户的人数越多,运动共性越鲜明,则此类用户合群的可能性也越大。

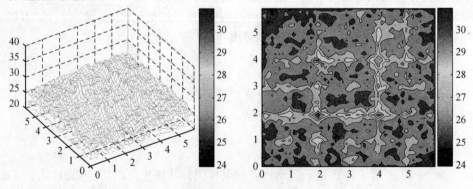

图 6-20　普通粒子合群分布

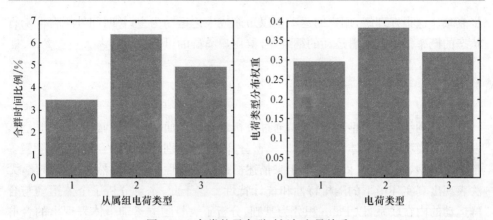

图 6-21　各类粒子合群时间与电量关系

　　最后图 6-22 进一步给出了普通粒子处于随行状态的时间，即合群时间。从图中可以看出，合群时间在一段时间内基本是均匀分布，而随着时间增长，在后期逐

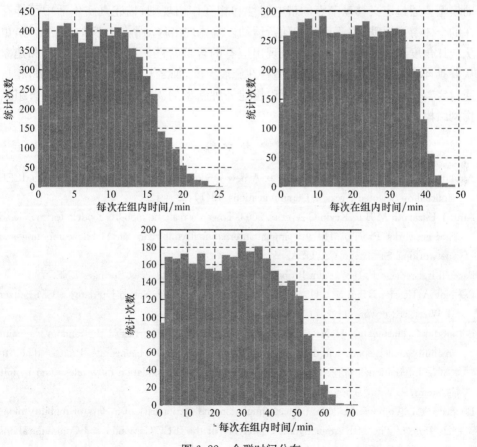

图 6-22　合群时间分布

步衰减。这很好理解,用户的运动多以短途或中途运动为主,长时间处于合群随行状态的概率很小。随着运动的继续,合群用户离群的可能性也越大。

6.5　本章小结

　　本章围绕运动模型展开讨论,通过分析现有移动通信研究中常用的运动模型,发现现有模型都将个体和合群运动模型分开讨论,特别是现有的合群运动模型,多是个案模型,通过定义固定的群组来描述群体移动特性。这样显然过于机械化,无法表现出真实环境下的随机特性和统计特性。鉴于此,本章分析了个体运动与合群运动的内在联系,以 Palm 积分为基础,分析了大量独立运动个体表现出的合群特性,证明了合群特性存在的客观性,得到了移动个体即使在无意识、独立运动的情况下,也可能与周围节点共同表现出统计合群特性的结论。

　　基于移动个体汇集的这种现象,本章进而提出了一种基于向量电荷的随机运动模型。通过定义移动节点的带电属性和相互作用规则,描述真实生活中可能存在的个体游离运动、追逐运动和随行运动。既体现出移动个体自身的独立特性,也从统计角度和局部时间、空间上表现出应有的合群特性。运动模型的分析和建立从背景环境上证明了合群网络模型存在施展空间,加之其已论证的效能优势,相信通过完善相应的管理策略,必定可以构建一种新型的支持移动合群特性的自组结构网络模型。

参 考 文 献

Akyildiz I F, Yi B L, Wei R L, et al. 2000. A new random walk model for PCS networks. IEEE Journal on Selected Areas in Communications, 18(7):1254-1260.

Amit J, Elizabeth M B R, Kevin C A, et al. 2003. Towards realistic mobility models for mobile ad hoc networks. Proc. of The 9th annual international conference on Mobile computing and networking. San Diego, CA, USA.

Baccelli F, Bremaud P. 1987. Palm Probabilities and Stationary Queues. Springer LNS.

Bar Noy A, Kessler I, Sidi M. 1995. Mobile Users: To Update or Not to Up-date? ACM-Baltzer J. Wireless Networks, 1(2):175-186.

Bettstetter C, Hartenstein H, Xavier P, et al. 2002. Stochastic properties of the random waypoint mobility model: epoch length, direction distribution, and cell change rate. Proc. of The 5th ACM international workshop on Modeling analysis and simulation of wireless and mobile systems. Atlanta, Georgia, USA.

Boudec J Y L, Vojnovic M. 2005. Perfect simulation and stationarity of a class of mobility models. Proc. of The 24th Annual Joint Conference of the IEEE Computer and Communications Societies, INFOCOM'05. 4:2743-2754.

Camp T, Boleng J, Davies V. 2002. A survey of mobility models for ad hoc network research. Wireless Communications and Mobile Computing, 2(5):483-502.

Helbing D. 2001. Traffic and related self-driven many-particle systems. Reviews of Modern Physics, 73(4):1067.

Hong X, Gerla M, Pei G, et al. 1999. A group mobility model for ad hoc wireless networks. Proc. of The ACM International Workshop on Modeling and Simulation of Wireless and Mobile Systems, MSWiM'99.

Lam D, Cox D, Widom J. 1997. Teletraffic modeling for personal communi-cations services. IEEE Communications Magazine, 35(2):79-87.

Navidi W, Camp T. 2004. Stationary distributions for the random waypoint mobility model. IEEE Transactions on Mobile Computing, 3(1):99-108.

Rudin W. 1987. Real and Complex Analysis. NewYork:McGraw-Hill Series in Mathematics.

Sanchez M, Manzoni P. 2001. Anejos:A java based simulator for ad-hoc net-works. Future Generation Computer Systems, 17(5):573-583.

Schenider D L. 1981. 随机点过程. 梁之舜, 邓永录译. 北京:人民教育出版社.

Scourias J, Kunz T. 1999. Activity-based mobility modeling:realistic evaluation of location management schemes for cellular networks. Proc. of IEEE Wireless Communications and Networking Conference, WCNC'99. 1:296-300.

第7章　合群网络模型

7.1　合群网络结构定义

网络结构模型是无线移动通信系统构建的基础,也是下一代无线移动通信网中研究的关键问题之一。基于寻求一种支持合群移动特性的高效自组结构网络的思路,研究工作从网络模型的建立入手。建立合群网络模型的基本思路是利用移动用户的汇聚合群特性,将一组移动台组织成合群组,通过动态调整网络粒度,提高网络通信与维护效率。

图 7-1 为一个蜂窝覆盖下的合群网络示意图。与传统的蜂窝移动通信方式不同,移动台之间可以对等通信,根据合群特性,自组形成浮于蜂窝覆盖上的动态合群运动网络(图中白色椭圆覆盖)。

图 7-1　混合接入网络合群通信场景示意

合群内的节点可以通过多跳接入基站,对于没有合群成组的移动站点,处理方式仍然与现有移动网络中的通信方式一样。合群网络模型将带来网络性能的优化和管理效率的提升,网络吞吐容量和节点能量开销会因为利用了物理空间上的优化重组而分别有所提高和节省,同时移动台与网络间的数据传输也可以通过数据融合来提高效率。

本章将首先讨论该网络模型的设计框架,相对于传统的蜂窝网结构,合群网络模型需要另一种通信方式,用于建立和维护合群组的组织形式,混合网络将成为这种新的通信方式集于传统蜂窝结构网络的模型基础。考虑到未来移动终端及无线接入设备应具有的多无线通信能力,在网络实体上,可通过多无线方式实现不同组织形式的混合网络。利用多种无线接入技术,可以使用更多频率资源,从理论上扩充了网络节点的通信能力。但同时相应的也带来了不同技术间协调,资源管理、切换等具体问题。通过多无线实现混合网络,在模型结构、网络拓扑、协议层次、功能实体、接口及通信方式选择上都需要进一步定义和设计。针对合群特性,网络模型还需考虑移动性管理模块,以支持合群子网的组织形式。本章围绕支持合群的混合网络,对上述内容分别进行讨论,提出模型设计原型,并给出备选的通信方式和合群通信的示意过程。

从下一代无线移动通信网的发展趋势看,异构是必然趋势。异构有两个层面,一是不同组织结构的融合(Gavrilovska,2005),二是多种无线技术的集成(Sachs,2004)。提出的合群网络模型希望利用移动用户的汇聚合群特性,将一组移动台组织成合群组,提高网络通信与维护效率。相对于传统的蜂窝网结构,合群组的维护需要网络具备自组通信能力,不同组织结构融合的混合网络正反映了合群网络模型在结构上的这种需求。

传统的移动蜂窝网络是有基础设施无线网络(Infrastructure Based Wireless Network)的代表,这类网络的特点是移动台之间不能直接对等通信,必须通过接入架设的基础设施(如基站),包括有线网络来进行通信。其优点是技术成熟,能保证 QoS,易于管理,其缺点是对基础设施依赖性强,对 Burst-Traffic 类的数据业务效率低,移动性管理需要大量开销。与有基础设施无线网络对应的是以 Ad Hoc 网络为代表的无基础设施网络(Infrastructureless Wireless Network)。这类网络的特点是移动终端间能对等通信,无需基础设施,因此拓扑及组网方式灵活,加上链路层多采用日趋成熟的 WLAN 技术,使得这类网络在传输数据业务时效率更高,广泛应用在军事、勘探、救灾等特殊领域。但其缺点也十分明显,由于采用竞争的分布式随机接入方式,QoS 保证困难,空间复用的网络拓扑带来的公平性、流量本地化等问题用现有技术都不能完美解决。自组织网络的拓扑维护、节点管理、路由算法,特别是在高移动性情况下,都是待研究的问题。

移动蜂窝网络与 Ad Hoc 网络的各自特点和优势互补性,使人们想到设计一种结合二者优势的混合网络(Hybrid Network)。通常混合网络是不同组织形式并存的网络,如有基础设施无线网络与 Ad Hoc 网络的混合网络,而异构网络(Heterogeneous Network)多指不同技术、标准、结构的网络系统,如 GSM 与无线 Internet。

7.2　合群网络相关研究综述

在合群网络思想的指引下,多跳蜂窝网的概念及与之相关的一系列研究在近些年出现。

7.2.1　ODMA

ODMA(Opportunity Driven Multiple Access)是在第三代移动通信系统中引入自组织网的一种尝试。它是 3GPP TR25.924 提出的在 UTRA TDD 模式中支持移动终端中继的一种方式。早在 1996 年,ETSI 的 SMG2 上就提出了 ODMA 的概念。1999 年 12 月发表的 3GPP TR25.924(version 1.0.0)中指出:"一般而言,在一个理想的通信系统中,在满足业务需求的条件下,应当使用恰好能够克服路径损耗的最小功率。在无线通信系统中,往往存在许多用户,可以有这样一种机会(可遇不可求)模式,许多节点之间可以相互中继转发信息。"实践已证明:从节省功率的角度出发,最有效的无线通信方式是将一个较长的通信路径传输分为一系列若干个较短的通信路径传输。然而,寻找一种低时延的有效的路由转发数据的方法(这与自组网的路由协议方案有关)并不容易。ODMA 就是为解决这个问题而设计的中继协议。

ODMA 系统将空间区域分成无覆盖区、低速率覆盖区和高速率覆盖区(如图 7-2 所示)。ODMA 模式只考虑在小区覆盖区内的 ODMA 终端中继问题,在这

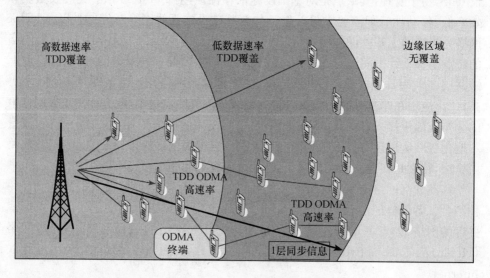

图 7-2　ODMA 网络结构示意

种情况下,ODMA 终端都有与基站进行基本通信的能力,例如,接收和发送低速率话音业务,基站的同步信号,注册、认证、呼叫控制、无线资源管理等控制信令。这使得 ODMA 终端同步、注册、认证,接收、发送控制(包括选用的扩频码和时隙,发送功率)甚至中继的路由协议的实现简单易行。

在 3GPP TR25.924(version 1.0.0)中,还简单地论述了邻节点列表探测与维护机制,和移动终端节电的问题;除此之外,仍留下了许多待研究、待明确的问题。该协议文本是最终版本,已被宣布撤销。

7.2.2　MCN

Lin Ying-Dar 等最早在文献(Lin,2000)中提出了多跳蜂窝网的结构,作者在该文中定义移动台具有对等通信能力,可以通过多跳接入蜂窝基站,或者通过多跳对等通信。在该定义的基础上,作者认为在多跳蜂窝网中蜂窝可以不用完全覆盖,阴影区可以通过移动台对等通信转发来接入网络或与其他移动台通信。根据这一思路,作者定义了两种结构,分别是 MCN-p 和 MCN-b,通过分析和仿真,作者给出了两种结构的吞吐性能,并证明了两种结构在归一情况下是等价的。但该文对多跳蜂窝网中的一些问题,如路由、链路健壮性等问题没有进行分析,而且没有发现该作者发表后续研究工作的相关文章。Lin Ying-Dar 等提出的多跳蜂窝网虽然有很多不足,但其意义在于提出了多跳蜂窝网的概念,开辟了一条新的思路。

在文献(Lin,2000)的基础上,文献(Hui,2003)研究了一种层次结构的混合网络,该网络定义有两种移动终端,一种为普通终端节点 MN,一种为具备中继能力的特殊终端节点 HMN。普通节点 MN 只能与基站和 HMN 通信,而 HMN 之间还能对等通信。作者定义 HMN 具有低移动性以简化系统,重点分析了网络的路由及覆盖问题。

7.2.3　iCAR

文献(Chunming,2000)围绕一种名为 iCAR 的系统作了深入的研究。iCAR 为 Integrated Cellular and Ad Hoc Relaying Systems 的缩写,相对文献(Lin,2000),iCAR 的研究工作更为具体。iCAR 系统中同样定义移动台具备两种通信能力,但与文献(Lin,2000)不同,iCAR 系统中的移动台不能对等通信,而是通过系统中的一些特殊的中继节点,作者称为 ARS (Ad Hoc Relaying Station),来转发通信。通过 ARS 的中继转发,iCAR 系统可以使移动蜂窝网达到完美的负载均衡。围绕这个思路,作者分别研究了 iCAR 系统的结构(Hongyi,2001)、性能分析(Yanmaz,2003)、节点数目对系统的影响(Yanmaz,2002)、中继站 ARS 的放置问题和覆盖比例及相关协议和信令(Hongyi,2003)。iCAR 可以说是第一个相对完整的混合网络系统,但由于该系统定义了太多约束和要求,而且只是解决了热区的负载均衡问题,因此在实用方面具有很多局限性。

7.2.4 Sphinx

Sphinx(狮身人面像)是美国乔治亚理工学院开展的一个研究项目(Hung-yun,2002)。主要研究面向下一代无线通信系统的新的网络模型——混合网络模型,A Hybrid Network Model for Next Generation Wireless System,即在蜂窝网模型中引入对等(peer-to-peer)网络模型(自组网)。

他们首先通过在 ns-2 平台上的仿真,对传统的蜂窝网模型和多跳的 Ad Hoc 网络模型的性能进行了对比研究。得出的结论:与蜂窝网相比,peer-to-peer 网络模型功率损耗低,空间重用性高;但 peer-to-peer 网络模型的网络吞吐要小于蜂窝网,单位功率的网络吞吐也小于蜂窝网,网络吞吐易受节点移动性的影响而下降,各业务流的公平性要较蜂窝网差。另外,他们还分析了高空间重用性无法转化为高吞吐的原因:①peer-to-peer 网络模型的多跳性质损失了一部分高空间复用性的好处;②基站的瓶颈效应,仿真环境中假设所有的数据流都要从基站流出流进;③peer-to-peer 网络模型中的分布式 MAC 协议(IEEE 802.11 DCF)、路由协议(DSR)、传输层协议(TCP)的低效率。

对此,文献(Hung-yun,2002)提出了 3 种改进方式。

基站辅助调度:基站作为控制中心,负责各流量的路由计算及每个节点的分组调度;

混合站点:网络中的某些站点具备双重通信能力,一方面是标准终端,一方面具有网关能力,提供有线接入;

双模式:对每一个业务流结合使用蜂窝模式和 P2P 模式,初始状态使用 P2P 模式,当由于饥饿吞吐下降时,转为蜂窝模式。

7.2.5 A-GSM

A-GSM 是英国萨里大学通信系统研究中心的 Neonakis 等于 2001 年发表的一篇名为《下一代 GSM 蜂窝网中继能力研究》的论文中提出的(Neonakis,2001)。该论文是由英国 Lucent 资助的一个项目的研究成果。A-GSM 网络结构示意如图 7-3 所示。

作者认为,在 GSM 的蜂窝覆盖中总会存在一些地方不能提供服务,即死区。死区可能存在于地铁站、室内、地下室等。A-GSM 试图通过移动终端中继来解决死区问题。A-GSM 的设计理念是尽可能少地改动现有的 GSM 系统。A-GSM 采用两个空中接口:GSM 空中接口和无线多跳空中接口。其基本思想与 ODMA 类似。

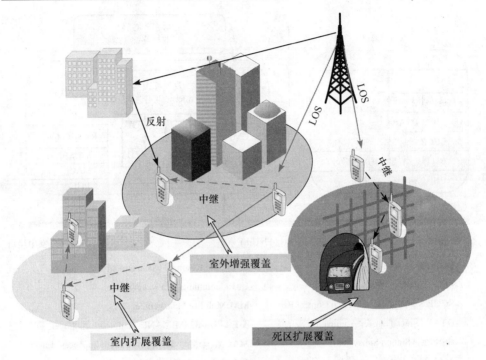

反射

LOS

LOS

中继

中继

中继

室外增强覆盖

室内扩展覆盖

死区扩展覆盖

图 7-3　A-GSM 网络结构示意

论文还简要阐述了 A-GSM 协议,重点介绍了独特的 Beacon 子层和封装子层,图 7-4 为该文章提出的双模终端协议栈。但是,对 A-GSM 物理层、MAC、路由如何设计没有明确说明。

7.2.6　其他研究及总结

为提高移动无线通信的带宽,下一代移动网络除了在无线物理层做了很多改进以外,也试图通过在结构上寻求突破,以获得更高的频率复用。采用多跳蜂窝方式在一定程度上可以带来更高的频谱利用或蜂窝边缘更高的数据通信速率、更大的用户容量等优势。前面介绍的相关研究是这类研究的一些典型代表。

以提高传统蜂窝网吞吐为目标的研究包括 MCN(Multi-hop Cellular Network),iCAR(Integrated Cellular and Ad Hoc Relaying System),HWN(Hybrid Wireless Network),SOPRANO(Self-Organizing Packet Radio Networks with Overlay)(Zadeh,2002)及 MuPAC(Multi-Power Architecture for Cellular Networks)(Kumar,2005)。

以上述提高吞吐的方案为基础,TWiLL(Throughput Enhanced Wireless in Local Loop)直接针对实时业务流进行优化(Manoj,2003)。文献(Kumar,2005;Ananthapadmanabha,2001)也分别对 MCN 和 MuPAC 进行扩展,使其支持实时

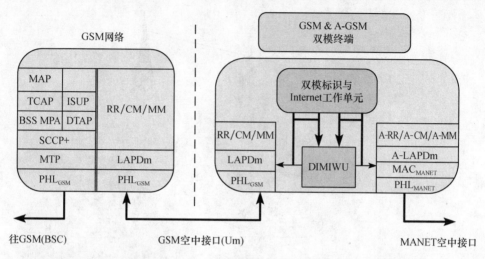

- **PHL:**Physical Layer
- **MTP:**Message Transfer Part
- **SCCP:**Signalling Connection Control Part
- **DTAP:**Direct Transfer Application Part
- **BSS:**Base Station Subsystem
- **MAP:**Mobile Application Part
- **LAPDm:**Link Access Protocol for the D
- **DIMIWU:**InterWorking Function

- **RR:**Radio Resource Management
- **CM:**Communication Management
- **MM:**Mobility Management
- **A-LAPDm:**GSM-MANE Ttailored Link Layer
- **MAC$_{MANET}$:**MANET specific Medium Access Layer
- **A-CM:**A-GSM Communication Management
- **A-MM:**A-GSM Mobility Management channel
- **A-RR:**A-GSM Radio Resource Management

图 7-4　A-GSM 协议设计

流。这些吞吐性能的提升从根本上都是通过 Ad Hoc 网络特性实现的。众所周知，由于可以减少接收节点的干扰，通过多跳到达目的站点以减少传输功率是一种提高网络吞吐、提供高速数据传输的有效方法。虽然这些混合结构仍然处于研究阶段，没有被具体应用，但是可以确信的是，它们将为下一代无线通信系统做出贡献，也有可能成为下一代无线通信系统的候选(Frodigh,2001)。3GPP 也将 ODMA 作为一种多跳方案的尝试，写入了标准草案中。虽然由于信令开销大及系统较复杂等原因，该草案已终止了更新，但并不意味着混合网络的终结。当技术成熟，或是在某些特殊的场合、特殊的应用中使用时，混合网络结构将会体现出它独有的优势。此外，还有一些研究以减少干扰、扩展覆盖范围、提高可靠性、增加用户容量等为目的，这类研究包括MADF(Mobile Assisted Data Forwarding)(Wu,2000)，A-GSM(Ad Hoc-GSM)(Neonakis,2001)，DWiLL (Directional Throughput-Enhanced Wireless in Local Loop) (Manoj,2003)及 UCAN(Unified Cellular and Ad Hoc Network)(Luo,2003)。

　　图 7-5 总结了混合网络结构的分类和相关研究的情况。总体上，混合网络结构的研究分为"独立专用中继系统"和"主机兼备中继系统"两种。前者需要专门的

中继完成信息的转发工作,而对于后者,移动台本身即可完成中继功能。对于这两种系统,又都可细分为单模终端和多模终端两种。根据移动台的特性和研究的侧重点,还可以分为高移动性系统和有限移动性系统。以上研究由于应用背景、研究目标有所不同,对其各自关注的参数更为重视,因此无法简单的横向比较其好坏优劣。表 7-1 比较了上述混合网络结构研究的特点。

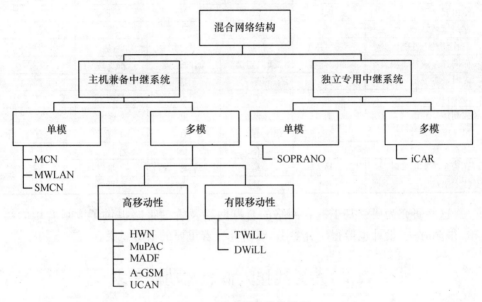

图 7-5　混合网络结构分类

表 7-1　混合网络结构研究比较

混合网络 功能性能指标	MCN	iCAR	HWN	SOPRANO	MuPAC
专用中继	无	有	无	有	无
路由效率	高	高	低	高	高
MH 开销	高	低	高	低	高
路由复杂度	低	低	高	低	低
网络区域划分	否	是	是	否	是
高移动性下性能	低	好	低	好	好
面向连接或基于报文	都支持	面向连接	报文	面向连接	都支持
实时业务支持	是	是	蜂窝模式	是	是
多接口	是	是	是	否	是
控制信令开销	高	低	高	低	高
MH 中继能力	有	无	Ad Hoc 模式	无	有
计费系统改动	是	否	是	否	是
计费系统实现难度	易	易	难	易	易
技术依赖	否	否	否	否	否

混合网络 功能性能指标	TWiLL	A-GSM	DWiLL	MADF	UCAN
专用中继	无	无	无	无	无
路由效率	高	高	高	低	低
MH 开销	低	低	低	低	高
路由复杂度	低	低	低	高	高
网络区域划分	是	是	是	是	是
高移动性下性能	不可用	低	不可用	高	低
面向连接或基于报文	面向连接	面向连接	面向连接	都支持	报文
实时业务支持	是	是	是	是	否
多接口	是	是	否	否	是
控制信令开销	低	低	低	高	高
MH 中继能力	有	有	有	有	有
计费系统改动	是	是	是	是	是
计费系统实现难度	易	易	易	难	易
技术依赖	否	是	否	否	是

这些研究为研究基于混合网络的合群网络及管理策略提供了大量有用的结论,很多方法、设计也值得研究参考,对研究有着重要的借鉴意义。

7.3　多无线接入概念与功能需求

使用多无线网元是构建混合接入网络常见的方案之一,也是下一代移动通信网发展的重要趋势。本节将针对基于多无线的混合接入网络,分析多无线接入的概念,明晰网络功能需求,提出该网络结构下需要解决的关键问题,并给出解决方案或思路。

7.3.1　多无线接口支持能力

1) 需求

目前现有的各种无线接入技术(Radio Access Technology,RAT)拥有其各自的控制和数据处理流程。而且,对于一些特定的服务请求,部分 RAT 还不能提供技术上的支持。它们要实现直接的互操作,必须设计一种通用接口,从更高层面上提供控制信息和数据信息的处理功能。

2) 解决思路

通过多无线资源管理(Multi-Radio Resource Management,MRRM)模块与通用链路层(Generic Link Layer,GLL)定义统一的多无线接口功能,如有需求,可补充 RAT 规范,如增加新 RAT 的性能监测、接纳控制、ARQ、帧头压缩等功能。

7.3.2　多运营 MRRM 支持

1）需求

目前多运营商合作的表现形式主要是国际漫游,合作的目的主要是达到一种非竞争的、在各自市场双赢的状态。其他合作形式还有国内漫游和共享无线接入网络。后者中,资源是共享的,但却没有联合实现资源管理。因此,全面负责分发的合作形式没有优势,需要根据用户的需求提升可用性、可靠性和灵活性。

2）解决思路

通过 MRRM 和 GLL 提供无线资源管理间的互操作支持,合作和协调程度可以根据商业关系、合作双方的互信度、网络状态和流量状况信息共享的意愿等因素,在一个更广的范围中选择。

7.3.3　多无线网络公告

1）需求

现有蜂窝系统是通过"发布通告"通知国际漫游用户的。这种公告方式不具备可升级性,同时也不够灵活。因此,在多无线移动网络下,需要一种新的公告机制。

2）解决思路

通过多无线接入方法,提供网络公告支持,灵活选择最小信息公告或详细信息公告,以通知用户目前存在的可用网络及其服务能力。实施时,可以通过一种面向运营的方式,提供一个协商的切入点。

7.3.4　多无线接入发现

1）需求

异构网络环境的表现是存在多种 RAT 的覆盖。目前,终端通常在一个默认的运营网络中注册一种 RAT 为默认方式,并监测属于这种 RAT 的蜂窝。为减少RAT 的个数,属于其他 RAT 的相邻蜂窝可以通过活动的 RAT 的广播信道发布公告,但这种解决方案在 RAT 数目变化或多运营商合作的情况下,可升级性不佳。

2）解决思路

通过设计多无线接入发现机制,采用高级扫描程序,使终端能够发现其相邻区域内可达、可接入的任何运营商的、任何可用的 RAT 网络。

7.3.5　多无线网络选择与接纳控制

1）需求

目前,各种无线接入方式都使用独立的接纳控制机制以防止拥塞。但是,由于其各自的独立性,不同的无线接入方式间不能实现负载均衡,由此可能出现某种无线接入已经过载,但另外的无线接入资源却大量闲置的状况。

2) 解决思路

设计多无线接纳控制机制,允许不同接入方式间的有效负载管理。这样,接纳控制机制将不会限制接纳或拒绝一个新链路的建立,而是根据各种接入方式的负载情况,允许到达的连接请求改到一个合适的方式下接入。

7.3.6 移动性支持

1) 需求

移动性支持是多无线接入必须解决的关键问题。为满足用户在移动过程中不间断的接受服务的需求,蜂窝网和不同无线接入间的切换是必需的。切换需要所有 RAT 提供一系列机制的支持,根据特定服务需求的需要,可以选择无损或快速切换。

2) 解决思路

多无线接入下,根据不同度量方法,使用多种不同的切换方法,一定情况下,需要 GLL 提供过滤的功能。这些度量通过 MRRM 评估,决定接入选择,同时触发移动性管理模块执行切换。结果是进行切换处理,节点会通过 GLL 内的通用描述到 RAT 规则参数间的映射,重新配置到新的无线接入方式或蜂窝。如果有必要,还会执行到新蜂窝或无线接入方式的交换处理或链路层关系传输,以保证无损或快速切换。

7.3.7 多无线多跳转发能力

1) 需求

现在的多跳网络一般在一些特殊环境下使用,而且只是一种 RAT 的多跳。由于多跳的性能与可用中继的个数有关,理论上使用多种 RAT 构成联合多跳网络的性能将好于使用单一 RAT 的多跳网络的性能。

2) 解决思路

通过定义多跳通信下的多无线机制,将可能突破上述局限性。通过多跳路径通信的终端将可能使用不同的空中接口,这样将有更多的中继路径可以选择,更多的可用无线资源,从而提升多跳通信的性能。

7.4 支持合群管理的多无线混合网络结构模型

基于上述研究分析,下一代无线移动网络的结构趋于更加灵活和多样。混合结构代表了多种技术、不同拓扑结构的优势融合,是未来网络的发展方向。提出的无线移动网中的合群网络模型同样也是一种基于混合接入的网络结构,它通过不同方式协同工作,有效利用移动通信终端物理上的合群特性,将节点组织成组管理;再利用信息融合技术,采用空间复用、冗余信息压缩、组播等方式,达到节省能量、带宽等功效。基于这一设计思路及多无线接入的概念与需求,本节将提出一种基于多无线节点的混合接入网络结构模型,并为合群管理提供网络结构上的支持。

7.4.1　网络拓扑结构

如图 7-1 所示,合群网络模型以多跳蜂窝接入的混合方式为拓扑结构基础。移动台之间可以对等通信,并通过组内的特定节点接入蜂窝基站。合群内的通信不再占用基站频率资源,移动台与网络间的数据传输也可以通过数据融合来提高效率。

为实现上述通信功能,需要网络中通信节点逻辑上具备多无线能力,分别处理与基站的通信和合群组内的对等通信,形象地称这两种通信方式为"垂直通信"和"水平通信"。两种通信方式虽然是协同工作,但是在资源上相互独立。基本处理保留各自结构下的原始工作机制,必要时通过多功能触发机制,决定切换,协同工作。这样可以充分利用不同结构各自的技术优势,同时在设计过程中也利用了现有技术手段,再者为系统设备升级过渡提供了足够的缓冲。

随着无线通信技术的发展,上述两种通信方式可以使用不同无线设备模块构成的物理上的多无线终端实现,也可以利用智能天线、MIMO、软件无线电等技术,通过空间分集或频率资源动态调整等策略实现逻辑上的多无线。而且后者由于资源的统一调度,会更有利于发挥混合网络的优势,但为兼顾现有网络的基础设施,实现网络的平稳过渡,讨论仍以物理上的多无线终端为基础。通过模块化设计和对物理层技术的抽象和屏蔽,在分集、智能天线、软件无线电等技术背景下,设计的模型框架仍然具有一定参考价值。

7.4.2　节点协议层次模型

构成混合接入网络的核心元素是多无线网络节点及与之配套的一组通信规则。基站和移动终端作为两种设备实体,可以统一为不同功能的网络节点。从网络层次上看,在接入侧,两者具有如图 7-6 所示的相同的协议结构模型。

1) 信道

信道模型考虑路径损耗(Path Loss)、多径衰弱(Fading)现象及阴影(Shadowing)现象。三者共同作用计算链路功率损耗。考虑到节点通信范

图 7-6　节点实体协议层次模型

围有限,分析中所有信道参数统一配置,对所有节点使用一样的信道模型。

2) 物理层与接入控制(PHY+MAC)

从未来无线移动通信网的发展规律看,无论是基站还是终端节点,多无线是必然趋势。多标准基站和多模手机终端都已有商用设备研发成果,并投入应用。但从功能需求上看,目前的基站节点只需要一种通信制式,保证与节点的垂直通信;而终端节点逻辑上至少需要两套 PHY+MAC 协议分别用于水平通信与垂直通信。

水平通信与垂直通信使用的通信方式根据采用的技术而定,垂直通信可采用UMTS 蜂窝集中接入方式,水平通信可以采用 IEEE 802.11 分布式通信方式,成组后,也可采用组头集中管理方式。通信方式具体在 7.4.5 节讨论。

3) 路由

对于分析的网络系统,路由功能相对简单。所有节点以接入基站为目标,因此垂直通信全部是单跳接入。针对合群模型物理位置上的特性,考虑合群范围不是很大,为简化模型,在讨论的系统中,合群内节点全部单跳可达,水平通信也是单跳路由。通过组头中继接入基站的情况下,路由为两跳,节点通过水平通信与组头通信,由组头中继转发,与基站通信。

4) 应用层与流量模型

应用层描述网络系统提供的各种服务和节点接收的服务。分析合群通信效率时,不针对某一种应用或服务。应用服务根据服务接收节点的不同,分为单播与组播服务。在合群管理模型中,合群的移动节点会具有除位置以外的众多相同或相似的特性,因此,即使是给合群内不同节点的单播服务,也会有相同的冗余信息。考虑到信息融合,可以将所有的信息流分解。将各种服务抽象为网络流量,分别对应逻辑上的单播网络信息流与组播网络信息流。

5) 移动性

移动性关注节点的位置变化。合群管理工作状态下,合群组内的节点不仅具有相邻的位置,还有相同或相近的运动趋势。应用合群管理的网络模型,必须充分考虑到移动台的个体、合群运动特性,有目的、有节制地实施合群管理,才能发挥合群管理效能。

7.4.3　节点功能实体模型

根据上述网络拓扑结构和协议层次模型分析,本小节将给出该系统中多无线节点功能实体的设计模型原型。如图 7-7 所示,在总体功能模块上示意了多无线节点的结构部件及接口。各种网络拓扑形式被抽象为网络连通性,加上通用链路层、用户平面、传统控制平面和无线资源管理,作为兼容现有网络结构的功能模块。在多无线混合网络系统下,网络控制需求进一步加强,各自控制的相关功能模块都视作网络控制空间内的组件。控制空间与网络连通性通过网络资源接口交互。图 7-7

所示的基本控制模块包括连通性控制、移动性控制、网络管理、多无线资源管理等。

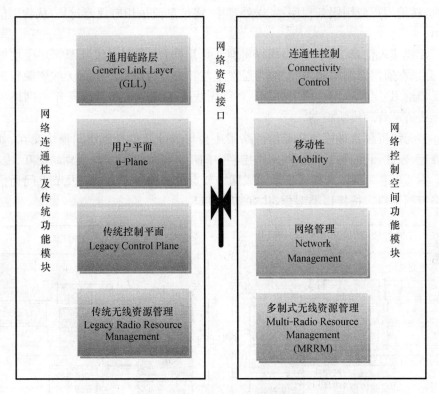

图 7-7 多无线网络节点功能模块

图 7-8 为节点的高阶层次结构图。在协议层次上，从下至上，依次为物理层、2 层接入、GLL 及 IP 混合抽象。

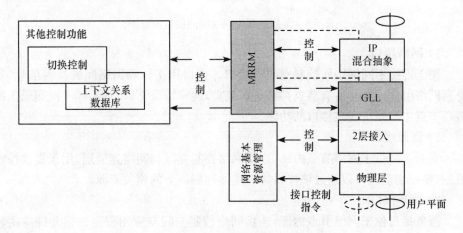

图 7-8 节点的高阶层次结构图

用户平面(图中实线直线)贯穿 4 个层次,接收处理中,将用户业务流从物理层接收,转给用户应用服务程序;发送处理中,将信息流按相应规范封装,从物理信道发出。

无线接入信令(图中虚线)同样贯穿 4 个层次,根据多无线资源管理模块的需要,分别在通用链路层和 IP 层两个层次上与其交互控制信息。多无线资源管理模块反馈给 IP 层和通用链路层处理。2 层无线接入规范与物理层操作由网络内部的无线资源管理模块控制。

多无线资源管理模块和通用链路层还会与部分其他控制空间模块交互,如切换管理,因此,它们与其他一些网络控制空间功能模块保留控制信息的交互。

图 7-9 进一步详细描述了多无线网络节点内部控制模块接口及节点间通信的网络控制接口。按接口类型分,共有三种接口。

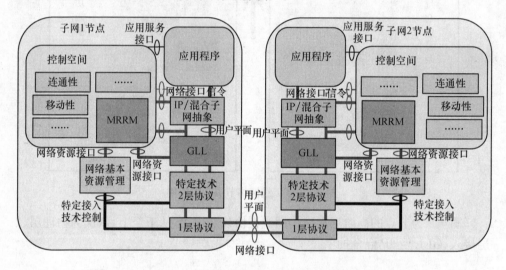

图 7-9　节点内部模块及网间接口示意图

1) 网络接口

用于连接不同网络间控制空间的接口。接口用于传输网络间的控制信息,如协商网络组件。并非所有节点都必备该接口,通常情况下,负责不同子网间通信的核心节点才必须实现该接口的功能。

2) 资源接口

资源接口位于网络节点内部,连接网络控制空间与网络连通层,用于提供控制机制,使控制空间可以通过该接口管理连通性层面上的相关资源。

3) 服务接口

服务接口位于网络节点内部,连接网络控制空间与应用程序。它允许应用程序和服务向网络控制空间发出关于网络功能实体间建立、维护和终止端到端连通性的请求。

如图 7-9 所示,多无线接入主要与网络接口和资源接口相关。多无线资源管理模块的详细功能如图 7-10 所示,它包括接入协调功能与网络补充功能两部分。具体来说,接入协调功能包含全面资源管理、会话/流控制及基本功能,如接入发现、接入选择、接入公告、MRRM 协商等;而网络扩充功能主要是针对网络内在资源管理功能不足的补充,对应不同无线制式资源管理的需求,网络补充功能可以包含一个或多个网络补充资源管理功能模块。

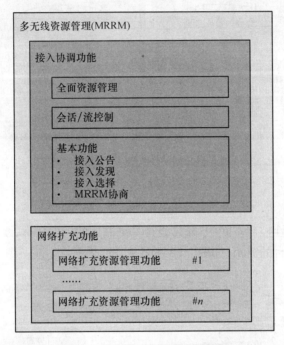

图 7-10　多无线资源管理模块详细功能

7.4.4　移动性管理模型

合群网络模型以多无线移动台为硬件基础,而合群则以移动台的合群移动性为物理环境基础,因此移动性管理模型在其中起着重要作用。

1. 参考模型

移动性管理模块采用如图 7-11 所示的方式定义网络控制空间边界的接口。移动性控制空间有交互控制平面,通过它可以通过网络资源接口管理网络连通性,并和网络服务接口上的应用层进行交互。这些交互包括与移动性相关的信息交换和状态配置,如触发。移动性控制空间还和其他设备或网络上的对等的移动性控制空间交换控制信息，它们被当作用户数据在网络互通接口中交换。

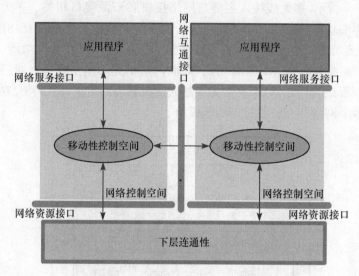

图 7-11　移动性控制平台参考模型

2. 功能实体

具体的移动性控制空间中，通过设计三个基本的功能实体，实现支持泛在异构的移动性管理平台的需求，如图 7-12 所示。

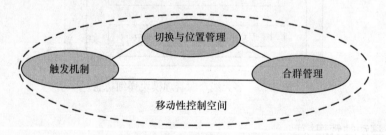

图 7-12　移动性控制空间功能实体

移动性控制空间包括触发机制、切换与位置管理、合群管理三个功能实体，以及它们之间的接口。设计需求和思想如下文所述。

1）联合触发功能实体

联合触发功能实体如图 7-13 所示，提供如下功能：

（1）收集来自不同的源节点的事件并予以鉴别，触发移动性管理操作，如：

① 切换决策（传递给切换与位置管理功能实体）；

② 合群组的形成（传递给合群管理功能实体）；

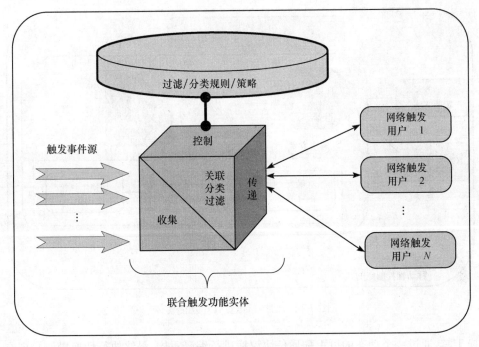

图 7-13　联合触发功能实体

③ 触发事件同时可以被用来触发其他功能实体中的其他动作(如其他网络控制空间中的功能)。

(2) 基于以下方法对触发事件进行过滤与分类:

① 相关分类标准,如事件源、类型、频率、持续时间、时间约束、相关移动度等;

② 触发策略(过滤与分类准则集合)。

(3) 通过触发事件关联处理减小事件个数。

(4) 对触发事件进行格式转换以适合于各种功能实体,并传递给相应用户(如切换与位置管理功能实体和组路由管理功能实体,这些功能实体被视为网络触发用户)。

2) 切换与位置管理功能实体

在异构移动网络中,切换与位置管理功能实体(图 7-14)聚集了所有的需要切换的步骤来支持移动性,包括在单一无线网络中通信接入点之间的切换,不同的接入技术间的切换,不同的地址空间中的切换,以及多服务提供域或不同终端的应用标准间的切换。

切换决策在多无线资源管理实体和切换与位置管理实体中都存在,其中后者完成网络节点中建立与触发合适协议的任务。

切换与位置管理功能实体通过计算、选择、决策从切换工具箱中选择合适的切

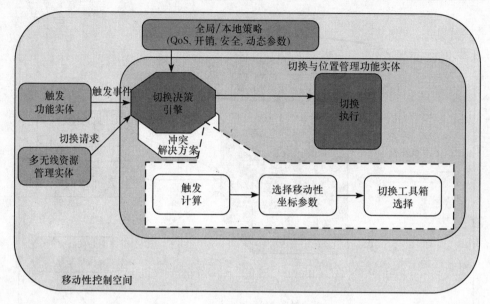

图 7-14　切换与位置管理功能实体

换工具,通过一个动态的可重配通信协议栈进行编译重构,最终执行切换操作。现有协议如 SIP、HIP 与 MIP 等与移动性相关的事件都可能对切换决策有所影响。因此,设计切换工具箱中的组件需兼容现有技术,同时具备对新通信协议的扩展功能。

3) 合群管理功能实体

合群管理功能实体用于描述管理一起移动的节点自组织形成的运动网络,属于移动性控制空间中的一个组件,负责合群组的形成、维护、管理等相关处理,同时能够通过选择与维护最合适的网关或簇头来确保与外界网络的连通性(依赖于不同的用户定义策略)。合群管理概念中最重要的方面是它有许多优化措施,特别是当考虑了整个网络的移动性时,而不是独立对待每一个节点。

图 7-15 展示了合群管理功能实体与移动性控制空间中其他功能实体的信息交互。触发功能实体将相关信息事件传递给合群管理功能实体,通过建立合群组,选择网关优化移动性操作,最终在切换与位置管理功能实体中完成具体工作。

4) 移动性功能实体接口

网络平台设计以功能实体组件为基础,通过统一的网络组件协议,控制动态网络组件的加载和协作。每一个功能实体都有一个与网络组件协议的接口,与相关的功能实体进行通信,用于查询和找回前后的对应关系。因此,这些移动性控制空间中的功能实体也被看做能够与其他组件和对应关系交互的模块,与组件控制协议通过标准接口连接,同时与系统的策略库拥有交互接口,获取相关执行策略,如图 7-16 所示。

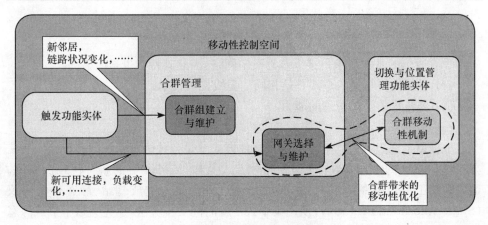

图 7-15　合群管理功能实体

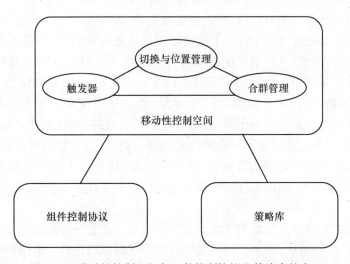

图 7-16　移动性控制空间与组件控制协议和策略库的交互

7.4.5　通信方式

基于前文所述的混合通信模型及节点实体功能模块,提出的合群网络模型将不同的无线接入手段映射为垂直与水平两种通信方式。通过多无线资源管理协同各种无线技术间的工作,并利用移动管理模块中的合群管理功能实体,实现其间合群管理策略的决策与下达。

根据混合网络模型的设计初衷,移动台需要最终通过垂直通信接入基础设施网络接受网络服务,而水平对等通信不完全依赖基础设施,因而在具体选择通信方式时,两者也大相径庭。

1. 垂直通信方式选择

垂直通信的基本需求是接入基础设施网络,因此其特点也是明显的:

(1) 必须使用与接入点或基站相同的无线接入技术;

(2) 具备集中受控管理的能力;

(3) 单跳方式,移动台与接入点或基站直接通信。

根据以上三点,显然,典型的垂直通信方式就是各种蜂窝系统的多址接入通信方式,如 GSM 的时分方式、CDMA 码分方式及如 WiMax 等的新一代蜂窝系统。这些系统虽工作机制不同,但相同的是通过固定接入点或基站、静态分配协议(Static Allocation Protocol),使用集中式传输时间安排算法,事先为每个节点静态地分配一个固定的资源安排(传输时间或特征码),控制其与移动台的通信。

以时分多址方式为例,简述垂直通信在混合网络中的工作。

根据时隙的分配策略,可以分为固定分配类 TDMA 和动态分配类 TDMA 两种。对于固定分配类 TDMA,由于传输时间是事先分配的,所以静态分配协议的传输时间安排算法要求将全网络系统参数作为输入。TDMA 协议按照网络中的最大节点数量来做出其传输时间安排。对于一个有 N 个节点的网络,TDMA 协议使用的帧的长度为 N 个时隙,每个节点分得唯一一个时隙。因为在每帧中每个节点能够唯一地一次访问一个时隙,所以对任何类型的分组(例如,单目标传输分组或者多目标传输分组)都不存在碰撞的威胁。而且,信道访问时延受帧长限制。由于系统规模和帧长之间的等价性,这种 TDMA 协议在大规模的网络系统中表现拙劣,即扩展性差,因此实际工作中使用这种静态方式作为控制信令信道和广播信道。

业务信道时隙动态分配用于需要通信的节点。动态分配协议通常按照两个步骤工作。第一步包括节点为了访问其随后的发送时隙而竞争一组预留时隙。若通过随机竞争发送成功,第二步由基站完成协调工作,如果基站同意接纳,分配一个固定时隙,用于传输分组。此方式下,一个基站确保一定的同时服务能力,同时灵活控制接纳,根据用户业务特性,其容量将明显高于固定分配类的 TDMA。

现有的 GSM 系统即采用上述工作方式,将部分时隙固定分配,用于下行控制和广播;另外预留一个随机接入信道,允许移动台采用如时隙 ALOHA 的随机接入方式申请呼叫,另分配大量业务信道,用于呼叫接纳后,分配给节点传输业务分组。

由于垂直通信的基本思想和处理方式等同于蜂窝,因此此处不作详述,具体设计时可根据特定系统进行具体讨论。

2. 水平通信方式选择

水平通信方式以对等通信方式为基础,具有以下特点:

(1) 无线传播是全向的；

(2) 移动台相互独立，不知道其他节点的信息；

(3) 网络可能变化，拓扑及邻居节点不确定。

这些物理上的特点或客观情况使得水平通信方式相对复杂。无线传播是全向的，一个物理空间区域可能同时收到若干移动台的无线电波传输信号的覆盖；移动台相互独立，加上网络变化，没有固定的集中管理者，难以实现受控调度。由于上述两点，移动台在传输信息时出现传输碰撞的概率极大，存在严重的信道竞争问题。

当然水平通信也有其便利之处，即灵活性。由于不受限于基站或接入点的无线技术，只要满足水平通信的移动台之间存在相同的无线接口，理论上即可实现对等通信。而在协议和通信方式上，也只需统一即可，不受限于基础设施网络的信令规范。鉴于此，在水平通信方式设计上采用类似 802.11 MAC 的无线数据网通信方式，将水平通信分为三种情况，分别采用不同的处理方法。

1) 全对等不可靠广播

这里所讨论的广播就是将一条消息发送到节点周围的其他移动节点上。广播问题具有如下特性：

(1) 在合群组未形成或形成过程中，所有的移动台是对等的，并且仅知晓自己的信息，事先能够获得的本地连接信息非常少，甚至完全不可能获得。因此只能通过互相广播建立连通性及拓扑信息。显然，这种广播既不知道是否有邻节点收到，同时也不需要对方给予确认。这种不可靠广播的目的是告知周围节点自己的存在，考虑到全向无线传播特性基本可视为对称的，所以如果两节点处于可通信的范围内，它们互相都应能收到对方的广播。由于在一定无线传播范围内可能存在多种同类移动台，为避免同时发送可能产生的冲突，广播的回复既无必要也不便实现。

(2) 广播随时随地自然进行。任何一个移动节点可以在任何时候发送广播消息。由于节点移动、无需同步之类的原因，因此收集任何类型的整个网络拓扑信息都是不可能的(事实上，这至少与广播问题一样困难)。广播的发生根据功能的需要由相应的策略触发，如第 5 章中讨论的合群组头选取和建立过程中的广播就是一种周期性定时触发广播。

(3) 为尽量减少冲突，规定移动台在广播时使用 CSMA 竞争方式。

(4) 当触发事件来临，移动台准备广播时，首先通过载波监听判断信道是否已被占用。

(5) 若信道空闲，则将广播发出。

(6) 若监听到信道被占用，使用二进制指数回退算法(BEB)回退一段时间，再次尝试，重复以上处理。

显然，冲突的发生不是在发送方一侧，而是在接收方一侧。因此这种载波监听方式通过测试发射机附近的信号强度来努力避免冲突的方法没有获得避免冲突的充要条件,既不能完全避免冲突,如"隐终端问题",也可能无谓退避,如"显终端问题"。但考虑到这种广播报文的特殊性,即其通常是短小报文,如 HEL-LO、BEACON 或握手,而且没有确认,因此采用 CSMA 是一种相对高效且可行的方式。

2) 全对等可靠传输

在某些特定需求下,可能需要两个对等的移动台可靠的传输一些信息。当然,这是以两节点已构建拓扑,知道对方存在且可达为前提的。拓扑及连通信息可以通过上述广播方式实现,但信息传输需要确认机制保证可靠性。因此不能使用广播方式的 CSMA 机制,规定使用冲突回避的多址接入(Multiple Access with Collision Avoiddance,MACA)方法。

MACA 使用控制分组握手诊断来减轻隐终端干扰并使显终端个数最少。MACA 协议采用两种固定长度的短分组,即请求发送(Request to Send,RTS)和允许发送(Clear to Send,CTS)。节点 A 需要向节点 B 发送时,首先给节点 B 发送一个 RTS 分组,RTS 分组包含发送数据的长度。节点 B 若接收到 RTS 分组,并且当前不在退避之中,则立即应答 CTS 分组,CTS 分组也包含发送数据的长度。节点 A 接收到 CTS 分组后,立即发送其数据。旁听到 RTS 分组的任何节点推迟其全部发送,直到有关 CTS 分组发送完成为止(包括 CTS 分组发送时间和接收节点从 RTS 分组接收方式转换到 CTS 分组发送方式所需的时间)。旁听到 CTS 分组的任何节点推迟其发送,推迟时间的长度等于预定数据发送所需的时间(其中包括 RTS 分组和 CTS 分组)。

采用这种算法,任一节点旁听到 RTS 分组后将其发送推迟足够长时间,这样发送节点 A 才能够正确接收回送的 CTS 分组。旁听到 CTS 分组的所有节点避免与节点 A 发送来的数据发生冲突。因为 CTS 是从接收节点发出的,所以对称性确保能够与节点 A 发送来的数据发生冲突的每个节点均处在 CTS 分组的覆盖范围内(区域内其他发送导致 CTS 分组可能不会被其覆盖范围内的所有节点接收到)。注意:能够旁听到 RTS 分组但是旁听不到 CTS 分组的节点处在发送节点的传输覆盖范围内,但是不在接收节点的传输覆盖范围内,可以在发送完 CTS 分组之后开始发送,不会引起冲突。这是因为这些节点不在接收节点(不会与数据发送发生冲突)的传输覆盖范围内。

因此,与载波侦听协议对比,RTS-CTS 分组交互能够使邻近节点避免在接收节点(不是在发送节点)发生冲突。RTS 分组的作用是得到接收节点的 CTS 分组,其他节点接收到 CTS 分组表示这些节点处在 CTS 分组的传输覆盖范围内,因此可能与随后的发送发生冲突。这主要依赖对称性:假如一个节点不能接收到节点 B 发送的 CTS 分组,那就假定该节点不会与节点 B 的发送产生冲突。

如果节点 A 接收不到节点 B 回送的 CTS 分组,那么节点 A 最终发生超时(即停止等待 CTS 分组),假定发生了冲突,然后安排重传 RTS 分组。MACA 协议采用二进制指数退避算法选择重传时间。

3) 组头协调传输

在组头选取后,水平通信方式提供一种准集中调度的传输,组头可以作为组内协调组织者。由于基于竞争方式的全对等传输机制下各节点对信道的使用权基于一种随机的竞争,它只能提供尽力而为的(Best-Effort)服务,没有任何的 QoS 保证,无法满足实时业务对延迟和抖动等指标的需求,同时 BEB 回退机制还存在公平性问题。考虑到合群组建立后,组头的特殊地位,以及一些特定实时合群服务的需求,设计基于组头集中调度协调传输方式,作为前两种方式的补充。

根据应用和合群规模的不同,组头协调传输方式又可分为三种。

(1) 组头组内广播方式。

在组头选出后,可以利用组头进行下行的广播,提供一些控制信令的下达和广播服务。与全对等方式下的广播不同,组头选取后,组内其他移动台已停止广播,由组头统一调度,因此不存在冲突问题。组头可以充分利用无线信道的全向性,在组内发布信息,体现合群服务的优势。

不同于全对等下的广播,组头在组内广播可以选择不可靠方式或者可靠方式。由于组头知晓组成员节点的信息,可以在广播后要求部分或全部接收节点成员返回确认。成员节点向组头的上行传输由组头调度,以避免冲突。

(2) 组头固定轮询方式。

由组头调度完成传输的方式中,基本方式为类似 WLAN 的固定轮询方式。组头在其中扮演类似 AP 的协调点的功能,依此轮询所有成员节点。若成员节点有信息需要传输,即在组头轮询后,规定的时间内将报文传输给组头。在没有组头许可的情况下,成员节点不能随意发送信息。

组头固定轮询方式可以完全避免冲突的发生,虽然其保证传输的 QoS,但由于轮询效率较低,因此仅适用于报文短小但内容重要的信息传输,如确认报文。

(3) 动态时分复用方式。

除上述两种方式外,在组头的调度协调下,成员节点还可以使用动态时分复用的方式。该机制将信道的访问时间划分为超帧周期(Super Frame Period),每个超帧周期包括一个无竞争阶段(Contention-Free Period,CFP)和一个竞争阶段(Contention Period,CP)。CP 阶段传输控制信息,使用竞争的随机接入方式,用于成员节点申请信息传输;CFP 阶段传输业务信息,组头根据成员节点的发送申请,将超帧中的一个时间片分配给申请节点,在收到申请确认后,传输节点即可在规定时段发送信息。

这种动态时分复用方式同时借鉴了 802.11 PCF 和 GSM 两种系统中的多

址接入方式。不同的是,802.11 PCF 中的超帧中 CFP 阶段和 CP 阶段都用来传输业务信息,而且在 CFP 阶段使用的是轮询策略;而 GSM 中,虽然移动台通过随机接入信道申请到时隙,但规定移动台只能和基站通信,而本方式中,通过组头的调度,移动台可以在分配的时间片内与合群内任意节点通信,从而避免三角传输。

4) 多方式协同工作

上述三种水平通信方式都是以 802.11 MAC 为基础,根据不同的应用,采用不同的方式。在实际工作中,三种水平通信方式是同时并存、协同工作的。协同工作以基于竞争的分布式协调为基础,上层可以采用点协调方式,如图 7-17 所示。

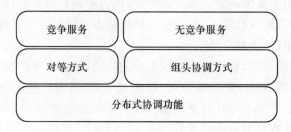

图 7-17　多种水平通信方式协同工作

组头协调方式以广播帧、轮询帧和超帧为基本数据单元,与其他对等方式的数据帧采用分布式协调功能共同竞争信道,通过回退时间控制实现服务区分,优先级从高到低依次为 RTS/CTS 帧、ACK 帧、组头广播帧、轮询帧、超帧、对等方式数据帧和对等方式广播帧。

7.4.6　协作多跳与合群示意

从路由的角度上看,合群管理允许移动台通过水平通信与组头通信,通过组头转发,以多跳方式最终与基站传输信息。在这一过程中,MRRM 和 GLL 拥有共同的基本原则,但分别扮演了不同的角色。MRRM 层面上,其视角基于从不同节点获得的子网地址信息,如水平通信子网 IP,知晓整个网络的拓扑;而 GLL 方面,其考虑范围则相对限制于本地视角,关注不同的接入技术,限制每一跳的接入方式的选择。图 7-18 简要展现了这个过程。

图 7-18(a)给出了节点的协议栈的简单示意,可以看到,移动台具备水平和垂直两种通信方式,以及相应地址。IP_A 对应于 GLL_A,用于水平通信,其管理着两种无线接入技术。IP_B 对应于另一个单一的无线接入技术,配以另一 GLL_B 在其间工作,用于垂直通信。一般来说,GLL 实体可以管理多个不同的无线接入技术,对应于一个 IP 地址及一种通信方式。

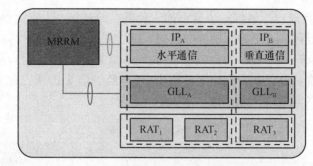

(a) 节点协议栈示意

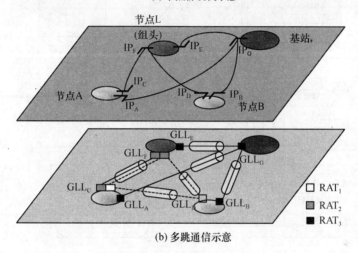

(b) 多跳通信示意

图 7-18 协作多跳方式示意图

从图 7-18(b)中可以看到,在水平和垂直两种通信方式的协作下,移动台得以通过多跳方式接入基站,这也是合群管理的基础之一。节点 A、节点 B 与组头节点 L 组成合群组,与基站通信。三个节点都可以使用直接垂直通信方式与基站通信,对应的 IP 地址和 GLL 实体分别为 IP_A、IP_B、IP_E 和 GLL_A、GLL_B、GLL_E。成员节点又可通过水平通信与组头通信或互相通信,对应的水平通信的地址和 GLL 实体分别为 IP_C、IP_D、IP_F 和 GLL_C、GLL_D、GLL_F。在接入技术上,根据通信双方具备的接口不同,选择适当的技术。在此意义上,数据流采用哪种无线接入技术发送取决于 GLL 本地的范围的判断,而端到端的接入方式及路由则取决于 MRRM 层面。

在上述基于多无线的混合通信结构基础上,位置相近的移动台可以通过移动性功能实体中的合群管理模块组织成组。在 MRRM 协调水平通信的过程中,它会将移动节点周围的信息通过网络控制接口,交给移动性功能实体中的触发模块处理。

图 7-19 即展示了这样一个节点加入合群组的过程。当符合触发条件时,移动台触发切换过程。这里的切换并非传统意义上的蜂窝间的切换,而是从独立状态(某蜂窝覆盖的子网)切换到合群状态(由组头管理的自治子网),是一种网络间的更广义的垂直切换。在合群建立过程中,还会经过组头选择。有关合群组建立的详细策略将在本书第 8 章讨论。

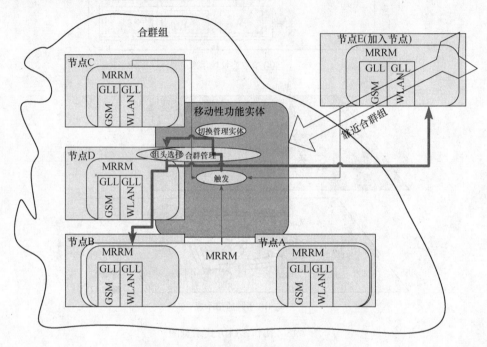

图 7-19   基于多无线混合通信的合群过程示意

7.4.7   合群无线网络的虚拟覆盖管理方案

我国在部署 3G 计划的同时,将投入数百亿启动国家 4G 核心技术的研发。另一方面,我国在 2G 和 3G 移动网络的建设中已投入了大量的资源,网络覆盖和基础设施建设都较健全。在向下一代移动网络的演进中,通过基于虚拟覆盖的异构移动网络融合,可以充分利用现有的移动通信基础设施,提供广泛互连,无缝重叠覆盖,增强移动无线网络的覆盖能力,为丰富的高质量低成本的移动通信业务提供强大支撑。它将有助于解决异构网络互联互通,提供泛在移动业务,充分利用现有资源,避免重复建设和投入浪费,也有助于我国在下一代移动通信系统的竞争中掌握具有自主知识产权的技术,符合我国国民经济建设的科学发展观和建设和谐社会的精神。

1. 基于虚拟覆盖的合群管理

目前的无线网络适变性差、资源利用率不高,各网之间不具有协同工作的能力,难以实现优势互补,而基于虚拟覆盖的异构网络可高效合理地整合异构无线网络资源,提升网络的自适应能力,从而提高系统整体性能。因此,本书在研究中提出引入虚拟覆盖网至现有的异构无线网络中的思想,典型的如 2G、3G 与 LTE 组成的混合移动通信网络,对异网位置更新与寻呼、业务量均衡与频谱分配等方面进行探索研究,其主要思路是将异构网络的资源特征按照不同的性能和业务要求,如无线覆盖、寻呼时延、负载分布等建模成广义矢量资源空间的各对应矢量,然后在该空间上将其分解成多个虚拟覆盖区,各虚拟覆盖区在控制平面上虚拟覆盖全网并对全网按照设计目标进行最优划分,在划分得到的各虚拟覆盖区上配置合适的网络资源,实现网络对用户环境、网络环境和无线环境的自适应控制,动态调整管理方法和控制策略,实现资源的智能、动态、按需获取。虚拟覆盖网与实际网络的关系如图 7-20 所示,它将实际异构网络映射到由多个虚拟覆盖区组成的虚拟覆盖网。

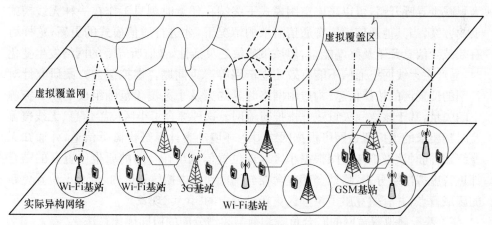

图 7-20　虚拟覆盖示意图

2. 虚拟覆盖的构建

广义资源矢量空间与虚拟覆盖网的构建是合群无线网络的虚拟覆盖管理方案的基础研究内容。广义资源矢量空间刻画了网络资源的空时特征和“资源移动性”,实现了对网络资源的动态建模,无线资源和资源需求可用广义资源矢量空间中的矢量来表示。依据资源分布,建立资源使用约束条件。资源矢量划分为可用资源矢量、已用资源矢量和禁用资源矢量,资源使用的决策实际上就可转化为可用资源矢量和资源需求矢量匹配的过程。在这种思想的指导下,根据确定的资源信息,利用多维广义资源矢量的各维分量,实现资源特征信息的识别、汇聚、组织、描述,建立异构无线网络统一的资源特征描述和表达方法。虚拟覆盖层基于广义资源矢量空间的构建,不同的资源矢量可构造出多种虚拟覆盖网。虚拟覆盖网是对整个网络按照某种标准的逻辑划分,它将网络划分成多个虚拟覆盖区。为了合理的构建虚拟覆盖网的划分,首先基于各小区的拓扑位置信息构造初始虚拟网络并在广义矢量空间构造对应矩阵,结合该网络对应的一组广义资源矢量的要求与约束,使得逻辑图的最优分割问题转化为矢量数学规划问题并求解其对应的特征根从而构造出合乎需求的最优虚拟覆盖网。

3. 虚拟覆盖的关键技术

1) 基于虚拟覆盖网的异构网位置区管理策略

随着无线接入方式的多样化发展,用户携带的多模终端将会在不同制式的无线网络间保持无缝平滑连接,这将导致异构系统间的位置管理问题。在异构无线接入模式下,终端为了能够获得多个无线网络的服务,需要在多个无线网络中同时进行位置更新和寻呼服务,位置更新信息和寻呼信息的信令开销将会非常巨大。为了减少寻呼开销,可以采取空闲模式下终端在任意时刻只工作在一种无线模式下的方案,当其他通信模式有通信需求的情况下,才进行通信模式的更新,这样可有效减少信息开销及终端能量,但该策略缺乏灵活性,在监听寻呼的网络发生变化时,易产生无线网络通信不能有效建立链路等严重问题。虚拟覆盖方案研究针对各网的位置区的拓扑信息,构造由网络时延约束及小区覆盖范围组成的广义资源空间矢量,基于该空间矢量建立虚拟覆盖网。这种综合了小区位置信息、无线覆盖及时延要求的虚拟覆盖网可根据网络瞬态环境动态计算最优监听信道,并通知无线终端,同时该虚拟覆盖网根据小区地理位置信息可在各网的原生位置区的结合部进行虚拟网络分割,将结合部包含在分割得到的虚拟位置区内,缝合了位置更新的区域盲点,并有效克服了位置区更新过程中的"乒乓"现象。

2) 基于虚拟覆盖网的联合负载均衡与频谱分配的协同优化算法

异构网络中的负载均衡是指通过动态负载管理使得网络间负载保持均匀分布,从而可以提高整体网络资源的利用率,扩大系统容量。为了有效实现动态负载管理,通过基于虚拟覆盖网的协同负载管理算法,不仅可在同一网络的不同小区内,而且能在不同网络、不同接入技术间使用负载转移及频谱借用等方式动态分配负载和无线频谱。该类虚拟覆盖网以各异构网络的负载分布建立初始虚拟网络,以频谱资源与异构网的承载范围为限制条件构造广义资源空间矢量,对初始网络按需求进行负载区划分,将负载大的局部区域分割成多个虚拟覆盖区子块,动态调配邻近低负载小区的频带资源至各子块并将负载转移到低负载的网络中,从而达到全网的负载均衡。

参 考 文 献

Ananthapadmanabha R,Manoj B S,Murthy C S R. 2001. Multi-hop cellular networks:the architecture and routing protocols. Proc. of The 12th IEEE International Symposium on Personal, Indoor and Mobile Radio Communica-tions, PIMRC'01. 2: 78-82.

Chunming Q, Hongyi W. 2000. iCAR: An integrated cellular and ad-hoc relay system. Proc. of The 9th IEEE International Conference on Computer Communications and Networks. 154-161.

Frodigh M, Parkvall S, Roobol C, et al. 2001. Future-generation wireless networks. IEEE Wireless Communications, 8(5): 10-17.

Gavrilovska L M, Atanasovski V M. 2005. Ad hoc networking towards 4G: challenges and QoS solutions. Proc. of The 7th International Conference on Telecommunications in Modern Satellite, Cable and Broadcasting Services. 1: 71-80.

Hongyi W, Chunming Q, De S, et al. 2001. Integrated cellular and ad hoc relaying systems: iCAR [J]. IEEE Journal on Selected Areas in Communications, 19(10): 2105-2115.

Hongyi W, Chunming Q. 2003. Modeling iCAR via multi-dimensional Markov Chains. Mobile Networks and Applications, 8(3): 295-306.

Hui L, Yu D, Hui C. 2003. New approach to multihop - cellular based multihop network. Proc. of The 14th IEEE International Symposium on Personal, Indoor and Mobile Radio Communications, PIMRC'03. 2: 1629-1633.

Hung-Yun H, Sivakumar R. 2002. A hybrid network model for cellular wireless packet data networks. Proc. of IEEE Global Telecommunications Conference, GLOBECOM'02. 1: 961-966.

Kumar K J, Manoj B S, Murthy C S R. 2005. RT-MuPAC: A new mul-ti-power architecture for voice cellular networks. Computer Networks, 47(1): 105-128.

Lin Y D, Ching H Y. 2000. Multihop cellular: a new architecture for wireless communications. Proc. of The 19th Annual Joint Conference of the IEEE Computer and Communications Societies, INFOCOM'00. 3: 1273-1282.

Luo H, Ramjee R, Sinha P, et al. 2003. UCAN: A Unified Cellular and Ad Hoc Network Architecture. Proc. of ACM MOBIHOC'03. 353-367.

Manoj B S, Frank D C, Murthy C S R. 2003. Throughput enhanced wireless in local loop (TWiLL): The architecture, protocols, and pricing schemes. ACM Mobile Computing and Communications Review, 7(1): 95-116

Neonakis G, Tafazolli R. 2001. On the relaying capability of next-generation GSM cellular networks. IEEE Wireless Communications, 8(1): 40-47.

Sachs J, Wiemann H, Lundsjo J, et al. 2004. Integration of multi-radio access in a beyond 3G network. Proc. of The 15th IEEE International Symposium on Personal, Indoor and Mobile Radio Communications, PIMRC'04. 2: 757-762.

TR 25. 924 V 1. 0. 0. Opportunity Driven Multiple Access(ODMA)[S]. 3GPP. 1999, 12.

Wu X, Chan S H G, Mukherjee B. 2000. MADF: A novel approach to add an ad-hoc overlay on a fixed cellular infrastructure. Proc. of IEEE Wireless Communications and Networking Conference, WCNC'00. 2: 549-554.

Yanmaz E,Tonguz O K,Hongyi W,et al. 2003. Performance of iCAR systems:a simplified analy-sis technique. Proc. of IEEE International Conference on Communications,ICC'03. 2:949-953.

Yanmaz E,Tonguz O K,Mishra S,et al. 2002. Impact of the number of ISM-band ad hoc relay channels on the performance of iCAR systems. Proc. of The 55th IEEE Vehicular Technolo-gy Conference,VTC'02 Spring. 3:1492-1496.

Zadeh A N,Jabbari B,Pickholtz R,et al. 2002. Self-organizing packet radio ad hoc networks with overlay(SOPRANO)[J]. IEEE Communications Magazine,40(6):149-157.

第 8 章　合群管理算法规程

8.1　引　　言

现实社会中移动用户客观存在的合群运动特性为移动台的合群管理提供了施展的空间,合群管理带来的网络容量与能量开销上的效能已在第 3 章中论述。通过第 7 章垂直通信与水平通信协作的混合网络通信方式的设计,移动台的合群网络成为可能。然而这些分析与设计仅为合群管理提供了必要的需求、平台基础或理论基础,移动台虽然位置上合群,但其自身并不具备合群的意识。因此必须设计相应的合群管理策略,将移动台间客观存在的合群特性转化为物理设备构成协作网络。

在未来的泛在移动环境下,移动台可以通过各种途径,感知周围的环境状况。但在现有网络条件下,移动台只能获得有限的信息。要将各个独立的移动台组织成合群组,基于现有网络,只能由基站获得近似触发条件,再通过移动台间的对等通信,构建合群信息。合群组构建后,仍然需要移动台自行完成分布式的管理,维护合群组的结构。因此合群管理过程可以认为是一定范围内一组移动节点构成的自组织子网的运行过程。由于该合群子网相对独立,其管理也是一种分布式自治管理。本章将讨论移动台的自治合群管理策略,提出合群组的构建方式和维护方法,从而在平台和理论基础上,增加实际操作策略,真正使合群网络模型得以运作。

8.2　移动自组织网的层次化管理策略

移动台的自治合群管理本质上是一个分簇层次结构 Ad Hoc 网络的组织管理。Ad Hoc 网络从概念上是一种全对等的分布式网络,每个节点独立维护自身信息,通过信息交互,构建网络信息。由于完全对等的网络结构在网络规模较大时管理困难,因此在实际应用中,分簇形式的层次化结构在众多 Ad Hoc 网络实例中都有使用。

由于无线传感器网络通常由大规模无线传感节点组成,层次化的分簇结构在传感器网络中是最常见的组织形式之一。网络节点依据不同特性,如地理位置、采集信息类型等,根据一定规则被划分为一个一个的簇,簇内选取一个簇头集中管理簇内其他节点。簇头通常扮演网关的角色,簇内节点必须通过簇头才能与其他簇节点或信宿通信。LEACH(Heinzelman,2002)是传感器网络中最经典的分簇及簇头选择算法,在大量传感节点均匀分布在探测区域中时,LEACH 算法可以以一定比例将网络划分为若干个簇,节点可以仅由自身信息计算出一个阈值,决定自己是否成为簇头。LEACH 算法的设计初衷除了便于管理,另一个重要原因是为了节省节点能量。LEACH 通过簇头轮换,保证了节点周期性的休眠,节省通信能量开销,同时轮换算法也保证了能量开销的公平。

除传感器网络以外,WPAN 中也常使用层次化的分簇结构。如在工业监测和智能家庭中广泛应用的 ZigBee 系统,其 MAC 层使用的 IEEE 802.15.4 协议就明确提出了对分簇的支持(IEEE 15.4,2003)。虽然协议中没有给出分簇的详细规程和实现方案,但实际应用中,开发人员可以根据具体需求设计分簇算法,IEEE 802.15.4 中也给予了相应的接口支持。IEEE 802.15.4 中定义的层次结构是一种分簇树(Cluster Tree)的拓扑,簇头管理普通节点的通信,以避免通信冲突,节省节点能量。

根据第 7 章描述的混合网络模型,在水平通信上,节点间是一种对等的关系。虽然可以利用垂直通信获取部分信息,但在现有系统基础上,靠垂直通信获得小范围的合群运动特性并建立成组仍比较困难。因此借助基础设施和垂直通信,得到触发条件,在小范围内使用水平通信的自治管理策略实现合群组的构建和维护是一种可行的办法。

相对整个网络,合群组是一种分簇的子网,但其特殊性使得直接搬用现有的分簇管理策略不能适应其特殊需求:

(1) 合群组的动态特性使得现有分簇策略不能适用。无论是无线传感器网络还是 ZigBee 系统,其分簇都是针对静态无线节点进行的。而本书所研究的合群网络模型,合群组内成员可能随时变化,因此如 IEEE 802.15.4 中的固定分簇方式必然不可行。

(2) 由于面向移动通信系统应用,每个节点的服务质量都需要保证。这就意味着如 LEACH 那种面向大量节点、有足够冗余信息、仅仅要求统计上能成功通信的方案也不适用。

(3) 若合群组存在,必定存在唯一组头。这既是混合通信的需要,也是合群管理的需要。在该组头的维护管理下,合群组能相对稳定的运行,从而带来通信效率的提升与移动台能量的节省。

基于上述分析,本章下节将给出适合合群管理的自治管理策略,设计满足上述需求的管理规程。

8.3　自治合群管理策略

合群管理策略的功能为决策合群组的建立和解散,维护合群的运行,管理群内成员并更新组信息。为完成上述功能,设计相应的合群组管理策略和处理规程将必不可少。

8.3.1　移动台分类与合群组分类

在详述合群组管理策略前,有必要先对合群组内担任不同角色的移动台的功能分类和合群组的分类进行简要说明。

1. 移动台的分类

合群管理下,合群组内的移动台分为两类。

1) 组头

组头(Leader Mobile Terminal,LMT)在合群组内扮演的角色类似于层次结构的 Ad Hoc 网络中的簇首(Cluster Head),可以进行报文的多跳转发。不同的是通常意义上的分簇 Ad Hoc 网络,分簇的子网通常是固定的,节点、拓扑在初始化或形成后一般不会变化,簇首的职责一般也仅限于中继转发、信息融合。而合群管理面向的是移动网络,组头除了具有这些基本的信息处理功能以外,一个关键的任务就是维护管理组内成员的信息。吸纳新成员的加入,删除退出的老成员,更新合群组内信息,同时保证组内情况与基础设施网络中保存的合群信息一致。

显然组头承担的职责大大多于其他移动台,因此其在能量开销、通信开销上也会付出更多。除非有专门的通信节点担任组头,否则组头的功能需要轮换着由合群中某一个移动台实现,以保证相关开销的公平。

2) 一般终端

合群组内除组头以外的其他移动台都认为是一般终端(Mobile Terminal,MT),它们作为合群组的成员在组内可以享有低功耗、高吞吐的合群服务。当然,作为合群组的成员,在组头轮换的过程中,它也有可能成为组头。合群组成员退出组后,处于游离状态的移动台不再也不能享有合群服务,其工作机制恢复为常规移动网络方式。

2. 合群组的分类

根据是否存在专门的组头设备,合群组可以分为静态合群组和动态合群组两种类型。

1) 静态合群组

静态合群组为内在具有持久合群特性,被分配了固定的标识、信道等资源信息,具有专门的组头设备的合群组。典型的静态合群组如公共交通系统,它通过在交通工具上架设通信基础设施作为组头,可以将交通工具内的移动台组织成组,通过合群管理提高效率。由于交通工具上具备外部供电,通信设备不存在能量问题。

使用专用设备作为组头,通过静态配置方法,分配给合群组固定的组标识 G_{ID} 和组头标识 GL_{ID},由组头管理维护组内处理,包括成员加入、退出、信息更新等。静态合群组的生命期等于组头的工作时间,只要组头工作,网络就认为合群组存在,即使只有组头 LMT 一个节点。一般认为,分配给某静态合群组的资源信息不能再被其他组使用,以保证标识的唯一性。当某静态合群组完全不再使用,需要取消时,可以采用注销的方式,收回分配的资源,供其他合群组使用。

由于静态合群组的特点,组头一般是专门设备,不会由普通用户终端担任,而且是专门用于合群组的维护和管理,因此不需要轮换策略,组头和合群组都固定不变。

2) 动态合群组

相对于静态合群组的固定和持续性,动态合群组更多的是一种临时的组合。完全对等的移动台,因相同的运动特性和相近的物理位置,自发汇聚成合群组。由于这种相同的运动和相近的位置通常是临时的或阶段性的,因此合群组可以随移动台的汇聚而形成,也会随移动台的散开而解体。

动态合群组的生命期从足够的移动台聚合成组开始,至移动台各奔东西解散结束。标识、信道等信息动态分配给合群组,合群组解体后自动收回,同时可以重新分配给其他合群组使用。

动态合群组内不存在固有的组头,所有移动台本身是对等的,通过协商,被分配了不同的角色。组头负责合群位置更新的报告和组的维护,成员移动台大多数时间处于监听状态,以节省能量。为保证开销的公平性,组头定时轮换。

8.3.2 组头选取和轮换

合群组所有操作、处理都是以组头为基础的,因此首先需要设计一种合理且可行的组头选取策略。显然,根据前文合群组的分类,静态方式下,组头由系统预先指定。由于该情况下,组头一般有外部电源,同时合群特性明确,组头就是该合群组的核心,组标识 G_{ID} 静态分配,组头标识 GL_{ID} 固定为指定的组头的 ID,无需轮换。其他合群处理都以该组头为基础。

动态合群组下,由于所有的移动台是对等的,组头选取显然相对复杂,组头的选取需要在组建立阶段和原组头退出组或意外关机时进行,对于后者,称其为一种假解体状态(即不是真正解体,合群特性仍然存在)。同时为保证节点开销公平,合群管理过程中,组头还需要周期性轮换。本节以下部分将针对动态合群组,讨论组头的选取和轮换算法。

1. 基于合群度的组头选取算法

组头的选取在组建立阶段和假解体状态下进行,这两种情况下,其共同的特点是合群特性已经形成,但是因为此状态下没有组头,所有移动台处于无组织状态。所有移动台不知道周围成员的存在,也不知道自己处于一组具有合群特性的移动台中。因此移动台需要必要的感知策略,了解自己所处的合群环境。在未来的泛在网络环境下,移动台可以通过广泛分布的传感节点获得自己的位置信息、邻居信息等,用于感知合群。现有网络的基础设施下,节点尚不能精确感知周围状况以获取合群信息,但基站可能获取粗略的节点密度信息。针对这一现状,考虑由基站触发,发布预备合群建立通告,再利用移动台自身的水平通信手段完成合群组建立。在上述条件的基础上,提出一种基于合群度的组头选取算法。

组头选取算法的主要思想是通过移动台周期性的交换一个 HELLO 报文,获取周围邻居节点的信息,从而构建合群度向量。当某移动台的合群度达到规定阈值时,则发布公告,建立合群组并宣布自己为组头。

记 T_H 为连续两次发送 HELLO 报文的最短间隔时间。移动台在完成一次 HELLO 报文的发送后,等待 $T_H + dT_0$ s,再次广播 HELLO 报文。其中,dT_0 为一个随机的回退时间,服从 $[0, CW_0]$ 上的均匀分布。移动台在发送前首先会监听水平信道的情况,若监听到信道上有节点在发送报文,则再次从 $[0, CW_1]$ 间随机选取一个回退时间 dT_1,等待回退结束再尝试发送,依此类推。其中,CW_i 为第 i 次尝试发送失败(即有其他节点在发送报文)后的回退窗大小。类似 CSMA/CA,规定当 $1 \leqslant i \leqslant N$ 时,$CW_i = 2CW_{i-1}$;当 $i > N$ 时,$CW_i = CW_N = CW$。使用上述二进制回退机制,可以尽量减少冲突的概率。

定义 8-1 定义 W 为合群度量窗,即一个移动台所能记录的任意一个邻节点的最多 HELLO 报文的个数。

对某一个移动台 MT_i,记 Θ 为在最近一个合群度量窗 WT_{SCAN} 内,与本移动台成功建立链路的移动台的集合。定义如下三个向量:

定义 8-2 定义移动台 MT_i 的合群度向量为 $S_i = \{s_{ij} : MT_j \in \Theta\}$,记录上一 T_{SCAN} 时段成功收到的 HELLO 报文的邻居发送节点的合群度值。其中,s_{ij} 的含义如下:

$$\begin{cases} s_{ii} \in \mathbf{R}, & \text{表示 } MT_i \text{ 对其他邻节点的合群度} \\ s_{ij} \in \mathbf{R}, & \text{表示 } MT_i \text{ 对 } MT_j \text{ 对其自身的合群度的估计} \end{cases} \tag{8-1}$$

定义 8-3 定义移动台 MT_i 的链路质量向量为 $L_i^{-r} = \{l_{ij}^{-r} : MT_j \in \Theta\}$,表示 MT_i 在之前第 r 个 T_{SCAN} 时段收到的正确的 HELLO 报文的个数。其中 l_{ij}^{-r} 表示:

$$\begin{cases} l_{ij}^{-r}, & MT_i \text{ 在第 } r \text{ 个 } T_{SCAN} \text{ 成功收到的来自 } MT_j \text{ 的 HELLO 报文的个数} \\ l_{ii}^{-r} = 0, & \text{无实际意义} \end{cases}$$

$$\tag{8-2}$$

具体来说,L_i^0 表示 MT_i 在上一个 T_{SCAN} 内成功收到的 HELLO 报文的个数,相应的，$L_i^{-1}, L_i^{-2}, \cdots, L_i^{1-W}$ 表示在过去的 $W-1$ 个扫描周期内的链路质量向量。

定义 8-4　定义 $V_i = \{v_{ij} : MT_j \in \Theta\}$ 为规一化链路质量向量，用于描述移动台 MT_i 在一个合群度量窗内的链路质量，其计算方法如下：

$$v_{ij} = \sum_{r=0}^{W-1} \left(\frac{l_{ij}^{-r}}{\eta W \lfloor T_{SCAN}/T_H \rfloor} \right) \tag{8-3}$$

式中，$\eta \in (0,1]$ 为算法调节参数。注意到，$\lfloor T_{SCAN}/T_H \rfloor$ 为一个扫描周期内移动台可能成功发送的 HELLO 报文的最大个数，因此当 MT_i 在 WT_{SCAN} 内成功收到来自 MT_j 的 HELLO 报文的个数为 $\eta W \lfloor T_{SCAN}/T_H \rfloor$ 时，式(8-3)中的 v_{ij} 等于 1。

定义 8-5　定义 $\gamma \in (0,1)$ 为合群度衰竭系数，当移动台在规定时间内没有收到相应的 HELLO 报文时，合群度将以 γ 为系数按一定规律衰减。

基于上述 HELLO 报文广播机制及相关参数、向量的定义，具体的基于合群度的组头选取算法见表 8-1。

表 8-1　基于合群度的组头选取算法

(1) 每个移动台 MT_i 每隔 T_H 秒尝试发送一个 HELLO 报文，报文中包含其当前的合群度 s_{ii}（实际发送间隔时间会加上回退时间 dT，因回退次数不同而不同）

(2) 若某移动台 MT_j 成功收到该报文后，从中提取合群度信息 s_{ii}，并做如下处理：
① 更新自己的链路质量向量 L_j^0，将相应的第 i 个分量加 1，即 $l_{ji}^0 \leftarrow l_{ji}^0 + 1$
② 更新自己的合群度向量 S_j，调整相应的第 i 个分量，$s_{ji} \leftarrow \gamma(s_{ji} + s_{ii})$

(3) 若某移动台 MT_j 在 $T_H + \Delta T$ 内没有收到来自 MT_i 的 HELLO 报文，其中，ΔT 为一个保护间隔，一般设为最大回退窗大小 CW，MT_j 将做如下处理：
更新自己的合群度向量 S_j，调整相应的第 i 个分量，$s_{ji} \leftarrow \gamma s_{ji}$

(4) 每个移动台 MT_i 根据式(8-3)计算规一化链路质量向量

(5) MT_i 更新所有链路质量向量 L_i^{-r}，即向前推移一步，同时将 L_i^0 初始化为 0：$L_i^{-r} \leftarrow L_i^{1-r}(r=1, 2, \cdots, W-1)$，$L_i^0 \leftarrow 0$

(6) MT_i 计算自己的合群度 $s_{ii} = \sum_{MT_j \in \Theta} I(v_{ij})$，其中 $I(v_{ij}) = 1_{\{v_{ij} > 1\}}$

(7) MT_i 判断自身合群度值 s_{ii}，若 $s_{ii} > s_{Thr}^{group}$，其中，s_{Thr}^{group} 为设定的合群度阈值，则 MT_i 将发布公告宣布自己为组头

从表 8-1 中第 6 步移动台自身合群度的计算方法和式(8-3)中 v_{ij} 的计算方法可以得到，直观上，移动台 MT_i 自身的合群度 s_{ii} 可以表示为 MT_i 在一个合群度量窗 WT_{SCAN} 内能持续收到 $100\eta\%$ 个 HELLO 报文的发送移动台的个数。例如，极限情况下 $\eta = 1$，s_{ii} 表示在合群度量窗内 MT_i 收到 100% 的预期的 HELLO 报文的发送移动台的个数。若 $s_{ii} > s_{Thr}^{group}$，则表示有多于 s_{Thr}^{group} 个移动台，能持续（一个合群度量窗）地与本节点 MT_i 保持邻居关系，即 MT_i 的合群度达到了一定程度，它将宣布自己为组头。

组头选择完成以后，它将发布合群组建立信息，维护管理合群组的成员、通信方式等信息和规则，除了组头，合群组内的成员将停止广播 HELLO 报文。组头选

择的完成也意味着合群组内不再是一种全对等的状态,组头可以作为合群内的集中维护者、调度者管理组内处理,具体各种处理规程将在下文详述。

2. 基于威望值的组头轮换算法

如前文论述,在动态合群组管理方式下,所有的移动台是平等的,因此需要组代表轮换处理保证开销公平。与组头的初始选取不同,组头在轮换时合群组已经形成,存在当前组头,因此轮换过程不用采用完全分布式的通信协商方式,可以由当前组头发起,采用集中调度式的通信机制,减少冲突,也简化了新组头选取即组头轮换的过程。另外一点与组头的初始选取不同的是,组头初始选取仅考虑合群性,合群度满足条件的移动台即宣布自己为组头,以更快的建立起合群组;而组头轮换过程中,为避免组头的离开或能量耗尽,应尽量选择"称职"的组头。因此需要综合考虑移动台的合群运动特性和能量水平,考虑这两点,提出一种基于威望值的组头轮换算法,力图达到一种稳定的合群状态和公平的组头开销。

基于威望预测的组头轮换算法的基本思想是当前组头在其任期结束前,通过合群内广播,发起组头轮换选举;合群内满足条件的候选移动台根据其在当前合群组内的滞留时间和自己的能量水平,计算一个"威望"值,报告给当前组头;当前组头通过比较"威望"值,最终选取接任的组头。

定义 8-6　定义组头任期为 T_{ROTATE},即合群组建立后,组头轮换的周期为 T_{ROTATE}。

进入合群处理后,组头周期性的轮换需要计算威望值,威望值的计算被规定为服从如下三条规则。

规则一　任何移动台不能连续在两个 T_{ROTATE} 内担任组头;

规则二　移动台担任组头的次数不能超过其在组内的轮换周期数除以合群度阈值加 1;

规则三　在满足规则一、二的前提下,威望值取决于移动台在当前组的滞留时间和其剩余的能量。

定义上述三条规则,以减少组头在下一任期离开或能量耗尽带来假解体状态的可能,从而提升合群组的稳定性,提高合群管理效率,同时兼顾移动台的开销公平。组头的最终归属取决于节点威望值。

记移动台 MT_j 当前剩余能量为 E_j,当前组头为 MT_i,威望值记为 Pt_i。

定义 8-7　定义 $F_E(X)$ 为组头的能量开销概率分布函数,即 $F_E(X)$ 为组头一个任期内能量开销小于 X 的概率。

定义 8-8　定义 $F_T(X)$ 为节点滞留在组中的时间概率分布函数,即 $F_T(X)$ 为节点滞留在组内的时间小于 X 的概率。

定义 8-9　定义候选组头的威望值 Pt_j 为该节点能在下一个周期完成组头工

作的概率。

根据以上定义,移动台 MT_j 的威望值可以表示为

$$Pt_j = \begin{cases} 0, & MT_j \text{ 是当前组头} \\ 0, & n_j > \left\lfloor \dfrac{T_j}{s_{\text{Thr}}^{\text{group}} T_{\text{ROTATE}}} \right\rfloor + 1 \\ F_E(E_j)(1 - F_T(T_j)), & \text{其他} \end{cases} \qquad (8\text{-}4)$$

式中,n_j 为 MT_j 在当前组中担任组头的次数;T_j 为其在当前组内滞留的时间。$F_E(X)$ 和 $F_T(X)$ 分别根据具体的移动台能量开销特性和运动模型而定。根据上述规则定义及威望值计算方法,组头轮换算法见表 8-2。

表 8-2　基于威望值预测的组头轮换算法

(1) 设当前组头为 MT_i,该移动台在成为组头时,设置任期定时器,T_{ROTATE} 秒后到期

(2) MT_i 的任期结束后,在水平信道广播 ROTATION _REQ 报文,同时设置回复定时器,T_{ACK} 秒后到期

(3) 收到该报文的组成员根据式(8-4)计算自己当时的威望值 Pt,如果威望值为正,发送 TAKE_OVER_REQ 给 MT_i,报文包含移动台标识 MT_{ID} 和威望值 Pt

(4) 回复定时器到期后,MT_i 比较收到的所有 TAKE_OVER_REQ 报文中的威望值,选取其中威望最高者为候选组头,设其为 MT_j

(5) MT_i 向 MT_j 回复接任确认报文 TAKE_OVER_ACK,报文中包括组标识 G_{ID},以及其当前合群度 s_{ii}

(6) MT_j 收到该报文,将自己的角色由成员改为组头,更新其合群度 $s_{jj} \leftarrow s_{ii}$,同时开始广播 HELLO 报文以保持组型,报文中同样包含组标识 G_{ID}、新的组头标识 MT_j 及其合群度 s_{jj}

(7) 收到该报文的原成员只更新自己的组信息,将组头设为 MT_j,原组头 MT_i 收到该报文后将自己的角色转换为成员,所有移动台更新合群度向量,组头轮换过程完成

注意,在组头轮换的过程中,同时可能有其他处理发生,如合群位置更新。因此在轮换过程中,原组头仍然承担组头角色,处理相关报文或事件。当轮换过程完全完成,即它收到新的组头广播的 HELLO 报文时,组头角色才完全转交。

8.3.3　成员加入与退出

1. 成员加入

无论是静态合群组还是动态合群组,组头选取完成后,设组头为 MT_i,其都将通过在水平信道广播 HELLO 报文,通告合群组的信息。与游离状态下的 HELLO 报文广播不同,组头在确定自己身份后,会在 HELLO 报文中修改相应字段,报文类型为组头广播。MT_i 的邻节点 MT_j 收到类型为组头广播的 HELLO 报文时,将停止自己的定时 HELLO 报文广播,变为应激式响应。MT_i 以集中调度方式与组成员通信,根据 HELLO 报文中要响应的 MT_{ID},相应的也要回应组头。

定义 8-10　定义组头 MT_i 的成员判决向量为 $G_i = \{g_{ij} : MT_j \in \Theta\}$。

合群组成员的加入分为两种:一种是组头选取过程中,组头的部分相邻站点会

作为成员加入合群组;另一种是合群组在之后的运行中,一些随行的移动台也会加入合群组。

对于第一种情况,组头选出后,它会初始化其合群组内成员,并设定成员判决向量。对于某相邻移动台 MT_j,当 $v_{ij} \geqslant 1$ 时,MT_i 会默认其为自己的组成员,并设定 $g_{ij} \leftarrow W$,完成后,MT_i 会广播通告这些成员加入合群组成功;

第二种情况下,新的移动台通过申请加入合群组。设某移动台 $MT_k \notin \Theta$,运动过程中,MT_k 接近 MT_i 并跟随其所在合群组运动,则 MT_k 将收到组头 MT_i 广播的 HELLO 报文。根据收到的报文,MT_k 更新自己相对组头的合群度 s_{ki},如果 $s_{ki} > s_{Thr}^{in}$,其中,s_{Thr}^{in} 为成员加入合群度阈值,则向 MT_i 发送 JOIN_REQ 报文,报文中包含自己的节点信息和对组头的合群度 s_{ki}。MT_i 收到 MT_k 的加入请求,将其加入邻节点集合 $\Theta \leftarrow \Theta + MT_k$,初始化其对 MT_k 的合群度 $s_{ik} \leftarrow s_{ki}$ 及链路质量向量 $l_{ik}^{-r} \leftarrow \eta \left[\dfrac{T_{SCAN}}{T_H} \right], r = 0, 1, \cdots, W - 1, v_{ik} = 1$,将其加入为成员 $g_{ik} \leftarrow W$,最后更新自己的合群度 $s_{ii} \leftarrow s_{ii} + 1$。完成本地处理后,$MT_i$ 返回加入确认报文 JOIN_CONF。

2. 成员退出

成员判决向量 G_i 的提出是为了使成员加入退出的过程更加平稳,避免乒乓效应。每当组头 MT_i 更新其对成员的链路质量向量 V_i 时,它都将判断对任意成员 MT_j 的 v_{ij},若 $v_{ij} \geqslant 1$,MT_i 将重置该成员的判决向量分量 $g_{ij} \leftarrow W$,否则,置 $g_{ij} \leftarrow g_{ij} - 1$。当 $g_{ij} = 0$ 时,判定 MT_j 已离开组,相应的删除相关元素 $\Theta \leftarrow \Theta - MT_j$,并更新自己的合群度。

对于移动台 MT_j,它离开合群后,无法收到组头的 HELLO 广播报文,其相对组头的合群度 s_{ji} 也相应衰减,当 $s_{ji} < s_{Thr}^{out}$ 时,其中,s_{Thr}^{out} 为成员退出时的合群度阈值,则恢复自己为游离状态。在阈值的设定上,$s_{Thr}^{out} < s_{Thr}^{in}$,同样用于避免在 MT_j 反复加入退出合群组时的乒乓效应。

8.3.4　合群组建立与解散

本书提出的基于混合网络的合群模型是一种自适应的优化处理,在移动台表现出足够的合群特性或网络地域性时段性的拥塞时,自动启用合群管理方案。而在常规时段,网络资源如果能得到充分的保证,将仍采用现有的独立移动台管理方式,避免盲目采用合群管理带来组内通信开销,也能够更好地保证信令的可靠传输。

1. 合群组的建立

对应于两种合群组类型,合群组的建立分两种情况。

(1) 对于静态合群组,组头 LMT 在架设时完成配置,资源信息也是静态分配的,由管理者固定分配 G_{ID}。LMT 开机时向基站发送其组标识 G_{ID},获得确认后,即进入合群运行状态下,即使是 0 成员情况下仍为合群状态。组头将定时广播组建立信息,成员变更如加入、退出等由相应策略完成。

(2) 对于动态合群组,只有当组头选取完成、成员加入组后,方可认为合群组建立。如前所述,当组头 LMT 根据其合群度确定自己的组头身份后,发布广播,通告成员节点。完成上述工作后,组头将向基站报告合群组形成,申请合群资源。基站根据组头的申请,从未使用的组标识中,动态选取 G_{ID} 分配给申请组,并在网络中注册合群组信息。LMT 收到基站返回确认后,将修改广播中的组标识字段,发布组建立信息,完成合群组建立过程。

2. 合群组的解散

合群组的解散与合群组的建立是一个逆过程,同样对于两种不同类型的合群组略有不同。

(1) 对于静态合群组,成员的个数不决定合群的建立和解散。只要组头在工作,合群组就存在。在组头关机的情况下,合群组停止运行,成员解散。但相关资源如 G_{ID} 仍然保留,只有当完全注销该静态合群组时,所有资源才完全释放。

(2) 对于动态合群组,与组建立和组头选取对应,当合群组内的成员依次离开时,组头 MT_i 的合群度逐步下降,当 $s_{ii} < s_{Thr}^{dis}$ 时,其中,s_{Thr}^{dis} 为组解体合群度阈值,MT_i 将认定合群度已不足以成组。MT_i 仍将通过广播,发布组解散通告,并向基站注销合群组。基站收到注销请求后,将释放合群组资源,收回 G_{ID}。成员收到解散通告后,所有移动台包括原组头 MT_i 恢复游离状态工作方式。当收到基站的合群预备通告时,再次以竞争回退方式广播 HELLO 报文。同样,在阈值设定上 $s_{Thr}^{dis} < s_{Thr}^{group}$,以避免移动台在合群和解散之间切换的乒乓效应。

8.3.5　合群组的合并

动态合群组方式下,当两个或多个组足够靠近,并且具有相同运动特性时,可以通过合群组合并过程,组成一个组,从而进一步提高效率。

定义 8-11　定义不同组组头间的合群度为组合群度,记 m_{ij} 为合群组 G_j 对合群组 G_i 的组合群度。

组合并处理由其中某一个合群组的组头发起,假设组 G_i 的组头 MT_i 收到组 G_j 的组头 MT_j 的合群 HELLO 报文广播,与成员加入处理类似,MT_i 将设置并更新其对 MT_j 的组合群度 m_{ij}。组合群度的更新规则同独立移动台间的合群度计算方法,当两个合群组的组合群度达到一定要求,即 $m_{ij} > m_{Thr}^{Merge}$,其中,m_{Thr}^{Merge} 为设定的合并组合群度阈值,则认为两个组具有合群特性,开始组合并处理,具体分两种情况。

　　1) 若 $s_{ii} > s_{jj}$

　　即 G_i 的合群度大于 G_j 的合群度,根据合群度 s_{ii} 的物理意义,可以近似认为 G_i 的成员个数多于 G_j 的成员个数。此情况下,MT_i 不作任何处理,相应的合并操作会由合群度低的组头 MT_j 发起,具体如 $s_{ii} \leqslant s_{jj}$ 的情况。

　　2) 若 $s_{ii} \leqslant s_{jj}$

　　即 G_i 的合群度小于或等于 G_j 的合群度,作为 G_i 的组头,MT_i 将代表 G_i 的所有成员申请并入 G_j。当 $m_{ij} > m_{\mathrm{Thr}}^{\mathrm{Merge}}$ 时,MT_i 向 MT_j 发送 MERGE_REQ 报文,报文中包含自己的组标识 G_i、组头 ID 即 MT_i、合群度向量 S_i 及邻节点集合 Θ_i。

　　MT_j 收到合并请求后,若允许合并,做如下操作:

　　(1) 扩充自己的邻节点的集合 $\Theta_j \leftarrow \Theta_j + \Theta_i$;

　　(2) 更新自己的合群度向量 $s_{jj} \leftarrow s_{jj} + s_{ii}$,$s_{jk} \leftarrow s_{ik}(\mathrm{MT}_k \in \Theta_i)$;

　　(3) MT_j 向 MT_i 回复合并确认 MERGE_CONF 报文,MT_i 收到合并确认后,通知其成员更新;

　　(4) 在 G_i 中广播,通知所有成员将附属组信息和组头信息做相应修改,分别更新为 G_j 和 MT_j;

　　(5) 转换角色,将组头更新为成员,所属组为 G_j,组头为 MT_j。

8.3.6　合群组更新

　　某些合群服务,如位置更新,在基础设施固网中,同样保存了合群组及合群组成员的信息。因此在合群组跨越位置区或成员信息发生变化时,都会触发组更新过程。组更新由组头发起,当组头跨越位置区时,它会向网络报告位置更新,报文中包括组标识 G_{ID} 和组成员变更信息。注意到如位置更新的服务对实时性的要求不高,因此为减少垂直通信开销,成员变更报告可以嵌于其他合群服务信息中,一起发送给基础设施。本书将在第 14 章对合群网络结构在位置更新中的应用做进一步讨论。

8.4　合群管理代价分析

　　自治合群管理策略描述了一组用于移动台间建立和维护合群组的水平通信规则。通过建立合群组,移动台期望通过近距离的水平协作通信,节省与基站间通信的带宽资源和能量开销。水平通信使用与垂直通信独立的无线二层技术,其信令开销和能量开销与自治合群管理策略的设计密切相关。本节将通过仿真分析自治合群管理策略下建立与维护合群组的开销,包括信令带宽占用、能量分析、合群生命期等。

　　由于合群建立过程与建立后的维护过程各自应用于不同的场景,因此对两种过程的性能分析分别进行讨论。

8.4.1　合群建立过程

1. 模型与场景描述

考虑一个半径为 r 的圆形考察区域 $\mathcal{A}$，用户服从平面泊松分布，相互独立的以密度 ρ 分布在该区域。则区域 $\mathcal{A}$ 中的平均用户个数为 $\rho \| \mathcal{A} \|$，$\| \mathcal{A} \|$ 表示 $\mathcal{A}$ 的面积。

设区域 $\mathcal{A}$ 的用户密度已达到建立合群的阈值，且用户分布处于稳定状态。根据合群度的物理意义，即 $\rho \| \mathcal{A} \| > s_{\mathrm{Thr}}^{\mathrm{group}}$ 且移动台的无线通信范围的直径为 r（保证 $\mathcal{A}$ 内的任意两节点可以直接通信）。根据合群组建立策略和组头选取策略，在此场景下，移动台会通过广播构建相互间的链路信息。同时场景设定上，稳定的用户密度 ρ 能满足合群度的需求，则区域内的移动台应能自主建立成合群组。

这个过程中，合群建立的开销主要为移动台的广播。考察如下性能指标：

(1) 从移动台开始广播到合群组建立成功，移动台平均发送的信令数及这些广播的能量开销；

(2) 由于存在冲突可能，合群建立时间也会变化，考察该合群建立时间随用户密度的变化关系。

2. 开销分析

图 8-1 显示了在组建立合群度要求为 10 时，合群组建立过程中的广播信令开

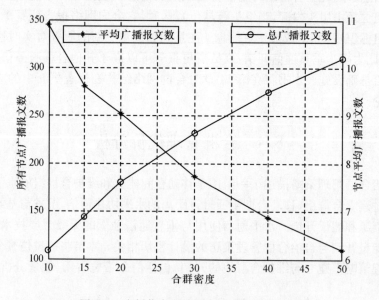

图 8-1　广播信令开销随合群密度变化关系

销与区域合群度的关系。可以看到,随着区域合群度的增加,所有节点广播报文的总数明显增加。显然,这是由于区域内节点数的增加造成的,但报文总数的增加并非线性,平均每个节点广播的报文数反而减少。可以想像,由于节点个数增加,而合群度的需求并没有变化,因此当组头选出,通报建立合群组,终止所有成员的广播时,很多节点由于回退或冲突,并没有发送足够的广播报文而收到组建立通告直接加入合群组,因此平均信令开销反而降低。

与信令开销一致,合群组建立过程中的总能量开销也是随合群密度的增加而增加,而节点平均能量开销却随合群度的增加而减小,如图 8-2 所示。

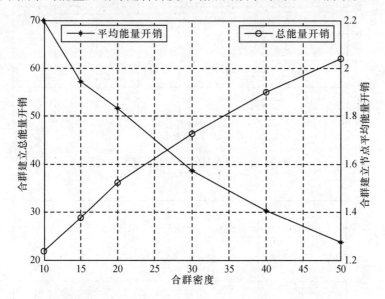

图 8-2 广播能量开销随合群密度变化关系

随着合群密度的增加,虽然合群建立节点平均能耗降低,但由于广播过程中的冲突造成的无效广播及节点增加带来的退避增多,合群建立的时间相应会有所增加。但由于广播周期相对较长,因此增加幅度不大,如图 8-3 所示。

在考察了各种开销与区域合群度的关系后,图 8-4 和图 8-5 分别显示了系统总广播信令开销和合群建立时间随合群组建立所要求的合群度间的关系。

和预期的一样,随着合群度要求的提升,合群组建立过程中的广播报文总数与合群建立时间也有所增加。而且当合群密度要求达到一定值时,增幅会增大,这同样是由于用户密度升高,冲突和回退概率增加所带来的。

最后,图 8-6 考察了最大回退窗的设置对广播报文总数和合群建立时间的影响。从图中可以看到,由于随着回退窗口的增大,选取的回退时间相对也会增加,因此合群建立时间会延长,相应地整个过程中的广播报文也会增多。但同样因为合群广播间隔相对较长,回退窗的影响相对不明显。

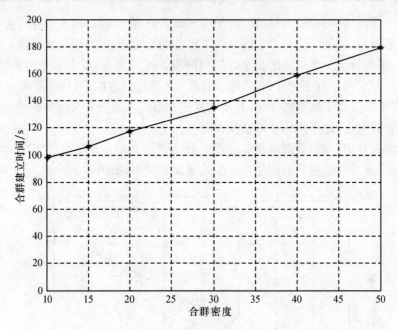

图 8-3　合群建立时间随合群密度变化关系

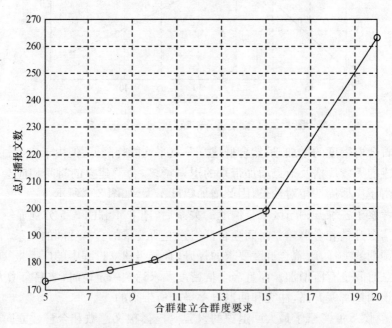

图 8-4　广播信令开销与合群建立合群度要求的变化关系

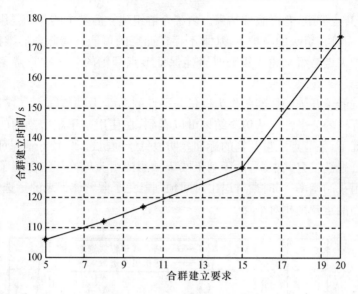

图 8-5　合群建立时间与合群建立合群度要求的变化关系

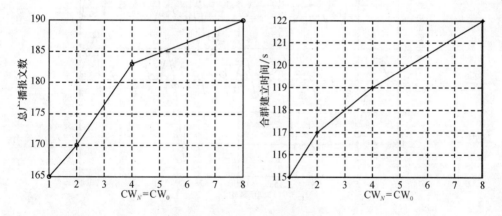

图 8-6　回退窗大小设置的影响

8.4.2　合群维护过程

合群组建立后,组头与成员一起,依从自治合群管理规程,共同维护合群组的运行。常规运行下,合群组的维护开销主要来自组头保持组形的广播,此外,组头的轮换和成员的加入也会出现信令的交互,带来网络带宽和能量的开销;当出现由于组头离开或关机等原因退出合群组带来的假解体情况时,还需要考虑重新选取组头的代价,其可以等效于合群建立过程的开销。

同样考察一个平稳合群组的维护代价,合群组内成员个数稳定于平均值 $\rho\|\mathscr{A}\|$,新用户依从一定规律加入合群组,相应的,成员在处于合群状态一定时间

后,也会离开合群组,合群服务结束。由于合群组建立后基本的开销是组头的定时广播通告,而且在组头的维护下,基本不存在冲突的可能。因此合群维护过程中,考察性能的关键是组头轮换策略是否能保证节点开销的公平性并避免合群组假解体。

以节点能量开销的标准差作为衡量公平性的标准,图 8-7 显示了多次仿真下,节点能量开销的公平性。从仿真结果可以看到,在使用基于威望预测的组头轮换算法的情况下,各节点能量开销的标准差明显低于随机选取,较好地保证了节点能量开销的公平性。究其根源,由于基于威望预测的组头轮换算法限制了某移动台多次充当组头的概率,同时通过退出时间预判避免了假解体带来的重选组头,因此使得各节点能量开销相对平均。

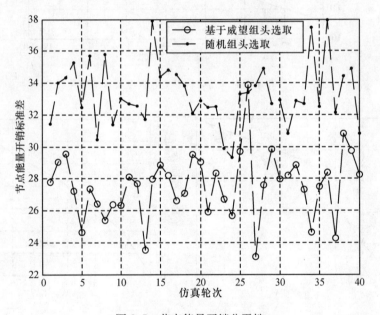

图 8-7　节点能量开销公平性

8.5　本章小结

在论证了合群结构网络的效能和合群移动模型的基础上,合群网络模型需要一套管理策略以保证合群模型的运作。针对现有网络基础设施条件不足以提供环境感知和合群维护的现状,利用水平对等通信,交换必要信息,协商建立维护合群组成为一种可行的方法。围绕该思路,本章给出了移动节点利用对等通信自治建立成组、自治维护组型、自治更新成员等一系列管理策略。特别关注了其中组头的选取和轮换,提出了基于合群度的组头选取算法和基于威望值的组头轮换算法,并仿真分析了合群组建立和维护过程中的各种开销,仿真结果显示了合群建立过程中的广播信令开销和能量开销与合群密度等参数的关系,为实际系统设计过程中的参数选择提供了参考,并证明了基于威望值的组头轮换算法相对于随机选取更具公平性。

　　至此,已从网络结构、效能优势、运动模型和管理策略等方面论述了合群网络结构理论支撑和设计思路。从设计初衷上,希望合群网络结构能应用于具有合群运动特性和存在信息融合潜质的场合,而位置管理过程恰符合这种特征,因此,第14 章将针对位置管理这一实例,讨论合群网络模型可能的应用前景。

参 考 文 献

Heinzelman W B,Chandrakasan A P,Balakrishnan H. 2002. An application-specific protocol architecture for wireless microsensor networks. IEEE Transactions On Wireless Communications,1(4):660-670.

IEEE Standards Board. 2003. Standard for part 15. 4:Wireless medium access control(MAC)and physical layer(PHY) specifications for low rate wireless personal area networks(WPAN), IEEE Std 802. 15. 4. The Institute of Electrical and Electronics Engineers,Inc.

第 9 章　多无线多信道合群网络的跨层资源分配

9.1　引　　言

多无线多信道技术非常适合应用于合群网络中。由于多无线多信道无线网络具有诱人的大容量特性,许多研究者以提高容量与合理分配信道为优化目的,得出了一些具有重要理论意义的成果。

本章基于网络效用最大化(Network Utility Maximization)方法,将联合拥塞控制与信道分配的跨层资源分配问题建模为一个混合整数非线性规划问题。由于求解该问题的时间复杂度较高,本章设计了相应的分布式近优算法,并验证了算法的近优性能。该算法可以动态调整网络传输速率进行拥塞控制并能指定链路与信道的映射关系。

9.1.1　网络模型

将具有 n 个通信节点, l 条无线通信链路的多无线多信道无线网络抽象为有 n 个点, l 条边的有向图,节点与链路集合分别用 N 和 L 表示。设整个网络共有 m 个正交信道,信道集合用 M 表示。网络中各节点均具备多个无线接口,设节点 n 的接口个数为 f_n。各节点可同时使用多个不同的信道进行数据的发送或接收。在任何时刻,同一个节点的两个接口不能使用相同信道;而不同节点的无线接口在干扰距离之外可使用同一个信道。将能够互相通信的节点定义为邻居节点,邻居节点间存在同频干扰。设节点 n 的邻居节点构成的集合为 $V(n)$。

对于源节点为 s,目的节点为 d 的数据流,用记号 (s,d) 来标识,设其速率为 $r_{s,d}$。源节点集合与目的节点集合分别为 S、D。为不失一般性,可假设该速率满足

$$r_{\min} \leqslant r_{s,d} \leqslant r_{\max} \tag{9-1}$$

式中, $r_{\min}$ 与 $r_{\max}$ 分别为传输速率的上下限。设 E_l^m 为链路-信道指示变量,若 $E_l^m = 1$,表示将信道 m 分配给链路 l,若为 0 则表示信道 m 未分配给链路 l。引入 $[H_{(s,d)}^l]$ 作为路由矩阵,即 $H_{(s,d)}^l = 1$ 表示数据流 (s,d) 将经过无线链路 l, $H_{(s,d)}^l = 0$ 表示不经过该链路。本书假设网络中各数据流已通过路由协议确定了传输路径,所以相应的路由矩阵为常量矩阵。

9.1.2　优化模型与优化问题

在多无线多信道网络中,同一时刻各逻辑链路最多使用一个无线信道,也就是

$$\sum_{m=1}^{M} E_l^m \leqslant 1, \quad \forall l \in L \tag{9-2}$$

设以节点 n 为发送端的链路集合为 $O(n)$,以其为接收端的链路集合为 $I(n)$。对于任意节点 n,其所有链路的总容量不能超过无线接口所能提供的最大速率之和,即为有限值

$$\sum_{l \in O(n) \bigcup I(n)} c_l \leqslant c_{\text{total\_max}}^n, \quad \forall n \in N \tag{9-3}$$

式中,c_l 为链路 l 的容量;$c_{\text{total\_max}}^n$ 为节点 n 的所有相关链路的容量和的上限,该值可由接收端估算,然后反馈给发送端。

为了避免通信干扰,在某一时刻,节点 n 对应的各链路与其邻居节点的链路不能使用同一信道. 设 $b(l)$ 与 $e(l)$ 分别表示链路 l 的发送端与接收端,则有

$$\sum_{l \in O(n)} E_l^m + \sum_{b(l) \in V(n)} E_l^m \leqslant 1, \quad \forall n \in N, \forall m \in M \tag{9-4}$$

$$\sum_{l \in I(n)} E_l^m + \sum_{e(l) \in V(n)} E_l^m \leqslant 1, \quad \forall n \in N, \forall m \in M \tag{9-5}$$

集合 $I(n)$ 的各链路 l 满足条件 $b(l) \in V(n)$,于是式(9-4)表示节点 n 的链路集 $O(n) \bigcup I(n)$ 与以其邻居节点作为发送端的链路之间的信道限制;类似地,集合 $O(n)$ 的各链路 l 满足条件 $e(l) \in V(n)$,式(9-5)表示节点 n 的链路集 $O(n) \bigcup I(n)$ 与以其邻居节点作为接收端的链路之间的信道限制。

经过链路 l 的网络流量为 $\sum_s \sum_d H_{(s,d)}^l r_{s,d}$($H$ 为路由矩阵),它不能超过链路 l 的容量 c_l,则有

$$\sum_{s \in S} \sum_{d \in D} H_{(s,d)}^l r_{s,d} \leqslant \sum_{m=1}^{M} E_l^m \cdot c_l, \quad \forall l \in L \tag{9-6}$$

采用网络效用函数来度量无线网络的性能。设从源节点 s 到目的节点 d 的数据流对应的效用函数为 $U_{s,d}(r_{s,d})$,$U_{s,d}(r_{s,d})$ 是严格凹且单调增的二次可微函数。整个网络的效用可表示为 $\sum_{s \in S} \sum_{d \in D} U_{s,d}(r_{s,d})$,网络的优化目标是使整个网络的效用最大,即解决优化问题:

$$
\begin{cases}
\max\limits_{\{r_{s,d},c_l,E_l^m\}} \sum\limits_{s\in S}\sum\limits_{d\in D}U_{s,d}(r_{s,d}) \\[2mm]
\text{s. t.} \ \sum\limits_{m=1}^{M}E_l^m \leqslant 1, \quad \forall l\in L \\[2mm]
\sum\limits_{l\in O(n)\bigcup I(n)}c_l \leqslant c_{\text{total\_max}}^n, \quad \forall n\in N \\[2mm]
\sum\limits_{l\in O(n)}E_l^m + \sum\limits_{b(l)\in V(n)}E_l^m \leqslant 1, \quad \forall n\in N, \forall m\in M \\[2mm]
\sum\limits_{l\in I(n)}E_l^m + \sum\limits_{e(l)\in V(n)}E_l^m \leqslant 1, \quad \forall n\in N, \forall m\in M \\[2mm]
\sum\limits_{s\in S}\sum\limits_{d\in D}H_{(s,d)}^l r_{s,d} \leqslant \sum\limits_{m=1}^{M}E_l^m\cdot c_l, \quad \forall l\in L \\[2mm]
r_{\min}\leqslant r_{s,d}\leqslant r_{\max}
\end{cases}
\tag{9-7}
$$

问题(9-7)既有连续变量 $r_{s,d}$、c_l，又有离散变量 E_l^m，所以该问题是一个混合整数的非线性规划问题。它的解包括最优网络传输速率、链路容量及相应的信道分配方案。

9.2　分布式算法设计

由于无线网络一般没有集中控制协调的网络中心单元，用集中式算法解决问题(9-7)在自适应性、可扩展性、鲁棒性等方面均有较大的局限；另外，混合整数非线性规划问题(9-7)是一个 NP 问题，当网络规模较大时，用集中式的解法(如分支定界法)将会带来较高的时间复杂度。基于此，本节将设计相应的近优分布式算法，该算法在具有较小复杂度的同时还能获得接近最优解的近优解。

9.2.1　基于对偶分解的分布式算法

采用对偶分解方法设计分布式算法求解优化问题。首先引入拉格朗日乘子 α_l、β_n 放松限制条件式(9-3)和式(9-6)，得到拉格朗日函数

$$
L(\boldsymbol{R},\boldsymbol{E};\boldsymbol{\alpha},\boldsymbol{\beta})
$$

$$
= \sum_{s\in S}\sum_{d\in D}U_{s,d}(r_{s,d}) + \sum_{l=1}^{L}\alpha_l\Big(\sum_{m=1}^{M}E_l^m\cdot c_l - \sum_{s\in S}\sum_{d\in D}H_{(s,d)}^l r_{s,d}\Big)
$$

$$
+ \sum_{n=1}^{N}\beta_n\Big(\sum_{f=1}^{f_n}c_{n,f}^{\max} - \sum_{l\in O(n)}c_l - \sum_{l\in I(n)}c_l\Big)
\tag{9-8}
$$

式中，$\boldsymbol{R}$、$\boldsymbol{E}$、$\boldsymbol{\alpha}$、$\boldsymbol{\beta}$ 分别表示变量 $r_{s,d}$、E_l^m、α_l、β_n 组成的矢量。进一步将拉格朗日函数改写为以下形式：

$$L(\boldsymbol{R}, \boldsymbol{E}; \boldsymbol{\alpha}, \boldsymbol{\beta})$$

$$= \sum_{s \in S} \sum_{d \in D} \left\{ U_{s,d}(r_{s,d}) - r_{s,d} \sum_{l=1}^{L} H_{(s,d)}^{l} \alpha_l \right\} + \sum_{l=1}^{L} c_l \left\{ \alpha_l \sum_{m=1}^{M} E_l^m - (\beta_{b(l)} + \beta_{e(l)}) \right\}$$

$$+ \sum_{n=1}^{N} \beta_n \sum_{f=1}^{f_n} c_{n,f}^{\max} \tag{9-9}$$

该拉格朗日函数的对偶函数为 $g(\boldsymbol{\lambda}, \boldsymbol{\mu}) = \max_{R,E} L(\boldsymbol{R}, \boldsymbol{E}; \boldsymbol{\alpha}, \boldsymbol{\beta})$，则对应的对偶问题是

$$\min_{\lambda \geq 0, \mu \geq 0} g(\boldsymbol{\lambda}, \boldsymbol{\mu}) \tag{9-10}$$

式中，$\geq$ 表示分量不等式。为解决问题(9-10)，可先解决 $\max_{R,E} L(\boldsymbol{R}, \boldsymbol{E}; \boldsymbol{\alpha}, \boldsymbol{\beta})$。根据式(9-9)，该式可分解为两个子问题，第一个是速率控制子问题

$$\max_{r_{\min} \leqslant r_{s,d} \leqslant r_{\max}} \sum_{s \in S} \sum_{d \in D} \left\{ U_{s,d}(r_{s,d}) - r_{s,d} \sum_{l=1}^{L} H_{(s,d)}^{l} \alpha_l \right\} \tag{9-11}$$

各节点 s 通过求解

$$\max_{r_{\min} \leqslant r_{s,d} \leqslant r_{\max}} U_{s,d}(r_{s,d}) - r_{s,d} \sum_{l=1}^{L} H_{(s,d)}^{l} \alpha_l \tag{9-12}$$

得到最佳传输速率。子问题 1 的优化变量仅为本地变量 $r_{s,d}$，所以各节点可独立解决该问题。第二个是链路分配子问题

$$\max \sum_{l=1}^{L} c_l \left[\alpha_l \sum_{m=1}^{M} E_l^m - (\beta_{b(l)} + \beta_{e(l)}) \right] \tag{9-13}$$

于是链路 l 的发送端可通过求解 $\max c_l \left[\alpha_l \sum_{m=1}^{M} E_l^m - (\beta_{b(l)} + \beta_{e(l)}) \right]$ 完成链路分配。该优化问题的目标函数是非严格凹的函数，它将导致链路传输速率的快速变化，易使得链路状态不稳定。为解决此问题，可引入二次项 $-\theta_l c_l^2$ 至目标函数，其中，θ_l 为一个较小的正实数。于是链路 l 所需求解的优化问题为

$$\begin{cases} \max_{\{E_l^m, c_l\}} c_l \left\{ \alpha_l \sum_{m=1}^{M} E_l^m - (\beta_{b(l)} + \beta_{e(l)}) \right\} - \theta_l c_l^2 \\ \text{s. t. } \sum_{m \in \text{ava}(l)} E_l^m \leqslant 1 \\ \quad 0 \leqslant c_l \leqslant c_{n,f}^{\max}, \quad b(l) = n \end{cases} \tag{9-14}$$

式中，ava(l) 表示链路 l 的可用信道。为得到该可用信道集合 ava(l)，令各节点在其邻域以拉格朗日乘子 β 的大小作为优先级分配信道。具体过程为：各节点与邻居节点交换 β 值，由 β 值最大的节点优先计算以其为发送节点的各链路 l 对应的优化问题(9-14)，然后将信道分配结果通知给各邻居节点。接着由 β 值次大的节

点开始计算其对应链路的优化问题,它的可分配信道集合将排除已被分配的信道。这样以 β 的大小为次序,各节点依次分配信道直到所有节点分配完毕。

接着采用投影次梯度法求解对偶问题,可得 α_l, β_n 分别为

$$\alpha_l(t+1) = \Big[\alpha_l(t) + h_1(t)\big(\sum_{s \in S}\sum_{d \in D} H^l_{(s,d)} r_{s,d} - \sum_{m=1}^{M} E^m_l \cdot c_l\big)\Big]^+ \quad (9\text{-}15)$$

$$\beta_n(t+1) = \Big[\beta_n(t) + h_2(t)\big(\sum_{l \in O(n)} c_l + \sum_{l \in I(n)} c_l - \sum_{f=1}^{f_n} c^{\max}_{n,f}\big)\Big]^+ \quad (9\text{-}16)$$

式中,$[\cdot]^+$ 表示在区间 $[0, +\infty)$ 上的投影;步长 $h_1(t)$、$h_2(t)$ 为消失步长,均为正数,并且满足 $h_1(t) \to 0, \sum_{t=1}^{\infty} h_1(t) = \infty, h_2(t) \to 0, \sum_{t=1}^{\infty} h_2(t) = \infty$。容易验证满足该要求的步长可使算法收敛。

9.2.2 分布式算法描述

根据上节的推导,可得如下迭代分布式算法用于求解问题(9-7):

节点 n 本地运行以下算法($n=1, \cdots, N$):

(1) 节点 n 以任意非负值初始化其对应的 $\alpha_l(0)$ 及 $\beta_n(0)$($l \in O(n)$)。

(2) 节点 n 本地解决优化子问题(9-12),得到传输速率 $r_{s,d}(t)$。

(3) 节点 n 按照其优先级本地解决子问题(9-14)得到 $E^m_l(t), c_l(t)$($l \in O(n)$),并将结果通知给其邻居节点。

(4) 根据迭代式(9-15)更新 α_l 得到 $\alpha_l(t+1)$($l \in O(n)$),并将 $\alpha_l(t+1)$ 的值发送至路由经过该链路的各数据流对应的源节点。

(5) 根据迭代式(9-16)更新 β_n 得到 $\beta_n(t+1)$,并将 $\beta_n(t+1)$ 的值发送至其所有邻居节点 $V(n)$。

(6) $t = t+1$,若满足收敛条件,算法结束;否则转(2)

该分布式算法主要需要以下两类数据在节点间交互:①为解决问题(9-12),数据流 (s, d) 所经过的各条链路将各自的 α_l 发送至源节点 s,于是节点 s 可计算出最佳网络注入速率 $r_{s,d}$,从而实现拥塞控制;②为解决问题(9-14),节点 n 需要接收邻居节点的 β_n 值与信道分配结果,并将自身 β_n 值与计算得到的 $E^m_l(t)$($l \in O(n)$)结果通知给其邻居节点。这两类信息可包含在专门设计的通知数据包里或者嵌入在目前许多网络协议均具备的 ACK 数据包里。设网络中各路由最大跳数为 $\text{hop}_{\max}$,邻居节点的最大个数为 $\text{neighbor}_{\max}$,数据流共有 num_{flow} 条,于是每次迭代的通信开销的上限为

$$\text{num}_{\text{flow}} \cdot \text{hop}_{\max} + 2N \cdot \text{neighbor}_{\max} (\text{packets})$$

原问题(9-7)是一个非凸数学规划问题,其最优效用值与对偶问题(9-10)的最优效用值并不相同,也就是对偶空隙不为零。下一节通过仿真验证该次优解非常

接近最优解。

9.3 仿 真 分 析

仿真实验在由 30 个通信节点所构成的网络中进行。假设 30 个节点均匀分布在 1000m×1000m 的区域中,从中随机选出 5 对节点作为数据流的源节点与目的节点对,并指定每个数据流的路由;各节点均配有 4 个无线接口,每个无线接口的最大传输与干扰距离均设为 200m。网络效用函数为 $U_{s,d}(r_{s,d})=\lg(r_{s,d})$,每条链路的最大容量设为 2.5Mb/s,参数 θ_l 设为 0.01。

图 9-1 描述了分布式算法迭代计算出的网络效用与最优网络效用的逼近演化过程。使用 $\mathrm{Lev}(t)$ 衡量两者的接近程度

$$\mathrm{Lev}(t) = \frac{\left| \sum_s \sum_d U_{s,d}(r_{s,d}(t)) - \sum_s \sum_d U_s^*(r_{s,d}) \right|}{\sum_s \sum_d U_s^*(r_s)} \tag{9-17}$$

式中,$\sum_s \sum_d U_{s,d}(r_{s,d}(t))$ 表示分布式算法第 t 次迭代得到的网络效用,$\sum_s \sum_d U_s^*(r_s)$ 是用集中式的分支定界法计算得到的最优网络效用。由图 9-1 可知,随着迭代过程的进行,分布式算法逐渐收敛至次优解,并且 $\mathrm{Lev}(t)$ 值越来越小,即更接近最优效用。

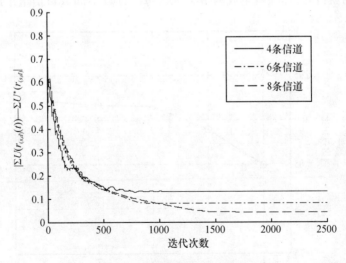

图 9-1 网络效用的迭代演化

图 9-2 反映了各数据流迭代过程中传输速率的演化,图中各条曲线表示相应

数据流的速率 $r_{s,d}$。从图中可知,各曲线均收敛,即分布式算法可收敛到次优解。值得注意的是,各条曲线抖动较小,这表示链路速率的变化较为和缓,从而使得链路状态更为稳定。

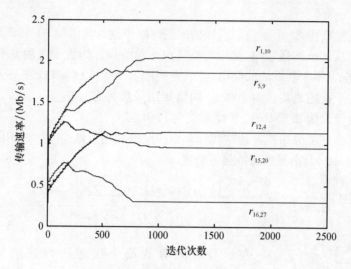

图 9-2　传输速率的迭代演化

图 9-3 给出了网络中信道数量变化时的网络效用比,网络效用比通过分布式算法得到的次优效用除以对应的最优效用得到。图 9-3 所示的各网络效用比是通过统计平均获得的,即随机生成网络 10 次,每次计算不同数目信道下的分布式算

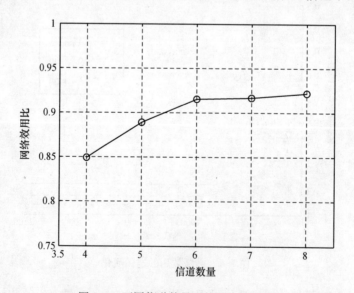

图 9-3　不同信道数量下的网络效用比

法效用比,最后对不同数量信道下的效用比分别进行算术平均。由图可知,在不同数量的信道中,网络效用比均大于 0.85,这表明分布式算法的效用值很接近最优效用值。特别地,随着信道数目的增加,网络效用比逐渐增加。这是因为随着信道的增加,各节点信道分配冲突的可能性降低,各节点可以充分利用多个接口,从而使得网络效用更接近最优值。

9.4　基于多径路由技术的优化模型分析

多径路由是在一对源节点与目的节点之间建立多条路由的技术。多径路由的主要目的是提高负载均衡能力与网络鲁棒性,它的数据包可以根据不同的选择标准在同一对通信节点间合理选择路径。而当某条路径中某链路由于信道质量下降或者移动性被破坏时,另一条路径可以代替它进行通信。现有的常用多径路由协议有 AOMDV 协议,它是 AODV 协议的扩展,可以计算多条无回路并且无交叉链路的路径。AODVM 协议也是 AODV 协议的一种扩展,可计算多条无交叉节点的路径,该协议的中间节点不允许向源节点发送路由回复。SMR 协议是一种被动的多路径路由协议,类似于 DSR 协议,它可以找出尽可能多的不交叉路径。

值得注意的是,不同于单天线单信道的无线网络,多条路径往往用于备选以提高路由的健壮性,在多无线多信道网络中,多条路由可同时建立以提高传输效率,从而充分利用了频带资源。此外,为了进一步提高频带利用率,多无线多信道技术可以在需要的情况下在一对通信节点间建立多条并发链路。

基于以上设计思想,本节将设计一种联合拥塞控制、链路调度、发射机与信道分配的跨层优化算法。在相应模型的构建中,综合考虑了合群网络中的多径路由的速率分配与并发链路的建立。针对多条并发链路,引入了聚合链路的概念,将多个同源同目的的并发链路视为一个虚拟链路,从而简化了模型分析。

类似于上节的建模思路,本节相应的联合资源分配问题也被建模为一个混合整数的非线性规划问题,不同于上一节的求解方法,本节采用了放松-逼近的思想设计了一种近优分布式算法。这是一种两步式解决方案,第一步是放松整数变量与限制条件以获得一个凸规划问题,该凸规划问题的解可作为原问题的一个上界。第二步是设计逼近算法使得逼近结果尽量接近得到的上界。为了评估该方法的效果,将该算法得到的近优解与分支定界法所得到的结果进行了比较,仿真结果表明该算法的结果接近于分支定界法得到的最优结果。

9.4.1　模型建立与优化问题

设网络中各节点有多个无线发射机,并且可以同时与多个邻居节点在不同的信道上进行通信。各无线发射机一个时刻最多只能和一个邻居节点通信。如果有足够的网络资源,两节点间可建立多条链路。

考虑一个由 N 个通信节点构成的无线网络。每个节点 i 的无线发射机数量设为 $f_i(i=1,2,\cdots,N)$。网络中共有 $K(K\geqslant f_i)$ 个正交频分信道且各频带的带宽相等。网络中设有 s 个源节点-目的节点对。每个节点对的网络注入速率设为 $r_s\in[m_s,M_s]$。每个节点对之间可有多条路由,设 $G(s)$ 表示源节点 s 与其目的节点间路由的数量。设 r_{sg} 表示源节点 s 分配到路径 g 上的传输速率。于是,节点 s 的整个网络注入速率可写为

$$r_s = \sum_{g=1}^{G(s)} r_{sg} \tag{9-18}$$

定义某节点的邻居节点为与该节点存在强通信干扰的节点,设 $V(i)$ 表示节点 i 的邻居节点集合,由于强干扰,节点 i 与其邻居节点不能同时使用同一信道。为充分利用频带资源,当网络资源足够时,一对能直接通信的节点间可同时建立多条并发链路以提高网络传输速率。称同时在同一对通信节点间建立的多条并发链路为聚合链路,用 AL 表示。设 $b(l)$ 与 $e(l)$ 分别表示链路 l 的发送端与接收端,于是节点 i,j 之间的聚合链路可表示为

$$\mathrm{AL}(i,j) = \{l \mid b(l)=i, e(l)=j, i\neq j\} \tag{9-19}$$

集合 $O(i)$ 与 $I(i)$ 分别表示节点 i 的输出链路集合与输入节点集合。容易看出,聚合链路的容量等于所有属于该聚合链路的无线链路的容量和。图 9-4 给出了一个聚合链路的例子。

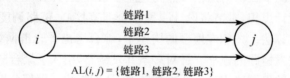

$$\mathrm{AL}(i,j) = \{链路1, 链路2, 链路3\}$$

图 9-4　聚合链路举例

如图 9-4 所示,聚合链路 $\mathrm{AL}(i,j)$ 由并发链路 1,并发链路 2 与并发链路 3 组成。于是聚合链路 $\mathrm{AL}(i,j)$ 的容量为链路 1,链路 2,链路 3 的容量和,特别地,如果一对通信节点间仅有一条通信链路,那么聚合链路就等价于普通的单链路。

可假设网络路由已由某种多路径路由协议建立,路由发现过程可能早于信道分配,此时可路由过程采用公共信道或者其他相关技术。设整个网络包含了 P 个聚合链路 $\mathrm{AL}_1,\cdots,\mathrm{AL}_P$。令 $[B_{sg}^p]$ 表示路由矩阵,当 $B_{sg}^p=1$ 时表示源节点 s 的路径 p 包含了聚合链路 AL_P,反之 $B_{sg}^p=0$。设 (l,p) 表示聚合链路包含的第 l 条无线链路,于是信道-链路对应的指示变量可设为 $z_{(l,p)}^k$,当 $z_{(l,p)}^k=1$ 时表示链路 (l,p) 使用了信道 k,反之 $z_{(l,p)}^k=0$。

有了以上设定,再根据网络特点构造优化模型。网络中各无线链路任一时刻显然最多只能占用一个信道,于是有

$$\sum_{k=1}^{K} z_{(l,p)}^{k} \leqslant 1, \quad \forall (l,p) \tag{9-20}$$

对于任意聚合链路 AL_P,其承载的流量为 $\sum_{s=1}^{S}\sum_{g=1}^{G(s)} B_{sg}^{p} r_{sg}$。于是聚合链路 AL_P 的流量限制可写为

$$\sum_{s=1}^{S}\sum_{g=1}^{G(s)} B_{sg}^{p} r_{sg} \leqslant \sum_{l=1}^{|AL_p|}\sum_{k=1}^{K} z_{(l,p)}^{k} c_{(l,p)}, \quad \forall p \tag{9-21}$$

式中,$c_{(l,p)}$ 表示链路 (l,p) 的容量,$|\cdot|$ 表示集合的势,即集合内元素的个数。于是 $|AL_p|$ 表示聚合链路内链路的数量。

一个节点的出度与入度之和,也就是发射链路与接收链路的数量和不能超过该节点的无线接口的数目,则对于任意节点 i 有

$$\sum_{AL_p \subseteq O(i) \bigcup I(i)} |AL_p| \leqslant f_i, \quad \forall i \tag{9-22}$$

为避免同频干扰,节点 i 与它的邻居节点不能同时在一个信道发送或者接收数据。注意节点 i 的输入链路 (l,p) 满足条件 $b(l,p) \in V(i)$,而输出链路 (l,p) 满足条件 $e(l,p) \in V(i)$,于是可得以下限制条件:

$$\sum_{(l,p) \in O(i)} z_{(l,p)}^{k} + \sum_{b(l,p) \in V(i)} z_{(l,p)}^{k} \leqslant 1, \quad \forall i, \forall k \tag{9-23}$$

$$\sum_{(l,p) \in I(i)} z_{(l,p)}^{k} + \sum_{e(l,p) \in V(i)} z_{(l,p)}^{k} \leqslant 1, \quad \forall i, \forall k \tag{9-24}$$

设 $U_s(\cdot)$ 表示源节点 s 的效用函数,该函数为一个光滑的严格凹函数,并且为增函数。综上所述,网络效用最大化问题可表示为

$$\begin{cases} \max_{\{r_{sg},|AL_p|,z_{(l,p)}^k\}} \sum_{s=1}^{S} U_s\left(\sum_{g=1}^{G(s)} r_{sg}\right) \\ s.t. \sum_{k=1}^{K} z_{(l,p)}^{k} \leqslant 1, \quad \forall (l,p) \\ \sum_{s=1}^{S}\sum_{g=1}^{G(s)} B_{sg}^{p} r_{sg} \leqslant \sum_{l=1}^{|AL_p|}\sum_{k=1}^{K} z_{(l,p)}^{k} c_{(l,p)}, \quad \forall p \\ \sum_{AL_p \subseteq O(i) \bigcup I(i)} |AL_p| \leqslant f_i, \quad \forall i \\ \sum_{(l,p) \in O(i)} z_{(l,p)}^{k} + \sum_{b(l,p) \in V(i)} z_{(l,p)}^{k} \leqslant 1, \quad \forall i, \forall k \\ \sum_{(l,p) \in I(i)} z_{(l,p)}^{k} + \sum_{e(l,p) \in V(i)} z_{(l,p)}^{k} \leqslant 1, \quad \forall i, \forall k \\ r_s \in [m_s, M_s] \end{cases} \tag{9-25}$$

根据模型的建立过程可知,解决该问题可获得各源节点在各个路由上的最优速率,以及信道与无线接口的分配方案和最优的聚合链路组合方案。

9.4.2 近优分布式解法

问题(9-25)是一个包含了实数变量与整数变量的混合整数的非线性规划问题。一般而言,该类问题是 NP 问题,具有较大的时间复杂度并且需要集中式解法,其系统开销往往较大。为了能有效的求解该问题,本节提出了一种两步式的近优分布式算法。首先是放松整数变量与限制以获得容易求解的凸优化问题,该凸优化问题的解为原混合整数规划问题解的上界。然后,以分布式方式在可行解集内逼近第一步得到的上界,以获得联合信道分配、链路调度及拥塞控制的结果。

1) 凸优化放松

求解混合整数规划问题的难点之一在于离散变量的存在,所以一个解决办法就是将其松弛为一个连续变量。设 x_p 表示经过聚合链路 AL_p 的数据流的速率,c_u 表示链路 u 的容量。于是,限制条件式(9-21)和式(9-22)放松为如下形式:

$$\sum_{s=1}^{S}\sum_{g=1}^{G(i)} B_{sg}^{p} r_{sg} \leqslant x_p, \quad \forall p \tag{9-26}$$

$$\sum_{AL_p \subseteq O(i) \bigcup I(i)} x_p \leqslant \sum_{u \in O(i) \bigcup I(i)} c_u, \quad \forall i \tag{9-27}$$

在实际网络中,链路容量与无线接口的数量均为有限数,设 $c_{max}^{(i)}$ 是一个正常数,于是限制条件式(9-27)可替换为

$$\sum_{AL_p \subseteq O(i) \bigcup I(i)} x_p \leqslant c_{max}^{(i)}, \quad \forall i \tag{9-28}$$

注意效用函数 $\sum_{s=1}^{S} U_s \left(\sum_{g=1}^{G(s)} r_{sg} \right)$,尽管函数 U_s 是一个严格凹的函数,但该函数由于线性项 $\sum_{g=1}^{G(s)} r_{sg}$ 的存在,使得效用函数仍然非严格凹。在数学上,这意味着尽管对偶变量在算法中可以收敛,但是更有意义的原问题变量可能不会收敛。这将导致"速率震荡"问题,即速率 r_{sg} 将会在各条路由之间剧烈变化,从而给多种网络应用带来负面影响。

为消除这种震荡效应带来的不利影响,可采用近邻优化法(Proximal Optimization Algorithm)。为每个 r_{sg} 引入辅助变量 y_{sg},以及二次项 $-\sum_{p=1}^{P} \omega_p x_p^2$,于是目标函数变形为

$$\sum_{s=1}^{S} U_s \left(\sum_{g=1}^{G(s)} r_{sg} \right) - \sum_{s=1}^{S}\sum_{g=1}^{G(s)} \theta_s (r_{sg} - y_{sg})^2 - \sum_{p=1}^{P} \omega_p x_p^2 \tag{9-29}$$

这里，θ_s 为源节点 s 对应的正常数，ω_p 为聚合链路 AL_p 对应的正常数，注意该数值很小。注意加上了辅助变量 r_{sg} 后得到的项 $-\sum_{s=1}^{S}\sum_{g=1}^{G(S)}\theta_s(r_{sg}-y_{sg})^2$ 已足以保证新的效用函数为严格凹函数，进一步引入二次项 $-\sum_{p=1}^{P}\omega_p x_p^2$ 是为了保证分解后得到的子问题仍然为凸问题，这点可从后面的对偶分解看到。综上可得到以下形式的凸优化问题：

$$
\begin{cases}
\max\limits_{\{r_{sg},x_p,y_{sg}\}} \sum_{s=1}^{S} U_s\left(\sum_{g=1}^{G(s)} r_{sg}\right) - \sum_{s=1}^{S}\sum_{g=1}^{G(s)}\theta_s(r_{sg}-y_{sg})^2 - \sum_{p=1}^{P}\omega_p x_p^2 \\[2mm]
\text{s. t.} \ \sum_{s=1}^{S}\sum_{g=1}^{G(i)} B_{sg}^p r_{sg} \leqslant x_p, \quad \forall p \\[2mm]
\sum_{\mathrm{AL}_p \subseteq O(i)\bigcup I(i)} x_p \leqslant c_{\max}^{(i)}, \quad \forall i \\[2mm]
\text{and} \quad m_s \leqslant \sum_{g=1}^{G(s)} r_{sg} \leqslant M_s, \quad \forall s \in S
\end{cases}
\tag{9-30}
$$

优化问题(9-30)的目标函数是严格凹函数，可以通过如下算法有效的解决该问题。

第 t_1 次迭代：

(1) 固定 y_{sg} 值，使得 $y_{sg}=y_{sg}(t_1)$，然后最大化关于变量 r_{sg} 与 x_p 的参数化目标函数；

(2) 令 $y_{sg}(t_1+1)=r_{sg}(t_1)$。

在以上解决方法中，还需要用对偶分解求解步骤 1)中的凸优化问题。设 α_p,β_i 分别为对应限制条件式(9-26)和式(9-27)的拉格朗日乘子。于是问题(9-30)的拉格朗日函数为

$$
L(\boldsymbol{r},\boldsymbol{x};\boldsymbol{\alpha},\boldsymbol{\beta})
$$

$$
= \sum_{s=1}^{S} U_s\left(\sum_{g=1}^{G(s)} r_{sg}\right) - \sum_{s=1}^{S}\sum_{g=1}^{G(s)}\theta_s(r_{sg}-y_{sg})^2 - \sum_{p=1}^{P}\omega_p x_p^2
$$

$$
+ \sum_{p=1}^{P}\alpha_p\left(x_p - \sum_{i=1}^{S}\sum_{g=1}^{G(i)} B_{sg}^p r_{sg}\right) + \sum_{i=1}^{N}\beta_i\left(c_{\max}^{(i)} - \sum_{\mathrm{AL}_p \subseteq O(i)} x_p - \sum_{\mathrm{AL}_p \subseteq I(i)} x_p\right)
\tag{9-31}
$$

设 $\boldsymbol{\alpha}$、$\boldsymbol{\beta}$ 分别表示乘子 α_p、β_i 组成的向量，由于对于同一条链路，发送端的输出链路即为接收端的输入链路，于是拉格朗日函数可变形为

$$
L(\boldsymbol{r},\boldsymbol{x};\boldsymbol{\alpha},\boldsymbol{\beta})
$$

$$
= \sum_{s=1}^{S}\left\{ U_s\left(\sum_{g=1}^{G(s)} r_{sg}\right) - \sum_{g=1}^{G(s)}\theta_s(r_{sg}-y_{sg})^2 - \sum_{g=1}^{G(i)} r_{sg}\sum_{p=1}^{P} B_{sg}^p \alpha_p \right\}
$$

$$+ \sum_{p=1}^{P} \{\alpha_p x_p - (\beta_{b(AL_p)} + \beta_{e(AL_p)}) x_p - \omega_p x_p^2\} + \sum_{i=1}^{N} \beta_i c_{\max}^{(i)} \qquad (9\text{-}32)$$

相应的对偶函数为

$$Q(\boldsymbol{\alpha}, \boldsymbol{\beta}) = \max L(\boldsymbol{r}, \boldsymbol{x}; \boldsymbol{\alpha}, \boldsymbol{\beta}) \qquad (9\text{-}33)$$

于是相应的对偶问题可写为

$$\min_{a \geq 0, \beta \geq 0} Q(\boldsymbol{\alpha}, \boldsymbol{\beta}) \qquad (9\text{-}34)$$

由于拉格朗日函数 L 是可分离的形式,问题(9-32)可以在各个源节点和各聚合链路的发送端通过计算各自对应的优化问题得到解决。在各个源节点 s,解决对应的问题

$$\begin{cases} \max_{\{r_{sg}\}} & U_s\Big(\sum_{g=1}^{G(s)} r_{sg}\Big) - \sum_{g=1}^{G(s)} \theta_s (r_{sg} - y_{sg})^2 - \sum_{g=1}^{G(i)} r_{sg} \sum_{p=1}^{P} B_{sg}^p \alpha_p \\ \text{s. t.} & m_s \leq \sum_{g=1}^{G(s)} r_{sg} \leq M_s \end{cases} \qquad (9\text{-}35)$$

$$\begin{cases} \max_{x_p} & \alpha_p x_p - (\beta_{b(AL_p)} + \beta_{e(AL_p)}) x_p - \omega_p x_p^2 \\ \text{s. t.} & 0 \leq x_p \leq c_{\max}^{(i)} \quad (b(AL_p) = i) \end{cases} \qquad (9\text{-}36)$$

注意,问题(9-36)的目标函数由于二次项 $-\omega_p x_p^2$ 的存在,所以是一个凹函数,这也是加上二次项 $-\sum_{p=1}^{P} \omega_p x_p^2$ 的原因。参数 ω_p 可以控制算法对速率震荡的敏感程度,当 ω_p 较大时,算法消除振荡的效果较好,但是得到的最优解离问题(9-30)的最优解也越远。

由上文可知,最大化拉格朗日函数可以分解为两个子问题:问题(9-35)与问题(9-36)。对偶问题(9-34)可使用梯度投影法求解如下:

$$\alpha_p(t+1) = \Big[\alpha_p(t) + h_1\Big(\sum_{i=1}^{S} \sum_{g=1}^{G(i)} B_{sg}^p r_{sg} - x_p\Big)\Big]^+ \qquad (9\text{-}37)$$

$$\beta_i(t+1) = \Big[\beta_i(t) + h_2\Big(\sum_{AL_p \subseteq O(i) \bigcup I(i)} x_p - c_{\max}^{(i)}\Big)\Big]^+ \qquad (9\text{-}38)$$

式中,h_1,h_2 表示步长。拉格朗日乘子 α_p 可解释为聚合链路 AL_p 的拥塞代价,相应的,β_i 可称为节点 i 的节点代价。当 $t \to \infty$ 时,该算法的收敛性可得到保证。另一方面,该问题满足 Slater 条件,于是对偶间隙在最优值处为零。综上可知,问题(9-30)得到解决。

2) 分布式逼近

由于对混合整数非线性规划问题(9-25)的整数变量与约束的放松,凸优化问题(9-30)的可行解域大于问题(9-25)的可行解域,因此问题(9-30)的最优效用值是问题(9-25)的上界。越逼近该上界自然也就越逼近原问题的最优值。基于此思

想,将在问题(9-25)的可行解域内通过无线接口与信道的合理分配逼近其上界。

(1) 无线接口分配。

该步骤的主要目的是为各聚合链路分配合适数量的无线接口。设聚合链路 AL_p 的发送端为节点 i,指示变量 $q_p^d=1$ 表示节点 i 的第 d 个无线接口分配给了链路 AL_p,反之,$q_p^d=0$。设 c_p^d 表示无线接口 d 在聚合链路 AL_p 中对应的无线链路的最大容量,该值可由接收端节点估计,然后反馈给发送端节点 i 得到。

接着定义聚合链路 AL_p 的误差函数 $ER(p)$ 如下:

$$ER(p) = \max\left\{x_p - \sum_{d=1}^{f_i} q_p^d c_p^d, 0\right\} \tag{9-39}$$

对于节点 i,其误差和为 $\displaystyle\sum_{AL_p \in O(i) \bigcup I(i)} ER(p)$,于是节点 i 可通过求解以下小规模整数线性规划问题以分配合适的无线接口:

$$\begin{cases} \min_{q_p^d} \sum_{AL_p \subseteq O(i) \bigcup I(i)} ER(p) \\ \text{s. t.} \sum_{AL_p \subseteq O(i) \bigcup I(i)} q_p^d \leqslant 1, \quad \forall d \leqslant f_i \end{cases} \tag{9-40}$$

由于实际网络中,各节点的无线接口数量都较少,所以很容易求解。设 $\text{num}_p^{(t)}$、$\text{num}_p^{(r)}$ 分别为分配给聚合链路 AL_p 发送节点与接收节点的无线接口数目,由于各节点采用分布式计算方式,$\text{num}_p^{(t)}$ 的值可能不等于 $\text{num}_p^{(r)}$ 的值,因此可设链路 AL_p 的无线接口数为

$$\text{num}_p = \min\{\text{num}_p^{(t)}, \text{num}_p^{(r)}\} \tag{9-41}$$

在更坏的情况下,即网络中可用信道数小于 num_p,实际用到的无线接口数将会更少。

(2) 无线信道分配与链路调度。

该步骤将实现信道分配与链路调度,即确定各节点何时占用何种信道。考虑拉格朗日函数中的 $\displaystyle\sum_{i=1}^{N} \beta_i c_{\max}^{(i)}$ 项,由于对于每个节点 i,其能使用的信道可能被邻居信道占用,使得部分空闲的无线接口没有合适的信道可以使用,于是与节点 i 相关的全部链路容量很可能小于 $c_{\max}^{(i)}$。因此,为了最大化 $\displaystyle\sum_{i=1}^{N} \beta_i c_{\max}^{(i)}$,拥有较大的节点代价 β_i 的节点应该得到更多的可用信道,使得信道容量和尽量接近 $c_{\max}^{(i)}$。基于此,将节点代价大小作为优先级,即有较大节点代价的节点优先选择可用信道,然后有次大节点代价的节点再选择可用信道,依次进行。为达到这个目的,各节点需要知道网络中其他节点的节点代价,这可以通过全网范围内的广播实现,但显然这样会招致大量的通信开销,特别是网络规模较大时。另一方面,如果各节点仅需知道其邻居节

点的信息,那么通信开销将会大大减少,当然经过这样的处理,相应的信道分配结果可能不是最优。在本方案中,节点 i 与它的邻居节点,即集合 $V(i)$ 中的节点交换各自的节点代价,于是节点 i 可以维护一张节点代价表 list_i,这张表记录了所有邻居节点的节点代价。根据这张表,可以给出以下联合信道分配与链路调度方案:

① 若 β_i 是表 list_i 中最大的,节点 i 分配可用信道给其输入链路对应的无线接口,然后将分配结果通过分配结果通知包(the Assignment Notification Packet)通知给周围的邻居节点,否则节点 i 等待其他节点发过来的通知数据包。

② 当节点 i 接收到邻居节点 j 的通知包时($j \neq i, j \in V(i)$),节点 i 从表 list_i 中删除 β_j,并转到步骤(1)。

根据以上的方案可知,若节点有较大的节点代价,将会获得更高的优先级,于是将有机会得到更多的可用信道。对于聚合链路 $\mathrm{AL}_p \subset O(i)$,可用信道集合将排除两类信道,一是被集合 $O(e(\mathrm{AL}_p)) \bigcup I(e(\mathrm{AL}_p))$ 包含的链路所占用的信道,即 AL_p 接收端节点占用的发射信道与接收信道;二是以节点 i 为接收端,一些高优先级邻居与其建立的链路占用的信道。各节点的信道占用信息也可嵌入在结果通知包内。因此,节点 i 可以获知它各个输出聚合链路的可用信道集合。

各节点的信道分配方案类似于前面的无线接口分配。令 $\mathrm{ava}(\mathrm{AL}_p)$ 代表聚合链路 AL_p 的可用信道集合,定义 AL_p 的误差函数为

$$\mathrm{ER}'(p) = \max\left\{ x_p - \sum_{l=1}^{\mathrm{AL}_p} \Big| \sum_{k=1}^{K} z_{(l,p)}^k c_{(l,p)}, 0 \right\} \tag{9-42}$$

节点 i 通过求解以下小规模整数线性规划问题为各输出链路分配可用信道:

$$\begin{cases} \min\limits_{\{|\mathrm{AL}_p|, z_{(l,p)}^k\} \mathrm{AL}_p \subseteq O(i)} \sum \mathrm{ER}'(p) \\[2mm] \text{s. t. } |\mathrm{AL}_p| \leqslant \min\{\mathrm{num}_p, \mathrm{ava}(\mathrm{AL}_p)\}, \quad \forall \mathrm{AL}_p \subseteq O(i) \\[2mm] \sum\limits_{k \in \mathrm{ava}(\mathrm{AL}_p)} z_{(l,p)}^k \leqslant 1, \quad \forall (l,p) \in O(i) \\[2mm] \sum\limits_{(l,p) \in O(i)} z_{(l,p)}^k \leqslant 1, \quad \forall k \in \bigcup\limits_{\mathrm{AL}_p \subseteq O(i)} \mathrm{ava}(\mathrm{AL}_p) \end{cases} \tag{9-43}$$

(3) 速率调整。

通过(1)、(2)步,聚合链路 AL_p 的实际容量已被确定,设为 x_p^{act}。当 $x_p^{\mathrm{act}} < x_p$ 时,为了减少相应的注入速率避免拥塞,AL_p 的传输节点将会发送调整通知数据包(Adjusting Notification Packet)给所有通过它的源节点,否则不发送。为了速率调整的公平,各对应的源节点减少的比例应该相同。链路 AL_p 的下降比例定义为

$$\mathrm{DP}_p = (x_p - x_p^{\mathrm{act}})/x_p \tag{9-44}$$

各源节点为其对应的各条路径也计算一个类似的下降比例,如源节点 s 的路

径 g 的下降比例应为

$$\mathrm{DP}_{sg} = (r_{sg} - r_{sg}^{\mathrm{act}})/r_{sg} \tag{9-45}$$

式中，r_{sg}^{act} 指源节点 s 的路径 g 的实际注入速率，r_{sg}^{act} 的初始值为 r_{sg}。

设源节点 s 的路径 g 使用链路 AL_p。当源节点 s 收到从 AL_p 发出的包含了 DP_p 值的调整通知数据包，它将会根据 DP_p 值与 DP_{sg} 值调整 r_{sg}^{act}：当 $\mathrm{DP}_p > \mathrm{DP}_{sg}$ 时，源节点 s 根据式(9-46)更新它的实际注入速率 r_{sg}^{act}

$$r_{sg}^{\mathrm{act}} = r_{sg}^{\mathrm{act}}[1 - (\mathrm{DP}_p - \mathrm{DP}_{sg})] \tag{9-46}$$

然后根据式(9-45)更新 DP_{sg} 值，否则，r_{sg}^{act} 值保持不变。

9.4.3　近优分布式算法描述与讨论

根据前面章节的讨论，可以总结出求解问题(9-25)的近优分布式算法如下。

初始化：令 $t_1 = 0$，$y_{sg}(0)$ 为任意一个非负值。

(1) 固定 y_{sg} 值，令 $y_{sg} = y_{sg}(t_1)$，设 $t = 0$，$\alpha_p(0)$，$\beta_s(0)$ 等于某个非负值。

(2) 各源节点本地解决问题(9-35)。

(3) 各聚合链路本地解决问题(9-36)。

(4) 各节点本地求解问题(9-40)，为其聚合链路分配合适的无线接口。

(5) 各节点发送其节点代价给邻居节点，并接收邻居节点发送的节点代价，然后根据联合信道分配与链路调度步骤为节点的输出链路分配信道。

(6) 各源节点根据速率调整步长来调整实际注入速率。

(7) 各聚合链路 AL_p 根据迭代式(9-37)更新 $\alpha_p(t)$。

(8) 各节点 i 根据迭代式(9-38)更新 $\beta_i(t)$。

(9) 设 $t \leftarrow t+1$，然后转到步骤(2)（直到满足结束条件时停止）。

(10) 令 $y_{sg}(t_1+1) = r_{sg}(t)$，$t_1 \leftarrow t_1+1$，然后转到步骤(1)（直到满足结束条件时停止）。

该分布式算法需要节点间信息的交互，主要有以下几类：①源节点需要知道其所用路由上的链路拥塞代价；②各聚合链路需要知道其接收端节点的节点代价；③为实现信道分配，各节点需要发送它的节点代价与信道占用信息给其邻居节点；④聚合链路可能发送速率调整数据包给所有使用它的源节点。这些不同的信息可以嵌入到现有的数据包中，如 ACK 包，或者是为其专门设计的数据包。

设 hop_{sg} 表示源节点 s 第 g 条路由的跳数，$\mathrm{neighbor}_i$ 表示节点 i 的邻居节点的个数，source_p 表示使用链路 AL_p 的源节点的数目。于是分布式算法每次迭代的通信开销上界为

$$S \cdot \max(\mathrm{hop}_{sg}) + 2N \cdot \max(\mathrm{neighbor}_i) + P \cdot \max(\mathrm{source}_p) \tag{9-47}$$

显然该通信开销较小。

9.4.4　仿真实验

本节将对分布式近优算法进行仿真分析。设网络中有 35 个节点均匀随机分布在 1000m × 1000m 的矩形区域内。各节点的传输距离与干扰距离均设为 200m。为不失一般性,使用比例公平函数 $U_s(r_s) = \lg(r_s)$ 作为效用函数。各链路的最大容量为 1.5MB/s。式(9-29)中的 ω_p 与 θ_s 分别设为 0.01 和 10。实验中如果未特别指明,都随机选取 5 个源节点-目的节点对,每对节点间以两条最短路径作为两条路由。

图 9-5 表现了网络效用在不同数量的信道与无线接口下的迭代演化过程。可以看到在不同情况下,多次迭代后,网络效用将会收敛。当节点无线接口数量增多或者网络中无线信道增多时,网络效用值将会增大。图 9-6 描绘了 5 条路径的实际注入速率演化图,对应各节点有三个无线接口,网络中有六条正交信道。可以看到所有的注入速率抖动都很轻微,克服了"震荡"现象,这也意味着各节点分配的信道数量改变并不频繁。

为了评估分布式算法的近优性能,使用分支定界法计算原问题的最优解,然后与之比较。定义网络效用比 NUR

$$NUR = \sum_s U_s(r_s) / \sum_s U_s(r_s^*) \tag{9-48}$$

式中, $\sum_s U_s(r_s)$ 表示分布式算法得到的网络效用, $\sum_s U_s(r_s^*)$ 表示最优网络效用。根据 NUR 的定义,若 NUR 值越接近 1,说明近优结果效果越佳。

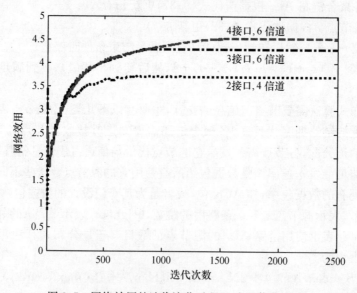

图 9-5　网络效用的迭代演化过程(5 个通信节点对)

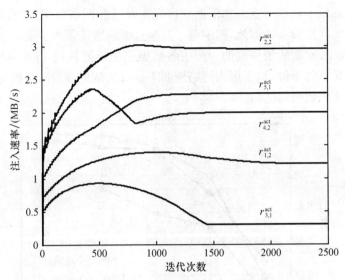

图 9-6　实际注入速率的迭代演化过程(每个节点 3 个无线接口,
网络中 6 个信道,5 个通信节点对)

图 9-7 展示了无线接口和信道数目变化时的网络效用比。图中每个数据点的
网络场景均是随机生成 10 次实验,最后平均 10 次实验值得到的。可以看到各个
数据点的 NUR 值都比较接近 1。这说明近优分布式算法确实可以逼近最优值。
另一方面,可以看到当无线接口或者信道数目增多时,近优解更接近最优解,这是
因为当网络资源增多时,凸规划放松的解更接近混合非线性规划的解,即上界更
紧,这样逼近效果更佳。

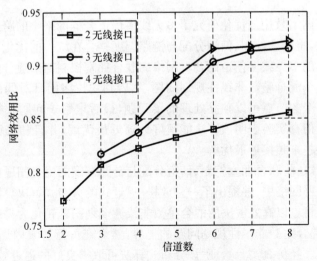

图 9-7　网络效用比(不同数量无线接口与无线信道)

图 9-8 展示了通信节点对和信道数目变化时的各网络效用比,各网络节点均装备了 4 个无线接口。类似地,图中每个数据点的网络场景均是随机生成 10 次实验,最后平均 10 次实验值得到的。图中各数据点值仍然接近 1,当网络中通信对增多时,NUR 值将下降,这是因为网络资源不足以支持更多的网络流量,于是凸优化得到的上界将远离最优值。

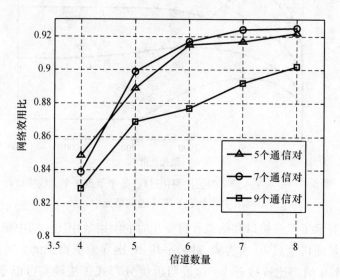

图 9-8   网络效用比(不同数量的无线接口与无线信道)

9.5 本 章 小 结

本章基于网络效用最优化研究了多无线多信道合群网络中的跨层分布式资源分配优化算法,将拥塞控制、信道分配与链路调度整合在统一的优化框架中。首先将采用单路由的多无线多信道的合群网络的联合拥塞控制与信道分配的跨层优化问题建模为一个混合整数非线性规划问题,然后利用拉格朗日对偶分解技术将该问题分解为多个各节点可以独立处理的子问题,最后求解子问题获得相应的近优分布式算法。仿真实验表明该算法能很好地逼近最优解,并且随着无线网络中无线信道的增多越来越接近最优解。

接着,本章还将联合拥塞控制、信道分配与链路调度的优化问题推广到采用多路由技术的合群网络中,并提出了一种放松-逼近式的分布式解决算法。首先通过放松整数约束将难以高效解决的混合整数非线性规划问题转化为易解决的凸规划问题,得到该混合整数非线性规划问题的上界,然后在可行解集内逼近该上界,从而获得近优解。经仿真实验验证,该分布式算法可取得良好的逼近效果,并且相应的通信开销也较小。

第三部分　合群无线移动网络技术

本书第二部分提出了具有群特性的合群无线移动网络模型,讨论了合群网络模型的设计框架,给出了备选的通信方式和合群通信的示意过程。相对于传统的蜂窝网结构,合群网络模型需要另一种通信方式,用于建立和维护合群组的组织形式,混合网络将成为这种新的通信方式集成于传统蜂窝结构网络的模型基础。考虑到未来移动终端及无线接入设备应具有的多无线通信能力,在网络实体上,可通过多无线方式实现不同组织形式的混合网络。无线层的技术会影响到合群网络的信号覆盖、信号传播、分集增益、频谱利用率、竞争接入等方面的性能。因此,设计及改进现有的无线层技术需要结合移动节点群的特征与合群网络模型,以及合群带来的凝聚特性、同质特性和融合特性等。合群特性同时也带来了移动性管理技术的变化,利用移动终端的合群特性,设计合群切换策略和合群位置管理策略,可以有效地提升移动性管理效率。

基于此,本部分首先介绍基于合群无线移动网络无线层的关键技术,分别从无线网络物理层和媒体接入控制层进行分类介绍。根据各合群网络的特征进行理论推导、协议研究和仿真分析。各技术侧重不同,适用的通信场景也有所不同,但可以互相补充,如中继节点选择与协议,以及群组节点干扰避免的中继节点选择策略与合群网络协作感知频谱技术等。随后,针对移动性管理中的两个关键分支,位置管理和切换管理,探讨了基于合群的位置管理技术和合群切换技术。

本部分从无线通信和移动性管理两个技术层面讨论了合群无线移动网络技术,介绍了各种技术在合群无线移动网络中的应用及合群特性所带来的效能,为合群网络模型的设计和应用给予了技术上的支持。

第10章 基于合群网络的无线协作通信技术

本章简要叙述了基于合群网络的无线协作通信技术,从研究背景开始,介绍了它的演进过程、特点和研究、应用的现状,指出了目前研究基于合群协作通信的关键问题和研究热点,分析了其发展趋势,最后提出了本章的研究工作,说明了研究思路和内容组织结构。

10.1 引　　言

无线通信是当今通信领域中最为活跃的研究热点之一。虽然从 20 世纪 60 年代起,无线通信已经成为了研究的主题,但是最近十几年才是这一领域的研究蓬勃发展的时期。无线通信发展至今,人们对无线传输的数据率和服务质量的要求不断提高。与主要传送语音业务的第 1 代、第 2 代无线通信系统不同,第 3 代及第 4 代无线通信系统还将支持数据率高达 100Mbps～1Gb/s 的多媒体宽带数据业务,因此寻求进一步扩大信道容量,改善通信质量,提高能量利用效率的新技术是国内外学术界、产业界普遍关注的问题。

由于无线通信利用无线电波进行信息传输,无线电波会随着传播距离的增加而产生路径损耗;受到地形、建筑物的遮蔽发生"阴影效应";信号经过多点反射,会从多条路径到达接收点,产生多径效应。这些效果统称为信道衰落。而无线信道的衰落特性是阻碍信道容量增加和服务质量改善的主要原因之一(Tse,2005)。

抑制衰落的方法有很多,如采用有效的编码策略,提高发送的功率,采用空间分集技术等。这些方法的核心思想都是试图缓解衰落带来的影响。其中,采用编码策略,如各种纠错码和卷积码,可以在一定程度上减少信道衰落对性能的影响。但是,纠错码带来了有效数据率的损失,而卷积码则会带来额外的时间延迟。而且对于较为严重的衰落情况,采用编码策略能够起到的作用有限。而提高发送功率可以在一定程度上降低衰落带来的影响,但同时也会加剧对无线网络中其他节点的干扰。相比之下,空间分集技术是抑制信道衰落的一种较为简单有效的方法。空间分集就是指在相互独立的路径上发送相同的数据,由于彼此独立的路径在同一时刻经历深度衰落的概率很小,所以在接收侧经过信号合并,信号的衰减程度就会被减小。

空间分集技术能大大提高传输的可靠性,但发送同一信号的多个副本也会降低通信的有效性。在这样的背景下,多输入多输出(MIMO)系统诞生了。MI-

MO是指在每个通信节点上部署多根天线,如图10-1所示,这样可以通过空间分集来应对衰落问题(Chen,2009),提高无线网络的容量(Paulraj,2003)。同时,在无线信道散射较为严重的情况下,无线信道能够被分解为多个独立的并行的子信道,MIMO技术可以通过每个子信道独立的发送数据,获得数据率的大幅提升(Telatar,1999)。所以,MIMO技术是下一代无线通信系统采用的必选技术之一。

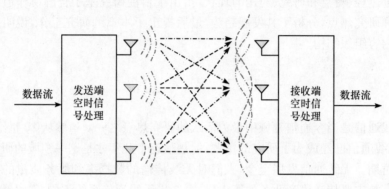

图 10-1　MIMO 的结构

　　然而,MIMO技术要求同一设备上的多根天线间的距离最少为$\lambda/2$,λ为传输信号的波长。以通常采用的2.4GHz的频段为例,两根天线之间的距离至少为6.125cm,这在很多情况下是不经济和不可行的,尤其是对于尺寸较小、功能单一的节点更是如此,如无线传感器网络中的传感器节点。

　　另一种可行的方案称为协作通信。在协作通信中,只具有单根天线的节点与其他节点共享彼此的天线,共同向目的节点发送数据。若协作节点数量增加,则形成一类具有同质属性的节点群,也称为合群协作通信。与传统协作通信类似,合群协作通信的工作过程一般包括两个主要的阶段:广播阶段和协作阶段。在广播阶段,源节点将要发送的数据进行广播,周围的中继节点都可以收到源节点发送的数据;在协作阶段,中继节点可以协助源节点将数据发送给目的节点。协作通信的一种典型应用是:具备单根天线的节点通过与其他节点共享天线,组成虚拟天线阵列,并以虚拟天线阵列为单位共同进行数据的收发,可以获取接近于MIMO的性能增益,如图10-2所示。

　　合群协作通信技术从协作的角度把无线信道、无线网络、物理层传输技术等综合在一起进行设计和优化,可以大幅度的提高无线频率的使用效率和系统可实现性,也为MIMO技术走向实用化提供了新的思路和解决办法,成为下一代无线通信技术的重要研究领域。

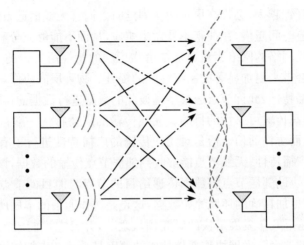

图 10-2　虚拟 MIMO 技术

10.2　协作通信介绍

协作(cooperate)一词源于拉丁文中的两个词根 co-和 operare，原意是一起工作。协作的精确定义是指一组实体一起工作来达到公共的或单独的目标。协作背后的主要思想是在具有群特性的网络中的每个合作实体通过一致的行动都可以获得相应的增益(Fitzek，2006)。协作可以被视为一种行为：通过给予、共享或允许一些事情来获取一些好处。一般而言，协作行为并不是强制发生的，合群网中每个实体都可以评估各自的实际处境，并根据实际情况做出决定。如果协作行为并不能产生明确的利益，则协作行为就不必发生。受自然界中尤其是人类行为中协作行为模式的启示，研究者希望在无线通信网络中探索和进一步利用协作的概念。

在无线网络中，节点的协作并不是一个新的概念，但是之前的相关工作大都围绕在应用层和网络层上。例如无线传感器网络的一个主要应用领域是通过部署传感器节点来监测或跟踪感兴趣的目标。由于大小和成本限制，每一个传感器的监测能力受到了一定的限制。而如果多个无线传感器节点通过应用层的协作联合进行目标监测，就可以获得更精确的结果。例如在水下无线传感器网络中，每个传感器节点仅能够测量自己所在位置的接收信号，但是如果通过节点之间的协作进行联合探测，那么即使在没有任何先验知识的情况下也可以更加准确的检测是否有异常事件发生。类似的应用还包括在认知无线电领域，节点之间通过协作来完成频谱感知工作，共同检测存在的频谱"空洞"。而网络层的路由问题其实也可以看作是一种"协作"：下一跳的节点协助当前节点进行数据转发。

尽管协作的思想可以应用在几乎所有的协议层的研究上，但是层次越高，完成协作所需要的开销越大,会带来更长的队列延时。而且无线信道条件变化频繁,协议层次越高响应时间越慢,往往来不及做出响应,从而不能够充分利用协作带来的好处。因为无线网络的网络容量通常是由物理层的特性所决定的,所以通过物理层的协作有机会带来更加显著的系统性能的提升。物理层的协作可以充分利用无线电传播的广播特性,允许节点通过中继彼此的数据进行数据的传输,从而达到增加系统容量,提高传输可靠性的目的。无线传输的广播特性一般被认为是无线通信的一种缺陷,而协作通信恰恰是对无线传输的广播特性进行了有效的利用。由于无线传输的广播特性,无线节点能够收到邻居节点传输的数据,该无线节点可以作为中继节点,协助邻居节点将数据传递给目的节点。而目的节点由于收到了多份数据,就可以更加精确的还原原始数据,这正是协作通信的本质所在。

协作通信是近几年发展最快的研究领域之一,并且它可能成为推动未来无线通信发展的关键技术。发展协作通信技术的原因是希望节点能够同相邻节点实现天线、功率和计算能力的分享,从而实现整个网络性能的提升。在合群网络中的各用户之间的协作意味着一种模式的转换,信道不再是一条点对点的链路而是整个网络本身。只要网络中节点的数目超过两个,协作就有可能。因此,一个三节点网络可以看做是一个协作通信的基本单元。而在信息论的相关领域的文献中,这种信道被称为中继信道,如图 10-3 所示。可以说,协作通信的概念是在中继信道模型的基础上,受 MIMO 技术的启发而提出的。同时,中继技术和虚拟 MIMO 可以看做是协作通信的特殊应用场景。

协作通信的基本思想可以追溯到 Cover 和 Gamal 关于中继信道的开创性理论研究(Cover,1979)。他们针对图 10-3 所示的中继信道进行了容量及性能分析。在他们的研究中,这样的中继系统可以分解为一个广播信道和一个多址信道,如图10-4 所示。

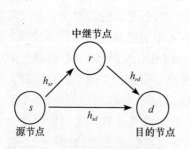

图 10-3　三节点无线中继网络

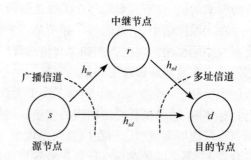

图 10-4　广播信道和多址信道

他们的研究得出了几种特殊情况下的中继信道的容量和通用中继信道容量的上下边界,从而奠定了协作通信的基础理论,促进了协作通信的发展。协作通信的概念最早由 Sendonaris 等人提出(Sendonaris,1998)。针对 CDMA 的通信方式提出了一种适用于蜂窝网中的协作用户模型及一种简单有效的用户协作协议。研究结果表明,协作能够减少系统对无线信道变化的敏感性,它不仅能够提高系统的吞吐量,还可以提高小区的覆盖范围。Laneman 则系统研究了协作通信在 Ad Hoc 网络中的相关问题(Laneman,2004),并提出了几种实际的协作协议:固定中继、选择中继和增量中继。固定中继协议是指由固定的中继节点在固定的时间帮助源节点转发数据给目的节点;选择中继是指只有在必要的时候才会由中继节点协助源节点转发数据;而增量中继可以看做是自动混合重传机制,只有在源节点发送的数据不能够被目的节点正确接收的时候才会接受中继节点的协助。可以说 Laneman 的研究是协作通信研究的重要里程碑,对以后的协作通信方面的研究起到了指导性作用。同时,为了更好的研究协作通信及中继技术在 WiMax 网络中的应用,IEEE 802.16j 标准化组织成立了中继任务组,进行 WiMax 网络中移动多跳中继的研究工作。世界无线论坛(World Wireless Research Forum,WWRF)也专门成立了协作网络工作组(Cooperative Network Working Group,CoNet)对协作通信技术进行研究。伴随着协作通信技术被纳入了 3GPP 的长期演进计划(LTE),协作通信的研究正式进入了全速发展的崭新阶段,成为信息理论的一个重要的分支,是未来宽带移动通信系统的主要组成部分。

10.3　合群协作通信的特征及应用范围

10.3.1　合群协作通信的特征

传统的观点认为,无线传输的广播特性和多径衰落特性是有害因素,需要加以克服。而协作通信的研究很好地利用了无线传输的广播特性和衰落特性。广播特性可以使更多的中继节点收到数据,为采用协作的方式进行数据传输创造必要条件;而利用多径衰落特性,可以把信道分解为若干个不相干的并行信道,通过采用虚拟 MIMO 技术可以获取更高的数据传输率。由于协作通信相对于 MIMO 技术而言多了节点之间彼此共享数据的过程,这可能会带来时间或频率上的扩展。所以,协作通信一般在性能上会略逊于 MIMO 技术,很多关于协作通信的文献都将 MIMO 技术的性能指标作为协作通信所能够达到的性能指标的上界。另一方面,由于参与协作的中继节点一般处于不同的地理位置,所以各中继节点在向目的节点发送数据的时候所经历的衰落各不相同,加之合群网络带来的开销降低、网络容量的提高、多跳跳数较少等优势,使得协作通信有可能获得比 MIMO 技术更好的应对衰落、提升系统性能的机会。

10.3.2　网络容量提升

对无线网络容量的分析与计算随无线通信技术本身的发展而共同演进。从香农通信定理到网络信息论,研究者一直在尝试给出精确的无线网络容量计算方法。协作通信的研究建立在经典的三节点中继信道模型(图 10-3)的基础上。无线中继信道最初是由 van der Meulen 在 1971 年首先提出来的(Meulen,1971),Cover 和 El Gamal 两位学者对其进行了更加深入的研究(Cover,1979)。但即使是三节点中继网络,也只有一些特殊情况下的信道容量是已知的,如半确定性的中继信道、具有反馈信道的中继信道等。而对于多节点的中继信道,仅仅是广播信道和多址信道的容量是可以获取的。所以,很多文献针对相应的容量边界进行了研究,希望可以通过求出协作通信信道容量的上边界和下边界来确定信道容量可能的取值范围。上边界通常是指通过条件的缩放求出的信道容量的理论值;而下边界通常是指可以通过某种编码策略来达到的数据率。如果求出的信道容量的上边界和下边界相差不大,那么通用的协作通信的信道容量就基本可以确定了。

上述研究都是针对节点个数有限的情况,而对于节点个数趋近于无穷大的条件下,计算无线网络所能达到的容量极限,又称网络容量,是信息论中的一个具有挑战性的问题。无线网络的网络容量通常用标度率(Scaling Laws)来衡量,标度率表示了当节点的个数提高的时候总吞吐量变化的尺度。将标度率作为研究对象的主要优点是能够对系统进行定性的分析,而不需要过分的考虑技术实现细节。标度率源自于 Gupta 和 Kumar(2000)对无线网络容量进行的开创性研究。Gupta 提出,对于有 K 个节点的无线 Ad Hoc 网络,当节点个数 K 充分大时,每个节点的吞吐量显著下降,下降速率为 $1/\sqrt{K\lg K} \sim 1/\sqrt{K}$。换句话说,虽然网络的总吞吐量以 $\sqrt{K\lg K} \sim \sqrt{K}$ 的速率在增长,但是每个节点的数据率趋近于零。Gupta 认为当节点进行数据传输的时候,其他节点发送的数据会被认为是干扰信号。所以直接在源节点和目的节点之间进行长距离的数据传送是不可取的,最优的策略是只和邻居节点交换数据。文献(Grossglauser,2002)进一步提出了如果节点具备移动能力,那么可以在节点移动到目的节点附近时再进行数据发送。通过这样的方式,当节点个数 K 充分大时,每个节点的数据率可以维持在一个常量上,可以说移动性能够增加无线网络容量。

图 10-5 展示了一种多尺度、层次协作的框架。节点根据空间位置被划分为多个簇。整个协作传输过程分为三个步骤。步骤一:发送节点首先将待发送的数据广播给簇内的节点,这个过程可以在多个簇内同时进行。步骤二:簇内的节点会采用虚拟 MIMO 的方式向目的节点所在的簇进行数据发送,由于涉及长距离虚拟 MIMO 传输,所以这个过程必须以簇为单位,依次进行。步骤三:目的簇内的节点将收到的数据汇聚给目的节点,该步骤也可以在多个簇内同时进行。步骤一和步骤三属于簇内节点交换数据,可以采用 TDMA 的方式。该多尺度、层次协作框架的核心思想可以总结为:采用虚拟 MIMO 技术进行长距离传输来获取空间复用;采用局部的发送和接收协作来获得空间重用(即互不干扰的节点可以同时发送数据)。

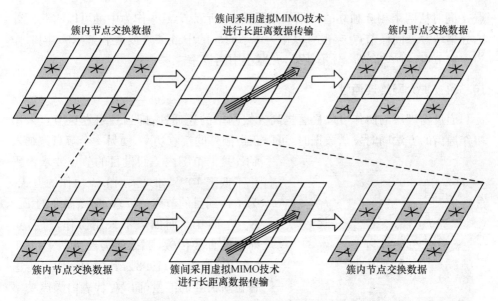

图 10-5　多尺度、层次协作的框架

10.3.3　提高分集增益/减小中断概率

在衰落信道中,中断是一个关键的问题。当信道质量变差以至于采用任何方法都不能够以某目标速率可靠通信时,就会出现通信中断的情况。中断概率也往往作为标准的性能评价参数来评估无线通信系统在衰落信道下的性能。它被定义为瞬时错误率超过一个特定值的概率或混合信噪比低于一个特定门槛的概率。通过协作通信,可以带来额外的分集增益,而分集增益提高的直接反应是中断概率的降低和无线通信性能的提升。

如图 10-6 所示,在一个由四个节点组成的无线网络中,如果源节点 s 和目的节点 d 之间的链路受到很严重的阴影效应的影响,直接进行数据传输不可避免的会导致严重的误码,进而会导致反复的数据重传,严重影响整个网络的性能。

由于无线传输特有的广播特性,当源节点 s 向目的节点 d 发送数据的时候,节点 r_1 和 r_2 都收到了相应的数据。节点 r_1 可以协助源节点 s,将数据发送给目的节点 d。由于目的节

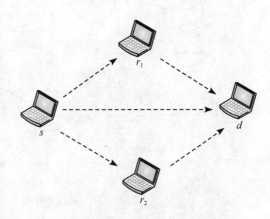

图 10-6　通过节点协作提高分集
增益并减小中断概率

点 d 同时从两个相互独立的路径收到了数据,所以节点 r_1 作为中继可以收获额外的分集增益。同样节点 r_2 也可以作为源节点 s 的中继节点或者和节点 r_1 同时作为中继节点,进一步提高分集效果,并减小中断概率。

10.3.4 扩大网络连通性

通过物理层的协作可以显著提高无线网络的连通性,即当一组发送节点采用协作通信的方法同时发送数据时,可以获得额外的接收功率,使另一个节点被纳入到连接的范围内。假设目的节点要求误码率不低于 10^{-3},如果采用节点协作的方式,为了达到目的节点的要求,那么需要的 E_b/N_0 是 15dB。而如果不采用协作,进行点对点的直接传输,那么就需要 E_b/N_0 大于 25dB(Alamouti,1998),其中,E_b 代表传送每位所需要的能量,而 N_0 代表白噪声功率谱密度,所以说通过协作可以扩展节点的发送范围。在图 10-7 中,节点之间的数据传输采用单跳的方式进行,并不采用协作,那么很有可能受到单个节点传送功率的限制而导致整个网络不能够完全连通。

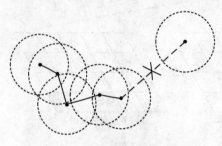

图 10-7 非协作无线网络易发生
节点断开的现象

而在图 10-8 中,由于节点之间可以彼此协作,最终整个无线网络可以达到完全连通。

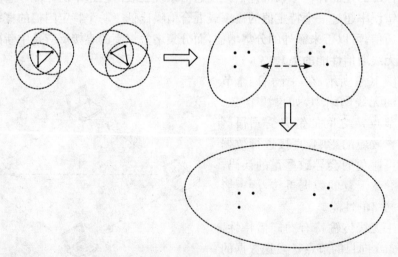

图 10-8 通过协作提高无线网络的连通性

利用协作通信可以扩大无线网络连通性的性质,可以根据网络连通性的改变产生新的路由路径,进而通过选取合适的下一跳节点进一步提高无线网络的性能。

将这些特性和方法应用于蜂窝网络,可以实现通过协作通信来扩大 UMTS 蜂窝网络的覆盖范围(Zorzi,2008)或提高 TD-SCDMA 蜂窝系统覆盖的问题(王渊,2008)。

10.3.5　节省能量

由于在协作通信中,中继节点协助源节点发送数据,在获取更高的数据传输可靠性的同时也会消耗更多的能量。但是协作通信可以带来额外的分集增益,可以支持更高阶的调制方式,能够以更快的数据率发送完数据,然后关闭电路以节省能量。有关协作通信系统的能量消耗的研究结果指出:只要中继节点之间的距离较小,它们之间信息交互所耗费的能量就会小于所构成的虚拟 MIMO 系统所节约的能量。更为精确的结果是:当发射和接收簇之间的距离 d 是中继节点之间最远距离 d_m 的 10~20 倍时(如图 10-9 所示),通过节点之间的协作可以节省能量。在无线传感器中,每个传感器节点都只有有限的能量,而且通常整个网络的部署都是为了同一个目的,所以协作通信在无线传感器领域受到了额外的关注。

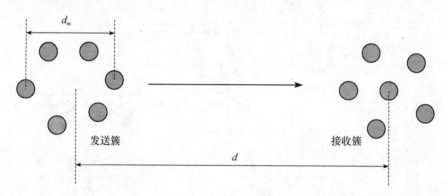

图 10-9　研究虚拟 MIMO 在无线传感器网络中应用的网络拓扑结构

10.4　协作通信的应用范围

需要明确的是,尽管协作通信有着显著的优点,但研究协作通信并不是为了替代现有的无线网络和无线通信技术。由于协作通信一般不需要对现有的硬件做出改动,仅仅通过软件的升级就可以提升无线通信网络的性能。所以,协作通信可以作为现有无线通信网络和通信技术的有效补充。协作通信是一种技术,更是一种通信的方式、一种思想,这决定了协作通信可以在无线通信中得到广泛的应用。协作通信不仅能够用于蜂窝网络、无线局域网、Ad Hoc 网络、Mesh 网、传感器网络等众多的网络结构,而且能够和各种无线通信技术进行整合,在诸多新兴研究领域,如认知无线电、车载通信网和延迟容忍网络等,均带来系统性能的提升。由于协作通信技术是解决蜂窝网基站边界处的吞吐量和频率利用率低的有效方案,协作通信已经被纳入 LTE 和 WiMAX 的相关标准中。相关研究也指出,支持物理层的协作通信是下一代移动网络的构架中不可或缺的组成部分。

在单小区 CDMA 的无线蜂窝网络中,相对于移动终端和基站直接进行数据传递的策略,通过节点之间的协作可以显著的提高系统的性能,也有大量工作研究了如何在蜂窝网中通过中继设备的协作显著的提高整个网络的容量(NEGI,2007)。例如在蜂窝网中采用协作通信后,如何确定最优的中继节点的位置,以及如何进行中继节点的选择使得系统数据率最大的问题。在当前 IEEE 802.16 标准关于移动多跳中继(MMR)的草案中,明确提出了 MMR 网络由基站(BS)、中继(RS)和用户(SS)三种元素组成。图 10-10 为由这三种元素组成的 MMR 网络的层次拓扑结构。中继 RS 处于基站 BS 和用户 SS 之间,完成基站和用户之间的数据转发工作。

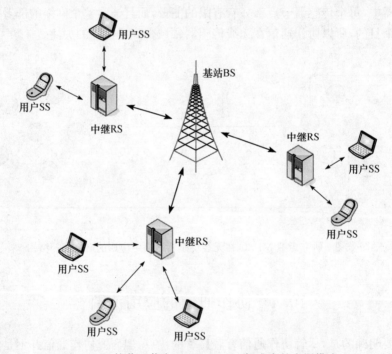

图 10-10　协作通信在 IEEE 802.16 标准中的应用模式

而在无线局域网中,接入点周围的区域往往会是系统性能的瓶颈所在。通过协作通信,采用两条高数据率的中继链路替代低数据率的直传链路,可以显著的提高无线局域网的吞吐量。将协作通信应用在无线局域网中,可以将空闲节点作为其他数据发送节点的中继节点,从而提高整个无线局域网的吞吐量(Lei,2007)。

在 Ad Hoc 网络中,需要设计适用于 Ad Hoc 网络和无线局域网组成的混合网络的多节点协作框架，如图 10-11 所示，可以获取分集增益、频谱效率和解码复杂度等方面的折中。用户被分成组，组内的用户采用 TDMA 来区分，组间用户采用 CDMA 来区分。通过调节簇内节点、编码器、扩频增益或者簇的个数，框架可以灵活的在几个指标之间进行折中。

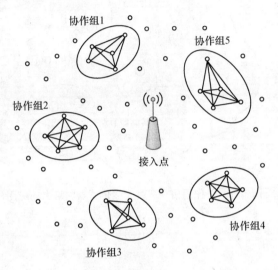

图 10-11　混合网络协作构架

　　Mesh 网络多节点互联的特点为协作通信的应用创造了条件并提供了巨大的应用空间。充分利用 Mesh 网的互联结构，通过节点的协作，组成虚拟天线阵列，可以最大限度地获取空间分集和多用户分集。根据不同的应用场景，灵活的采用协作中继，基站和 Mesh 网络提升网络的整体性能。

　　图 10-12 示意了一种适用于无线传感器网络的多跳协作框架。节点被划分为很多的协作簇，多跳传输由很多簇与簇之间的信号传输组成，而簇与簇之间的通信被定义为协作虚拟 MIMO 信道。发送分集是通过时分的方式来实现的，共包括两个时隙：簇内时隙和簇间时隙。簇内时隙用来在簇内进行节点之间的数据共享，而簇间时隙用来在簇与簇之间传送数据。在接收侧采用了基于选择分集的分布式接收协议。通过在簇内时隙和簇间时隙合理的分配时间和能量，所研究的多跳协作协议可以获取最小的中断概率。该方案可以获取和 MIMO 相同的分集增益，同时，和非协作的情况相比可以显著的减少能量的消耗。

　　协作通信在认知无线电领域同样有着应用空间。采用协作通信技术可以更好地进行动态频谱感知，发现频谱空洞。通过应用层的协作可以实现每个节点的感知信息共享，而物理层的协作通信技术可以视为增加传输分集的有效技术手段。

　　在车辆网络中，采用协助通信技术，也可以获得性能上的提升，如图 10-13 所示的 V2VR(Vehicle-to-Vehicle Relay)的框架。当车辆驶入某个无线接入点的覆

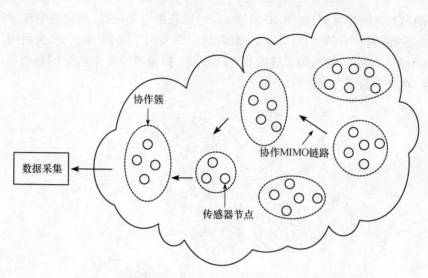

图 10-12　协作通信在多跳无线传感器网络中的应用

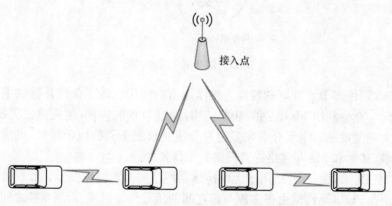

图 10-13　协作通信在车载通信网中的应用

盖范围内,它可以选择前方距离接入点更近、信道条件更好的车辆为自己传递数据;而当车辆驶出某个基站的覆盖范围内,它同样可以选择自己后方距离接入点更近、信道条件更好的车辆为自己传递数据。这样不仅可以提高传输数据率,而且可以提高基站的覆盖范围。

　　协作通信技术在个体网络中的应用,具体方案是采用 UWB(超宽带)技术作为数据传输的载体,由多个布置在人体身上的低功耗无线传感器节点协同工作,组成无线人体区域网络,共同监控人体的健康状况。

　　最近,协作通信技术的研究开始突破传统的单一资源域,向多域协作方面发展。多域协作意味着可以从时域、频域、空域、码域等方面充分发掘无线通信的潜能,从物理层、媒体接入控制层(MAC),以及网络层甚至应用层进行协作。这衍生了一系列新的研究方向,包括中继节点带来的延时对协作通信研究的影响;单个源节点,单个中继节点下的延时模型;协作通信中的异步传输问题;在频率选择性信道的情况下如何利用 OFDM 技术实现协作通信;协作通信和网络编码的联合研究等。

10.5　本章小结

本章主要介绍了协作通信的基本理论,包括协作通信的特点和应用,对于协作通信带来的网络容量的提升、分集增益的扩大、连通性的增强及能耗的降低进行了描述与理论上的简要分析,综合目前知名文献及技术报告分析了多种 MAC、路由、跨层方案,从时域、频域、空域、码域等方面改进无线通信的性能,为后续章节具体技术的铺开奠定了一定的理论基础。

参 考 文 献

王渊,谢显中,杨俊敏. 2008. 协作通信对增强 TD-SCDMA 系统覆盖的研究. 微计算机信息,24: 104-106.

Alamouti S M. 1998. A simple transmit diversity technique for wireless communications. IEEE Journal on Selected Areas in Communications,16(8):1451-1458.

Chen Y P,Zhang J,et al. 2009. Link-layer-and-above diversity in multihop wireless networks. IEEE Communications Magazine,47(2):118-124.

Cover T ,Gamal A E. 1979. Capacity theorems for the relay channel. IEEE Transactions on Information Theory,25(5):572-584.

Fitzek F H P,Katz M D. 2006. Cooperation in Wireless Networks:Principles and Applications: Real Egoistic Behavior is to Cooperate. Netherlands,Springer.

Grossglauser M,Tse D N C. 2002. Mobility increases the capacity of ad hoc wireless networks. IEEE/ACM Transactions on Networking,10(4):477-486.

Gupta P,Kumar P R. 2000. The capacity of wireless networks. IEEE Transactions on Information Theory,46(2):388-404.

Laneman J N,Tse D N C,Wornell G W. 2004. Cooperative diversity in wireless networks:Efficient protocols and outage behavior. IEEE Transactions on Information Theory,50(12): 3062-3080.

Lei G,Xiaoning D,Haining W,et al. 2007. Cooperative Relay Service in a Wireless LAN. IEEE Journal on Selected Areas in Communications,25(2),355-368.

Meulen E van der. 1971. Three-terminal communication channels. Adv. Appl. Probab. ,3:120-154.

NEGI A. 2007. Analysis of relay based cellular systems[Ph. D. dissertation]. Portland State University.

Paulraj, Nabar R, Gore D. 2003. Introduction to Space-Time Wireless Communications, Cambridge, U. K. : Cambridge Univ. Press.

Sendonaris A, Erkip E, Aazhang B. 1998. Increasing uplink capacity via user cooperation diversity. In Proceedings IEEE International Symposium on Information Theory, Cambridge, MA, USA.

Telatar E. 1999. Capacity of multi-antenna Gaussian channels. Europ. Trans. Telecommun. , 10 (6) : 585-596.

Tse D N C, Viswanath P. 2005. Fundamentals of Wireless Communication. Cambridge, U. K. : Cambridge University Press.

Vakil S, Liang B. 2008. Cooperative Diversity in Interference Limited Wireless Networks. IEEE Transactions on Wireless Communications, 7(8) : 3185-3195.

Yan Z, Zheng H T. 2008. Understanding the Impact of Interference on Collaborative Relays. IEEE Transactions on Mobile Computing, 7(6) : 724-736.

Zorzi M, Levorato M, Librino F. 2008. Cooperation in UMTS cellular networks: A practical perspective. In IEEE 19th International Symposium on Personal, Indoor and Mobile Radio Communications(PIMRC), Cannes, France, 1-6.

第 11 章　合群网络中继节点选择与协议

协作通信带来的干扰问题会对系统性能产生影响,本章讨论了通过选择不同的中继节点尽量避免干扰的方法,提出了一种干扰避免的中继节点选择算法,中继节点可以充分利用干扰带来的机会进行协商,来共同寻找更适合的中继节点。随后,本章从系统的角度出发,介绍了一种支持协作通信的 MAC 协议 CiMAC。CiMAC 协议能够与 802.11 协议兼容,不仅可以支持多种协作通信协议,而且可以支持不同数量的中继节点。CiMAC 协议同样也考虑了如何通过中继节点的选择尽量避免干扰的问题,并且也同样适用于异构协作的情况。

11.1　引　　言

在协作通信中,合理的利用中继节点协助进行数据传输可以获得性能的增益。其中选择合适的中继节点在整个协作过程中所起的作用不言而喻,在本章后续介绍的仿真实验结果中也验证了这一情况。对于源节点而言,总是希望选择能为其带来更大性能增益的中继节点,但是对于整个系统而言,单个源节点做出的选择不一定是最好的选择。例如中继节点带来信道容量提升的同时也会使得干扰范围扩大,对无线网络中其他节点的干扰也会增大,反而可能使得系统的总容量下降。如何选择相应的中继节点,使得发送节点和整个无线网络的性能都能够得到最大的满足,将是一个不能回避的问题。所以,如何通过高效的中继节点选择算法挑选最合适的中继节点,不仅能为源节点带来最大的信道容量,而且能够尽量减少对无线网络中其他节点产生的干扰,是本章要重点研究的问题之一。

11.2　干扰问题对协作通信的影响

协作通信网络中的同信道干扰是影响系统性能的一个重要因素,也是分析网络容量和设计网络控制与资源管理算法过程中需要考虑的核心问题。同信道干扰是由无线网络节点的拓扑结构、无线传播环境和标准规定的节点传输协议等共同决定的一个复杂问题。干扰模型的建立可以依照协议干扰模型的方法来讨论,或者利用物理干扰模型的方法来考察。

1. 协议模型

假设节点 X_i 通过第 m 个信道发送数据给节点 X_j,如果在接收节点 X_j 满足

以下条件，就认为数据发送成功，即

$$| X_k - X_j | \geqslant (1 + \Delta) | X_i - X_j | \tag{11-1}$$

式中，X_k 代表利用第 m 个信道同时传送数据的其他节点；Δ 代表了协议模型中的保护带，用来阻止邻居节点在同一时刻采用相同的信道发送数据。

2. 物理模型

令 $\{X_k, k \in \Gamma\}$ 表示在同一时间利用同一子信道发送数据的所有节点的集合，P_k 代表节点 X_k 发送数据的功率级别。节点 X_k 发送的数据能够被 X_j 正确接收的条件是下式得到满足：

$$\frac{\dfrac{P_i}{| X_i - X_j |^\alpha}}{N + \displaystyle\sum_{k \in \Gamma} \dfrac{P_k}{| X_k - X_j |^\alpha}} \geqslant \beta \tag{11-2}$$

式中，β 代表了接收节点能够正确接收数据所需要的最小信噪比。

如果源节点和目的节点直接进行数据传递，那么只需要单个无线信道就可以了；而如果源节点在中继节点的协助下向目的节点传递数据，就需要占用至少两个无线信道，相应的扩大了干扰范围。

文献（Vakil, 2008）和（Yan, 2008）率先研究了中继节点引入的干扰问题对于协作通信系统的影响。在文献（Vakil, 2008）中，采用了物理干扰模型来确定中继节点是否能够正确解码源节点发送的数据，并针对每一个源节点提出了中继区域的概念，在该区域内的所有节点可以作为中继节点协助源节点进行数据发送。同时采用了物理干扰模型来判断中继节点是否可以正确的解码源节点发送的数据，文章还获取了最优的中继区域的半径。而文献（Yan, 2008）联合考虑了干扰问题和协作协议的选择，通过信道分配的方式来减小对系统的干扰。

为了研究大规模网络下的协作通信的干扰模型，做出如下的假设：

（1）干扰感知区域就是所有发送节点产生的干扰感知范围的并集，每个发送节点的干扰感知范围为半径为 r_I 的圆形区域，且干扰感知范围等于其发送范围。图 11-1(a) 显示了只有源节点和目的节点进行通信时的干扰感知区域；而图 11-1(b) 则显示了当中继节点协助进行数据传输时，干扰感知区域就是原来的干扰感知区域和中继节点产生的干扰感知区域的并集。

（2）尽管物理干扰模型可以达到更加精确的结果，但是由于其需要精确的对干扰信号进行建模，所以在这一节的研究中主要采用协议干扰模型。

（3）所有的发送节点都采用最大发送功率进行数据发送，而且所有节点的最大发送功率都相等，这样可以得到最大的干扰感知区域，便于进行比较。

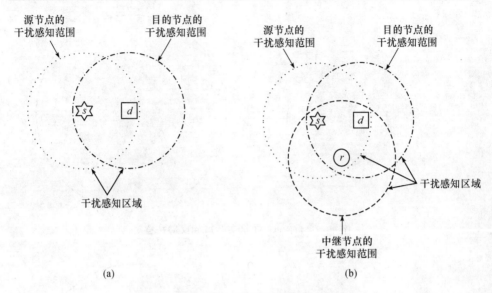

图 11-1　节点协作带来的干扰感知区域变化

接下来,依次研究采用直传(DT)协议和解码转发(DF)协议所产生的干扰感知区域的大小。DT 协议是指源节点直接发送数据给目的节点,而不通过任何中继节点的协助;DF 协议简单来讲就是源节点在广播阶段发送数据,通信范围内的中继节点和目的节点都可以收到发送的数据。而在协作阶段,被选中的中继节点将其在广播阶段接收到的数据进行重新编码,发送给目的节点,而目的节点将在第一个协作阶段内从源节点直接接收到的信号和在第二个协作阶段内从中继节点接收到的信号进行联合解码,通过这种协作的方式,可以获取更大的无线信道容量。在 DT 协议中,源节点 s 和目的节点 d 之间的距离为 r_C,由于节点采用最大的功率进行数据传输,r_C 可以被称为节点 s 的通信范围。对于任意两个发送节点,如果它们相隔的距离大于 $r_C + r_I$,数据传输时就不会发生冲突。链路 $s-d$ 的干扰感知域可以用半径为 d_d 的圆形区域来表示,即

$$d_d(r_C) = r_I + r_C = (\lambda + 1)r_C \tag{11-3}$$

式中,$\lambda = r_I / r_C$ 称为干扰感知比。

如果用图来表示的话,那么链路 $s-d$ 的干扰感知域可以表示为以链路 $s-d$ 的中点为圆心,以 d_d 为半径的圆形区域,如图 11-2 所示。

接下来考虑源节点 s 和目的节点 d 在中继节点 r 的协助下采用 DF 协议进行数据传输的干扰感知域。为了不失一般性,假设中继节点与源节点的距离为 r_1,中继节点与目的节点的距离为 r_2。此时,干扰感知域的范围可以用半径为 d_{coop} 的圆形区域来表示,如图 11-3 所示。

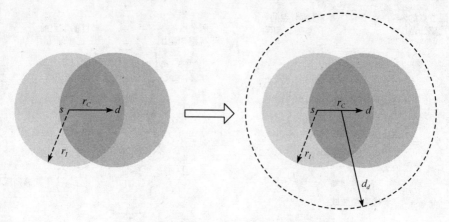

图 11-2　DT 协议下的干扰感知区域计算

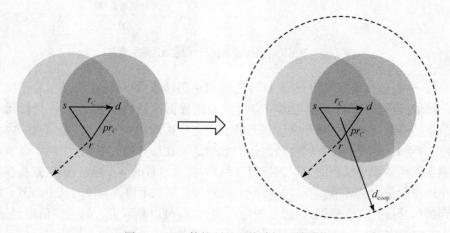

图 11-3　DF 协议下的干扰感知区域计算

$$d_{\text{coop}}(r_C, r_1, r_2) = \begin{cases} r_1 + r_C, & r_1^2 + r_2^2 \leqslant r_C^2 \\ r_1 + \dfrac{1}{2}r_C\left(\sqrt{1 + \dfrac{(r_1^2 + r_2^2 - r_C^2)^2}{4r_1^2 r_C^2 - (r_C^2 + r_1^2 - r_2^2)^2}} + 1\right), & r_1^2 + r_2^2 > r_C^2 \end{cases}$$

(11-4)

　　显然,干扰感知域的大小取决于 r_1 和 r_2 的大小。重点研究干扰感知域最大的情况,也就是中继节点距离源节点和目的节点的距离相等,且 $r_1 = r_2 = \rho r_C$。其中,ρ 表示中继距离系数。此时,d_{coop} 的表达式可以简化为

$$d_{\text{coop}}(r_C, r_1, r_2) = \begin{cases} (\lambda + 1)r_C, & 1/2 < \rho < \sqrt{2}/2 \\ \left(\lambda + \dfrac{\rho^2}{2\sqrt{\rho^2 - 1/4}} + \dfrac{1}{2}\right)r_C, & \sqrt{2}/2 \leqslant \rho < \lambda \end{cases}$$

(11-5)

此时的干扰感知区域为以源节点、目的节点和中继节点三点围成区域的中心为圆心，半径为 d_{coop} 的圆形区域。

接下来研究多个中继节点采用 DF 协议协助源节点向目的节点传送数据的情况。在这种情况下，距离源节点和目的节点最远的中继节点决定了干扰感知域的范围。假定每个中继节点距离源节点和目的节点的距离都小于 $r_R = \rho r_C$，此时相应的最大干扰感知域是半径为 d_{max} 的圆形区域，即

$$d_{max} = \begin{cases} (\lambda + 1)r_C, & 1/2 < \rho < \sqrt{2}/2 \\ \left(\lambda + \sqrt{\rho^2 - 1/4} + \dfrac{1}{2}\right)r_C, & \sqrt{2}/2 \leqslant \rho \leqslant \lambda \end{cases} \tag{11-6}$$

在相邻的节点组成虚拟天线阵列向单个目的节点发送数据的情况下，节点协作带来的传输范围的增加远大于干扰区域的扩大，以至于干扰区域的扩大可以忽略不计。但其中的隐含条件是源节点和中继节点的空间位置接近。而这一部分的研究主要考虑中继节点与源节点和目的节点的距离相等时获得的最大的干扰感知范围，因此这种情况是干扰感知范围的一种特殊情况，相当于 r_1 的取值很小，r_2 的取值和 r_C 基本相同，所以两者并不矛盾。

以上针对干扰问题对协作通信的影响进行了定性的分析，而很少考虑干扰问题对中继节点选择问题的影响。因此，本书在研究中，针对这一问题进行重点研究。考虑了多源节点、多目的节点、多中继节点的场景中，如何通过一种干扰避免的方式为每个源节点选择最合适的中继节点的问题，从而使得整个网络的平均信道容量最大。

为了更加形象的表示中继节点引入的干扰给整个无线系统带来的影响，首先通过一个例子说明如果不考虑中继节点产生的干扰，不仅不会获得性能的增益，反而会降低无线系统的平均信道容量。如图 11-4 所示，源节点 s_1、s_2、s_3 同时发送数据给三个目的节点 d_1、d_2、d_3。而 $r_1 \sim r_5$ 代表五个潜在的中继节点。为了分析方便，仍然假设所有发送节点的干扰范围和传输范围相等。如果只考虑路径衰落的影响而忽略阴影衰落和多径衰落，那么从图中所示的拓扑关系不难得出：当不考虑节点之间的干扰因素时，源节点 s_1 会选择 r_1 作为中继节点，此时三节点中继信道替代了点对点信道，可以获得更高的无线信道容量。同理，源节点 s_2 会

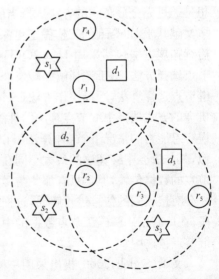

图 11-4　通过改变中继节点的选择提高整个系统的平均信道容量

选择 r_2 作为中继节点,源节点 s_3 会选择 r_3 作为中继节点。

但是,由于目的节点 d_2 处于中继节点 r_1 的干扰范围内,当 r_1 协助 s_1 进行数据传输时,会严重地影响到 d_2 的数据接收。因为很可能此时目的节点 d_2 正在接收来自源节点 s_2 或中继节点 r_2 的数据。这可以等效为两个数据流共同竞争同一无线信道,其直接后果就是每一个数据流最多能够达到各自无线信道容量的一半。同理 r_2 和 r_3 处于彼此的干扰范围内,它们的数据流也会相互干扰,相应的信道容量也会减半。

由于存在数据传输的干扰,s_1 选择 r_1 作为中继节点及 s_3 选择 r_3 作为中继节点并不是最合适的选择。一个较为直观的结论是:如果 s_1 选择 r_4 作为中继节点,而 s_3 选择 r_5 作为中继节点,那么系统中将不会有干扰发生,这样,整个系统可以达到更大的平均信道容量。

由这个例子可以得到结论:合理地选择中继节点对于整个系统的性能至关重要。而且中继节点的选择不仅要考虑单个数据流,还要考虑是否受到其他节点的干扰。如果能够在充分利用协作通信优势的同时尽量减少中继节点对其他发送节点的干扰,就可以进一步的提升系统的性能。这就是下一节要研究的主要问题。

11.3　群组节点干扰避免的中继节点选择算法

已有大量的文献针对中继节点选择算法进行了研究。Bletsas 提出的基于机会的方式选择中继节点的算法(Bletsas,2006)是比较有代表性的研究。其核心思想是通过完全分布式的方法选择当前无线信道条件最优的中继节点参与协作。很多文献基于 Bletsas 的工作做了更深入的研究。在 Bletsas 的工作的基础上,相关后续拓展方法包括采用 H-ARQ(Hybrid Automatic Repeat Request)策略的中继节点选择方法,基于选择解码转发(Selection Decode-and-Forward,SDF)协议的中继节点选择算法,选择协作方法(Selection Cooperation,SC)等。SDF 方法对基于机会的方式选择中继节点算法的性能进行了分析,得出的结论是在具备一定的错误容忍能力的情况下,这种算法可以获得最大的无线信道容量。SC 方法与此类似,其与机会中继算法的最大不同在于在广播阶段,所有潜在的中继节点都监听源节点的数据传输,但是只有那些与源节点的信道质量大于一定门槛值的中继节点才会对接收到的信号进行解码,这样可以大大缩小中继选择的对象。而在协作阶段,在所有正确解码源节点数据的中继节点中,只有与目的节点信道质量最好的中继节点被选中。

文献(Sadek,2006)提出采用一种叫做"精灵协助"的中继节点选择协议,适用于在蜂窝网络中利用协作通信提高基站覆盖范围的场景。"精灵协助"协议首先确定最优中继节点的位置,并假定一个"精灵"将一个中继节点放置在了最优中继节点的位置上。理论上,源节点在通过"精灵协助"协议选择出的中继节点的协助下进行数据传输可以获得最好的覆盖范围及最低的中断概率。然而,这种"精灵协助"协议仅仅是理论结果,在实际网络中是不能够直接应用的。所以该文献基于"精灵协助"协议的原理又提出了一种实用化的中继节点选择协议:基站控制协议。该协议假设基站了解其覆盖范围内的所有移动终端的位置(可以通过网络定位或GPS 等方式来实现),为了给每个源节点找到最优的中继节点,基站选取最接近于移动终端和基站的中间位置的节点作为中继节点。

目前大量研究都是针对单个源节点选择一个中继节点的问题,而很多协作协议支持多个中继节点协助源节点进行数据传输。相应的,对多中继节点的选择问题进行研究也是十分必要的。同时在很多实际的应用中,并不是所有的节点都会参与协作,所以需要特定的协议来分配每次传输由哪些节点作为中继节点,还需要确定系统的性能是如何随中继节点的个数变化而变化的,以解决在中心控制方式下和分布式控制方式下如何进行中继节点选择的问题,而且还需考虑无线信道的状态信息对于中继节点选择过程的影响。因此,有研究提出了协作域的概念,通过评估中继节点的信道质量,确定协作域的范围。协作域范围内的潜在的中继节点都可以获得比源节点和目的节点直接传送更好的性能(Lin,2006)。

尽管很多研究都仔细分析了选择合适的中继节点可以大大的提升系统的性能,但是针对多个源节点、多个中继节点和多个目的节点组成的无线网络中如何完成中继节点的选择并没有被仔细研究过。事实上,在这种较大规模的无线网络中,如何为多个源节点选择相应的中继节点相对于单个源节点的情况复杂了很多。主要原因在于中继节点在带来性能提升的同时也会对其他节点的数据传输带来额外的干扰,如何衡量中继节点对整个系统的影响就更加复杂。

基于此,本书在研究中,首先定性的分析中继节点带来的干扰范围扩大的问题,然后提出了一种基于群组节点干扰避免的中继节点选择算法,以尽量减少干扰带来的影响。

11.3.1　系统模型

考虑在多个源节点、多个中继节点和多个目的节点所组成的无线网络中,如何通过选择中继节点尽量减少对其他节点所产生的干扰。在描述具体的问题之前,首先明确如下假设:

(1) 节点之间的信道衰落都服从平坦衰落信道,在每次协作过程中无线信道不会发生变化。

(2) 主要针对单个中继节点协助源节点进行数据传输的情况进行研究,但是研究结论一样适用于多个中继节点的情况。

(3) 尽管发送数据的节点的传输范围和干扰范围通常并不相同,但是为了分析问题的方便,假定发送节点的传输范围和干扰范围相同。

为了计算出协作通信中的干扰感知范围的最大值,相关研究中,常假设目的节点也会发送数据。但是在实际应用环境中,目的节点更多的时候扮演的是接收数据的角色。所以在接下来的研究中,假设目的节点只能接收源节点和中继节点发送的数据,而不会发送有效数据(尽管通常目的节点也会发送 CTS 消息来回应源节点发送的 RTS 消息,但由于 CTS 的消息长度很短,而且发送速率也不频繁,所以忽略 CTS 消息对周围其他节点的干扰)。

在后续的分析中,重点考虑两种协作协议:直接传输(DT)协议和解码转发(DF)协议。由于信道容量代表了信道每秒每赫兹所能够正确传递的最大数据量,它提供了一种很好的定性衡量无线链路效率的办法,而不需要深入到编码、检测和解码等复杂的步骤中,所以在这一部分的研究中,通过无线信道容量的分析来衡量 DT 协议和 DF 协议的性能。

源节点和目的节点依次用 s_i 和 d_i 来表示,$R(s_i)$ 代表分配给源节点 s_i 的中继节点。对于 DT 协议,s_i 直接传递数据给 d_i,而不需要任何中继节点的协助,整个传输过程仅仅花费了一个时间单位,所以其对应的信道容量可以表示为

$$C_{\mathrm{DT}}(s_i,d_i) = W\log_2\Big(1+\frac{P}{\sigma_d^2}\mid h_{s_i,d_i}\mid^2\Big) \tag{11-7}$$

对于 DF 协议,由于目的节点 d_i 对相继从源节点 s_i 和中继节点 $R(s_i)$ 接收到的数据进行联合判决,它们所组成的中继信道的信道容量可以表示为(Thomas,1991)

$$C_{\mathrm{DF}}(s_i,R(s_i),d_i) = W \cdot \frac{1}{2}\min\Big\{\log_2\Big(1+\frac{P}{\sigma_d^2}\mid h_{s_i,R(s_i)}\mid^2\Big),$$

$$\log_2\Big(1+\frac{P}{\sigma_d^2}\mid h_{s_i,d_i}\mid^2+\frac{P}{\sigma_d^2}\mid h_{R(s_i),d_i}\mid^2\Big)\Big\} \tag{11-8}$$

式中,W 代表信道带宽;P 代表源节点和中继节点的发送功率;σ_d^2 代表目的节点 d_i 处的高斯白噪声;h_{s_i,d_i}、$h_{s_i,R(s_i)}$ 和 $h_{R(s_i),d_i}$ 分别代表了源节点 s_i 和目的节点 d_i 的信道增益,源节点 s_i 和中继节点 $R(s_i)$ 之间的信道增益及中继节点 $R(s_i)$ 和目的节点 d_i 之间的信道增益。而信道增益主要包含了路径损耗、阴影衰落及多径损耗的影响。式(11-8)中的 1/2 代表了整个协作通信过程一共花费了两个时间段。

单从式(11-7)和式(11-8)很难得出 DF 协议优于 DT 协议的结论。事实也证明,对于 DF 协议而言,选择了不适当的中继节点往往会降低信道容量,甚至不如直接采用 DT 协议。为了便于分析,将 DF 和 DT 两种协议的信道容量进行整合:

$$C(s_i) = \begin{cases} C_{\mathrm{DF}}(s_i,R(s_i),d_i), & R(s_i)\neq\phi \\ C_{\mathrm{DT}}(s_i,d_i), & R(s_i)=\phi \end{cases} \tag{11-9}$$

式中,$R(s_i)=\phi$ 代表源节点 s_i 采用 DT 协议进行数据传输。

在本研究所讨论的场景中,假设共有 N_s 个源节点,分别为 $\{s_1, s_2, \cdots, s_{N_s}\}$;相应的有 N_d 个目的节点,表示为 $\{d_1, d_2, \cdots, d_{N_d}\}$;以及 N_r 个潜在的中继节点 $\{r_1, r_2, \cdots, r_{N_r}\}$,所有节点都只有一根天线,共享同一个无线信道,并且工作在半双工的模式下。为了简化问题,假设每个源节点只能和一个目的节点进行通信,所以有 $N_d = N_s$。源节点并不总是能够获得中继节点的帮助,主要原因有两个:在源节点的周围,并没有足够数量的空闲节点可以充当中继节点;即使有足够数量的潜在中继节点,如果 $C_{DF}(s_i, R(s_i), d_i)$ 小于 $C_{DT}(s_i, d_i)$,源节点仍然会选择 DT 协议进行数据传递。

11.3.2　支持干扰避免的最优中继分配算法 ORAi

文献(Shi,2008)提出了一种最优中继分配算法(Optimal Relay Assignment, ORA),该算法通过一种迭代选择的方式很好地解决了在多源节点、多中继节点和多目的节点的场景下,最优的中继节点的选择问题。其基本思想是,初始阶段所有源节点都随机选择一个中继节点,然后进入迭代过程:如果某个源节点发现了更适合自己的中继节点,就用新发现的中继节点代替原有的中继节点,最后整个网络收敛到了一个稳定的状态,每个源节点都可以找到最适合自己的中继节点。但是 ORA 算法工作在中心控制的方式下,而且其假定所有节点无论远近,都可以相互通信,并采用完全正交的无线链路。这些假设没有考虑节点的实际传输能力,而且采用无限多个正交信道的假设回避了客观存在的干扰问题,没有太大的实用价值。在本章的研究中,提出了一种可以进行干扰避免的中继节点选择算法 ORAi(Optimal Relay Assignment with Interference Mitigation),其与 ORA 最大的不同在于:

(1) 在 ORAi 算法中,假定所有节点共享同一个无线信道,这种假设也可以扩展到具有有限个无线信道的网络环境,这样的假设更加符合无线网络的实际情况。

(2) 任何两个节点,只要在彼此的干扰感知范围内,传递数据时就会受到干扰,这也更加符合实际情况。

(3) 采用完全分布式的方法,不需要进行中心控制,这样可以大大减小系统的开销,也更加利于实现。

在研究 ORAi 算法时,还做出了如下假设:

(1) 源节点内部维持着一个中继节点列表,记录了所有源节点通信范围内的中继节点到源节点和目的节点的无线信道状况,以及该中继节点是否受到其他发送数据节点的干扰。

(2) 由于研究重点在于通过合理地选择中继节点避免干扰,因此不考虑源节点的数据传输会对其他源节点或目的节点产生干扰的情况。这是因为,即使这种干扰是客观存在的,也需要采用调度层次的方法进行解决,与 ORA 的研究处于不同的协议层次,并不矛盾。

（3）如果中继节点受到了干扰，那么中继节点对应的无线信道容量将会减半。同理，如果中继节点受到了其他两个节点的干扰，那么中继节点对应的无线信道容量只能够达到原始信道容量的 1/3。

另外，由于不同的源节点和其对应的目的节点之间的距离是不相同的，所以它们之间的信道容量也不相同。而且，源节点可以根据中继节点列表内的中继节点的无线信道信息来决定使用 DT 协议还是 DF 协议，这也会使得每个源节点对应的无线信道容量有显著的差别。所以，选择平均信道容量作为衡量不同中继节点选择算法的指标，哪种中继选择算法能够使式（11-10）达到最大，就认为该中继节点选择算法更加优秀。

$$\max \frac{1}{N_s} \sum_{i=1}^{N_s} C(s_i) \tag{11-10}$$

1. ORAi 算法的基本思想

ORAi 算法的基本思想可以归纳为：冲突带来了协商的机会。在初始阶段，每个源节点 s_i 都独立的选择中继节点，而并不考虑中继节点是否受到干扰，选择的依据是使得 $C(s_i)$ 的值最大。初始阶段的中继选择过程结束后，选中的中继节点会协助源节点进行数据发送。如果中继节点在发送数据的过程中，发现受到了其他节点的干扰，由于假设干扰范围等于传输范围，该中继节点就会与产生干扰的节点进行协商，共同寻找一个更好的解决方法。在一般的应用中，干扰经常被视为有害的因素，避之唯恐不及，被干扰的节点通常采用延时发送的方式避免干扰。但是这样并没有根本解决问题。而 ORAi 算法则充分利用了干扰带来的机会。由于源节点知道通信范围内所有中继节点的信道条件信息，发生冲突的中继节点可以作为各自源节点的"代理"，代表源节点进行协商，找到更好的解决办法，使平均信道容量达到最大。

以图 11-4 为例，如果 s_2 和 s_3 选择直传方式，那么传输过程不会受到干扰。但是，如果 s_2 和 s_3 分别选择了 r_2 和 r_3 作为中继节点，当 r_2 和 r_3 同时发送数据时就会产生干扰。此时 r_2 和 r_3 可以分别作为 s_2 和 s_3 的代理，利用 s_2 和 s_3 各自掌握的中继节点的信息进行协商。最终得到更好的解决方案，即 s_2 仍然选择 r_2 作为中继节点，而 s_3 选择 r_5 作为中继节点。

2. ORAi 算法介绍

（1）在初始阶段，源节点 s_i 根据中继节点列表的信息选择中继节点，使得 $C_{DF}(s_i, R(s_i), d_i)$ 能够取最大值，此时并不考虑中继节点是否受到干扰。同时源节点 s_i 也会计算在采用 DT 协议的情况下所能够获取的无线信道容量 $C_{DT}(s_i, d_i)$。如果 $C_{DF}(s_i, R(s_i), d_i)$ 大于 $C_{DT}(s_i, d_i)$，源节点就在中继节点 $R(s_i)$ 的协助下通过

DF 协议进行数据传输,否则就采用 DT 协议。

(2) s_i 选定的中继节点可以表示为 $R(s_i)$,当 $R(s_i)$ 协助源节点 s_i 进行数据传递时,如果检测到了干扰,就向 s_i 发送 request 报文,向源节点声明自己受到了干扰,希望能够从源节点 s_i 处得到替代者的信息。

(3) 一旦源节点 s_i 收到了 request 报文,就会重新根据中继节点列表的信息挑选当前中继节点的替代者。该替代者必须满足三个条件:①能够比 DT 协议带来更大的信道信息;②能够带来最大的无线信道容量;③该中继节点必须是未受干扰的。源节点将选定的中继节点的信息通过 reply 报文发送给当前中继节点 $R(s_i)$。如果源节点 s_i 不能够找到当前中继节点的替代者,就发送空的 reply 报文给 $R(s_i)$。

(4) $R(s_i)$ 收到 reply 报文后,会用报文中包含的替代者的信息与冲突节点,假设为 $R(s_j)$,进行协商。而 $R(s_j)$ 也从源节点 s_j 处获取了替代者的信息。问题可以被抽象为求解优化问题,使得 $(1/2) * (C(s_i) + C(s_j))$ 的值最大化。由于该优化问题只涉及有限个中继节点,而且中继节点可以彼此通信,因此该优化问题可以视为求解一个低复杂度的局部优化问题。该优化问题的最优解可能有四种:①$R(s_i)$ 和 $R(s_j)$ 中的一个被替代者替代;②$R(s_i)$ 和 $R(s_j)$ 均被替代者替代;③$R(s_i)$ 和 $R(s_j)$ 中的一个协作模式,相应的源节点采用 DT 协议进行数据传输;④$R(s_i)$ 和 $R(s_j)$ 均退出,s_i 和 s_j 均采用 DT 的传送方式。

(5) 在 $R(s_i)$ 和 $R(s_j)$ 的协商过程结束后,$R(s_i)$ 和 $R(s_j)$ 各自发送 report 报文给源节点 s_i 和 s_j。源节点认可后,会在下一次的数据传输中启用新的中继节点。

图 11-5 显示了整个协作过程。

3. 算法比较分析

如果在初始阶段,源节点尽量选择不受干扰的中继节点,那么可以减少受到干扰的中继节点协商的次数,使得整个协作过程的开销减小。但是这样就不能够保证平均信道容量达到最大。用一个简单的例子来说明这一现象。假设源节点 s_i 采用 DT 协议可以获取的信道容量为 5Mb/s,而采用 $R(s_i)$ 为中继时的信道容量为 22Mb/s;源节点 s_j 采用 DT 协议可以获取的信道容量为 6Mb/s,而采用 $R(s_j)$ 为中继时的信道容量为 11Mb/s,$R(s_i)$ 和 $R(s_j)$ 处于彼此的干扰范围内。如果 $R(s_j)$ 首先被选中协助源节点 s_j 进行数据传输,而 s_i 还未选定 $R(s_i)$ 作为中继节点,此时平均信道容量为 8Mb/s。那么当 s_i 选择中继节点时,由于 $R(s_i)$ 已经受到了 $R(s_j)$ 的干扰,就不会被选中,结果就是 s_i 仍然采用 DT 协议进行数据传输,平均信道容量保持为 8Mb/s。

而如果采用 ORAi 算法,在初始阶段,不论 $R(s_i)$ 和 $R(s_j)$ 是否处于受干扰状态,s_i 和 s_j 都会分别选择 $R(s_i)$ 和 $R(s_j)$ 作为中继节点。显然,数据传输时会发生干扰,$R(s_i)$ 和 $R(s_j)$ 会进行协商,寻求更好的解决方案。由于在这一例子中,没有

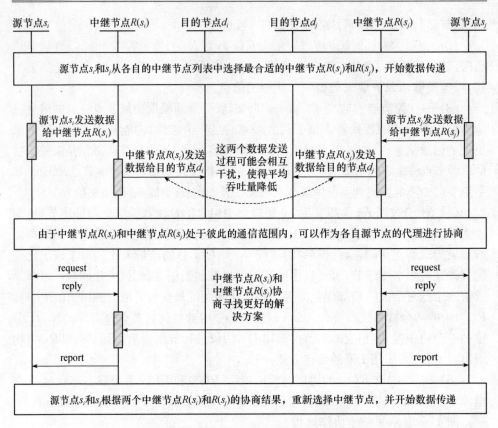

图 11-5　整个协作过程的消息交互流程

额外的中继节点可供替代,那么协商的结果就会是 $R(s_j)$ 退出,s_j 采用 DT 协议进行数据传输,此时 s_j 可以获取的信道容量为 6Mb/s。而 s_i 仍然采用 $R(s_i)$ 作为中继节点,可以获取的信道容量为 22Mb/s。这种情况下可以达到的平均信道容量为 14Mb/s,但是代价是多了一次中继节点的协商过程。

　　上一节提到,两个中继节点的协商过程可以被视为求解一个局部优化问题。如何求解优化问题并不是研究的重点,这里仅仅给出一种基于竞价的分布式实现方法:$R(s_i)$ 和 $R(s_j)$ 相互干扰且各自从源节点处获取了替代者的信息,$R(s_i)$ 向 $R(s_j)$ 发送 bid 报文,报文内部包含了 $R(s_i)$ 及其替代者的信道信息。这样,$R(s_j)$ 就掌握了所有求解优化问题需要的信息,并将最后的选择结果通知 $R(s_i)$。同样,由 $R(s_j)$ 发送 bid 报文的话也可以得到一样的结果。

11.3.3　仿真实验分析

　　假设共有 18 个源节点,彼此的发送范围互不干扰,每个源节点的通信范围内都均匀分布着 8 个节点,为了不失一般性,在这 8 个节点中,距离源节点最远的节点被指定为目的节点,而剩余的 7 个节点可以作为潜在的中继节点。源节点 s_i 根据中继节点列表的信息,计算 $C_{DT}(s_i,d_i)$ 和 $C_{DF}(s_i,R(s_i),d_i)$ 的值。如果 $C_{DT}(s_i,d_i)$ 大于 $C_{DF}(s_i,R(s_i),d_i)$,就选择 DT 协议;否则就利用 $R(s_i)$ 作为中继节点,采用 DF 协议进行数据传输。本节在相同的网络拓扑下,比较了采用 ORA 算法和 ORAi 算法进行中继节点选择的情况下,各自可以达到的最大平均信道容量。同时为了更加客观的比较,还仿真了所有源节点都采用 DT 协议的情况。

在仿真过程中,假定每个发送节点的传输范围是半径为 250m 的圆形区域,并假设干扰范围与传输范围相同。信道带宽为 22MHz,每个节点的最大传送功率为 0.5W。假设两点之间的信道增益主要由路径损耗来决定,节点 i 和节点 j 之间的信道增益 $h_{i,j}$ 可以表示为 $|h_{i,j}|^2 = d_{i,j}^{-4.5}$,$d_{i,j}$ 表示节点 i 和节点 j 之间的距离,而 4.5 是指路径损耗系数。接收节点处的噪声为方差为 10^{-10} 的高斯白噪声。为了使仿真的结果更加可信,整个仿真共进行了 1000 次,18 个源节点的位置始终固定,每次仿真中的所有源节点周围的中继节点及目的节点都采用随机生成的方式,并将 1000 次的运行结果取平均值。

图 11-6 给出了采用 ORAi 中继选择算法的一次仿真结果。在图中,源节点采用六角形图标来表示,潜在的中继节点采用圆形图标来表示,而对应于每个源节点的目的节点则采用方形图标表示。

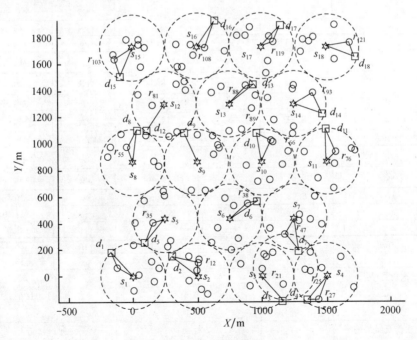

图 11-6　仿真结果

表 11-1 给出了图 11-6 所示的这次仿真所对应的真实数据。第二列表示各个

源节点采用 DT 协议进行数据传输时的信道容量。表中的第三、四列数据代表了采用 ORA 算法进行中继节点选择时，每个源节点所选取的中继节点，以及在该中继节点的协助下所获取的无线信道容量。可以看出，在采用中继节点时，信道容量有了显著的提升。表中的第五、六列数据代表采用 ORAi 算法进行中继节点选择的结果。符号 ϕ 代表源节点并没有选择任何中继节点协助其进行数据传输，所以此时的信道容量就是源节点采用 DT 策略时的信道容量。而具有黑色外框的容量代表了由于受到干扰，此时获取的容量会根据前面的假设规则进行递减。

表 11-1 的倒数第二行给出了此次仿真中各种协议所获得的平均信道容量；而最后一行给出了进行 1000 次仿真后取平均的结果。可以看到采用 DT 协议，ORA 算法和 ORAi 算法可以获取的最大平均信道容量依次为 6.34Mb/s，10.78Mb/s 和 11.52Mb/s。即使相对于 ORA 策略，ORAi 也可以获得显著的性能提升。

表 11-1　仿真实验结果数据

Source nodes	DT Capacity/ (Mb/s)	ORA		ORAi	
		Relay node	Capacity/(Mb/s)	Relay node	Capacity/(Mb/s)
s_1	5.04	r_1	17.1	r_1	17.1
s_2	4.90	r_{12}	9.91	r_{12}	9.91
s_3	5.45	r_{21}	4.92	ϕ	5.45
s_4	6.53	r_{25}	2.31	r_{27}	6.60
s_5	6.22	r_{35}	15.08	r_{35}	15.08
s_6	4.96	r_{38}	9.74	r_{38}	9.74
s_7	4.95	r_{47}	6.12	r_{47}	12.24
s_8	5.42	r_{55}	8.34	r_{55}	16.68
s_9	6.37	ϕ	6.37	ϕ	6.37
s_{10}	8.21	r_{66}	4.83	r_{66}	9.65
s_{11}	5.25	r_{76}	9.19	r_{76}	9.19
s_{12}	5.28	r_{81}	3.80	ϕ	3.80
s_{13}	5.87	r_{89}	4.46	r_{88}	6.78
s_{14}	6.08	r_{93}	10.50	r_{93}	10.50
s_{15}	5.79	r_{103}	11.40	r_{103}	11.40
s_{16}	5.25	r_{108}	6.07	r_{108}	6.07
s_{17}	7.79	r_{119}	28.15	r_{119}	28.15
s_{18}	5.98	r_{121}	13.76	r_{121}	13.76
单次仿真结果 $\max \dfrac{1}{N_s}\sum\limits_{i=1}^{N_s} C(s_i)$	5.85	9.56		11.03	
1000 次仿真结果的平均值 $\max \dfrac{1}{N_s}\sum\limits_{i=1}^{N_s} C(s_i)$	6.34	10.78		11.52	

　　下面用几个例子来解释 ORAi 中继选择算法为什么能够提升平均信道容量。

　　当采用 DT 协议时,链路 s_3-d_3 和链路 s_4-d_4 能够达到的信道容量分别为 5.45Mb/s 和 6.53Mb/s。如果不考虑干扰,s_3 会选择 r_{21} 作为中继,而 s_4 会选择 r_{25} 作为中继。理论上,链路 s_3-d_3 的信道容量可以达到 9.84Mb/s,而 s_4-d_4 的信道容量可以达到 7.93Mb/s。然而,r_{21} 在进行数据传输时会影响到 r_{25} 的数据传输,而 r_{25} 在数据传输时不仅会对 r_{21} 的数据传输产生干扰,还会对目的节点 d_7 的数据接收也产生干扰。根据前面的假设,由于干扰的影响,s_3-d_3 只能获取一半的信道容量,即 4.92Mb/s;而由于 r_{25} 的数据传输同时影响到了另外两条链路的数据传输,s_4-d_4 只能获得信道容量的 1/3,即 2.31Mb/s。此时,采用协作通信甚至比直接传输的性能还差,这也验证了不合适的中继节点的选择反而会使得系统的性能恶化。如果采用 ORAi 算法,中继节点 r_{21} 和中继节点 r_{25} 可以通过协商来获得更好的解决方案:源节点 s_3 可以采用直接传输的方法将数据发送给目的节点 d_4;而源节点 s_4 选择 r_{27} 作为中继节点 r_{25} 的替代者。此时,链路 s_3-d_3 能够获取的信道容量为 5.45Mb/s;而链路 s_4-d_4 在中继节点 r_{27} 的协助下可以获取的信道容量为 6.6Mb/s。

　　在直接传输的模式下,链路 s_7-d_7 能够获取的信道容量为 5Mb/s。为了获取更高的信道容量,s_7 选择了 r_{47} 作为中继节点。此时,链路 s_7-d_7 在中继节点 r_{47} 的协助下可以获取信道容量为 12.24Mb/s。但是中继节点 r_{47} 和中继节点 r_{25} 相互干扰,所以,链路 s_7-d_7 只能够获得一半的链路容量。通过中继节点 r_{47} 和中继节点 r_{25} 的协商,源节点 s_7 仍然选择了 r_{47} 作为中继节点,而 r_{25} 选择了退出。s_7 最终可以获得的最大信道容量为 12.24Mb/s。

　　在直接传输的模式下,链路 s_8-d_8 和链路 $s_{12}-d_{12}$ 的容量分别为 5.42Mb/s 和 5.28Mb/s。为了获取更高的容量,源节点 s_8 选择节点 r_{55} 作为中继节点;而源节点 s_{12} 选择节点 r_{81} 作为中继节点。但是中继节点 r_{55} 的数据传输干扰了目的节点 d_{12} 的数据接收,而中继节点 r_{81} 的数据传输干扰到了目的节点 d_8 的数据接收。通过 r_{55} 和 r_{81} 的协商,源节点 s_8 仍然选择 r_{55} 作为中继节点,而源节点 s_{12} 选择直接传输的方式进行数据传输。此时,链路 s_8-d_8 在中继节点 r_{55} 的协助下可以获取的信道容量为 16.68Mb/s;链路 $s_{12}-d_{12}$ 的信道容量为 5.28Mb/s。

11.3.4　ORAi 算法讨论

　　采用合理的功率控制方案可以减小对无线网络中其他节点的干扰,但是这会严重影响到无线信道的质量;采用定向天线的方法可以有效地抑制节点之间的相互干扰,但是定向天线对硬件提出了更高的要求,并不具有太大的通用性。因此 ORAi 重点研究了通过选择合适的中继节点来最大限度地避免干扰,进而获得最大的平均信道容量。

在 ORAi 算法中,一旦中继节点检测到了干扰,就会向源节点发送 request 消息,希望从源节点处获取替代中继节点的信息用来与干扰节点进行协商。ORAi 算法在提高了平均信道容量的同时也带来了额外的开销,对于节点拓扑固定且发送数据量较大的情况较为合适。另外,在评估 ORAi 算法的性能时,采用了平均信道容量作为指标。但信道容量是一个理论值,如何通过具体的通信技术达到或逼近信道容量值得更进一步的研究。本章下一节进一步借用了 ORAi 算法中干扰避免的思想,采用吞吐量作为性能指标,研究了支持协作通信的 MAC 协议,进一步朝着协作通信实用化的方向迈进。

11.4　合群网络协作通信的 MAC 层协议

本章上一节介绍了一种支持避免干扰的中继节点选择算法,本节从系统的角度出发,介绍了一种支持协作通信的 MAC 协议 CiMAC。CiMAC 协议能够与 802.11 协议兼容,不仅可以支持多种协作通信协议,而且可以支持不同数量的中继节点。CiMAC 协议还考虑了如何通过中继节点的选择尽量避免干扰的问题,并且也一样适用于异构协作的情况。

目前针对物理层的协作通信已经开展了大量的研究工作,然而值得注意的是,性能良好的物理层的技术不一定可以带来好的网络特性,因为物理层的技术还需要和其他层的技术配合使用。物理层的协作利用了无线链路的广播特性来提高系统的性能,然而,传统的 MAC 层协议把无线链路特有的广播特性当成了需要克服的因素,而不是可以利用的资源。所以如果仍然沿用传统的基于 802.11 的 MAC 层协议,就会部分抵消物理层所获得的协作增益,严重时会恶化整个系统的性能。所以,为了使协作通信所带来的效益最大化,有必要对 MAC 层协议进行改进。同时,通信中更多节点的介入不可避免地使接入访问更加复杂,发送数据的节点可能不再是单个节点而是由多个节点组成的"超级节点",因此也需要重新进行 MAC 层协议的相关研究。此外,在现有的基于物理层的协作通信的研究中,大都假定报文长度很大,而且忽略了协作过程建立和维护的开销。而事实上,大部分实际应用中的报文都比较短,因此,有必要考虑开销对整个系统性能的影响。此外,还要兼顾协作 MAC 协议实现的复杂度,尽量避免不必要的开销。

在基于合群协作通信的研究中,采用的协作协议各不相同,利用的中继节点的个数也不相同。而这些变化与合群的特征给设计合适并且通用的 MAC 层协议带来了很大的挑战。一个有效的支持协作通信的 MAC 层协议应该包括:

(1) 结合物理层的信道信息,决定是否进行协作或采用何种协作协议。

(2) 如何根据不同的协作协议选择合适的中继节点。

(3) 如何根据信道条件的变化最大化传输数据率,如何进行干扰消除。

在这一章的研究中,提出了一种基于 802.11 协议的适用于协作通信的 MAC 层协议 CiMAC。CiMAC 协议不仅包括了以上提到的几个要素,还有以下几点创新:

(1) 支持不同的协作协议,例如分布式空时编码协议和机会中继协议,并可以根据中继节点物理层的信道信息进行自适应的选择。

(2) 支持不同个数的中继节点。

(3) 采用半分布的方式进行传输数据率的实时调整。

(4) 采用干扰避免的策略进行中继节点的选择。

11.4.1　相关 MAC 层协议介绍

1. IEEE 802.11 的 MAC 层协议介绍

在这一节中,首先对 802.11 的 MAC 层协议进行简要的介绍。802.11 通过采用不同的调制方式可以支持多种数据率的无线传输。例如,802.11b 标准可以支持 1Mb/s,2Mb/s,5.5Mb/s,11Mb/s 速率的数据传输,而 802.11a/g 标准可以支持速率为 6Mb/s,9Mb/s,12Mb/s,18Mb/s,24Mb/s,36Mb/s,48Mb/s,54Mb/s 的数据传输。根据不同的信道条件,802.11 具有自动选择传输数据率的能力。802.11 的 MAC 层可以工作在两种模式之下:一种称为点协调模式(PCF),另一种称为分布式协调模式(DCF)。相比较而言,DCF 模式应用的较为广泛。DCF 采用的接入控制方法为载波监听多路访问/冲突避免(CSMA/CA)。当每个发送节点要进行数据发送的时候,首先要通过监听载波来判断无线信道是否空闲。只有确认在分布式帧间隔(DIFS)时间内信道都是空闲的,发送节点才可以进行数据发送。尽管数据发送前的载波监听是为了避免冲突,但由于并不是所有节点都可以彼此通信,所以即使通过载波监听得到了无线信道是空闲的结论,也仍然会有干扰发生的可能,这就是所谓的隐终端问题。为了克服隐终端问题的影响,802.11 采用了虚拟载波监听的方法,即采用 RTS 和 CTS 消息的交互来为即将进行的数据传输预留无线信道的占用时间。任何网络中的其他节点如果能够检测到这两种消息中的任何一个都会用 RTS 或 CTS 消息中的信息来计算无线信道即将被占用的时间,并根据计算结果更新自己的网络分配向量(NAV),尽量避免冲突的发生。

图 11-7 展示了 IEEE 802.11 在 DCF 模式下的工作流程。其中,节点 B 可以看做是节点 D 的隐终端。如果没有虚拟载波检测的话,节点 D 就不会知道节点 B 将会向节点 C 发送数据。而当节点 D 决定向节点 C 发送数据时,就会和节点 B 向节点 C 发送的数据产生冲突。

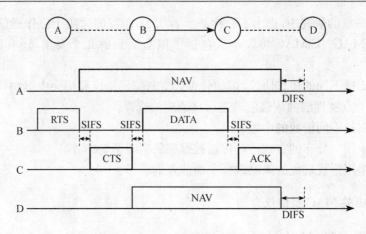

图 11-7　802.11 协议的工作过程

当待发送节点检测到信道空闲时,并不能够马上发送数据,而是等待额外的一段时间,称为帧间间隔。为了使不同类型的帧拥有不同的优先级,802.11 标准中共提出了四种帧间间隔,按照时间由短到长的顺序依次为 SIFS,PIFS,DIFS 和 EIFS。在节点要发送 RTS 消息时,会等待 DIFS 长度的时间,而节点要发送 CTS 或 ACK 消息时,只需要等待 SIFS 长度的时间。由于 SIFS 的长度小于 DIFS,发送 CTS 或 ACK 消息的节点将会优先占用无线信道。

IEEE 802.11 的 MAC 层的帧格式如图 11-8 所示,其中的 Address2,Address3,Sequence Control,Address4,以及 Frame Body 字段可以根据不同的消息内容进行取舍。

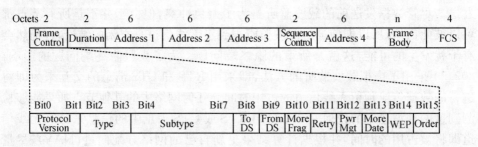

图 11-8　IEEE 802.11 的 MAC 层帧格式

其中,重点关注帧控制字段中的 Type 和 Subtype 两个字段,如表 11-2 所示。本研究中会充分利用其中的预留字段,这样做的好处是可以与标准的 802.11 协议保持兼容。

表 11-2　MAC 帧 Type 字段与 Subtype 字段取值与描述

Type 字段取值 Bit2,3	Type 字段描述	Subtype 字段取值 Bit4,5,6,7	Subtype 字段描述
01	控制帧	0000	预留
		...	预留
		1001	预留
		1011	RTS
		1100	CTS
		1101	ACK
10	数据帧	0000	预留
		...	预留
		1001	预留

已有大量的研究人员意识到了研究支持协作通信的 MAC 层协议的重要性，在传统的 802.11MAC 层协议的基础上，各种支持协作通信的 MAC 层协议被陆续提出。根据协作阶段利用的中继节点个数的不同，协作 MAC 层协议的研究主要分为两类：

（1）多个中继节点同时发送数据。主要方法是采用分布式空时编码进行数据传输，称其为支持分布式空时编码的 MAC 层协议。这种协作 MAC 层协议可以在不牺牲数据率的情况下带来最大的分集增益，但代价是具有比较大的复杂性，对接收侧的硬件及软件解码提出了更高的要求，而且可能会需要对硬件进行修改。

（2）同一时刻只有一个中继节点发送数据，多数协作 MAC 层协议文献都属于这一类。尽管理论上可以由多个中继节点依次在连续的时隙间隔内进行数据转发，而在接收侧将接收到的多份数据复制进行联合解码。但是随着中继节点的增多，软件解码的工作量也会显著增加，而且需要有严格的定时机制才能保证在大量中继节点的情况下仍然可以顺序的进行数据转发。所以，为了降低复杂度，大多数协作 MAC 层协议都假定只有一个中继节点协助源节点进行数据发送，而且通常是选择信道条件最好的中继节点协助源节点进行数据发送。所以称这一类协作 MAC 层协议为支持机会中继的 MAC 层协议。

2. 支持分布式空时编码的 MAC 层协议

支持空时编码的 MAC 层协议中，网络拓扑结构如图 11-9 所示。源节点与周围的中继节点组成了虚拟天线阵列，通过分布式空时编码共同向目的节点进行数据发送。整个系统结构相当于多入单出系统（MISO），基本工作步骤如下：

（1）初始化 MISO 链路。源节点首先向周围的中继节点发送 Local RTS 消息，Local RTS 消息中包含了位于周围的将要被选中的多个中继节点的标识。多个源节点周围的中继节点收到 Local RTS 后，采用 MISO 的方式向目的节点发送

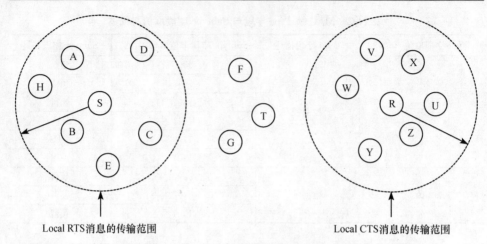

Local RTS消息的传输范围   Local CTS消息的传输范围

图 11-9   分布式空时编码的网络拓扑结构

分布式空时编码格式的 M-RTS 消息。目的节点正确解码分布式空时编码格式的
M-RTS 消息后,也会向周围的潜在中继节点发送 Local CTS 消息,Local CTS 消
息中也包含了将要被选中的多个中继节点的标识。多个目的节点周围的中继节点
收到 Local CTS 消息后,同样采用 MISO 的方式向源节点回应分布式空时编码格
式的 M-CTS 消息。

（2）利用 MISO 链路。接收到 M-CTS 消息后,源节点知道 MISO 链路已经成
功建立,可以开始采用分布式空时编码进行数据传递。类似地,源节点将要发送的
数据首先在选中的中继节点之间进行广播,然后所有收到数据的中继节点采用分
布式空时编码的格式将数据发送给目的节点,通过 MISO 链路发送的分布式空时
编码格式的数据用 M-DATA 来表示。如果 M-DATA 被目的节点正确接收,则目
的节点在周围中继节点的协助下,将 M-ACK 消息通过 MISO 链路反馈给源节点。
至此,支持分布式空时编码的 MAC 层协议基本完成。

完整的协作 MAC 层协议的消息交互流程如图 11-10 所示。

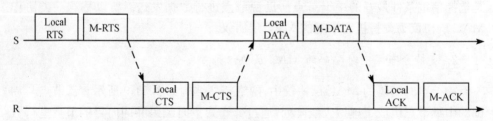

图 11-10   支持分布式空时编码的 MAC 层协议消息交互

3. 支持机会中继的 MAC 层协议

相对于支持空时编码的 MAC 层协议而言,支持机会中继的 MAC 层协议实

现更加简单,仅需利用无线传输的广播特性。早期提出的一种适用于 Ad Hoc 网络的协作 MAC 层协议 rDCF 是较早的支持机会中继的 MAC 层协议(Hao,2006)。但是 rDCF 不再兼容传统的 802.11 协议,而且仅仅在平均报文长度大于400 个字节时才能获得相对于直接传输更好的性能。

在 rDCF 的基础上,后续研究又提出了一种 ErDCF 协议,它可以看做是 rDCF协议的改进,不仅在任何报文长度下都可以获得更高的性能,而且可以获得更小的能量消耗。ErDCF 也是最先采用跨层的方式同时考虑了 MAC 层协议的设计和能量消耗的研究。考虑在 50 个节点构成的无线网络中,改进型的 rDCF 协议相对于原协议可以获得 11%~54% 的吞吐量的增加和 53% 的能量的节省。

其他支持机会中继的 MAC 层协议还包括 COMAC(Gokturk,2008),Coop-MAC(Pei,2007)等。COMAC 是一种适用于无线传感器网络的基于协作的 MAC层协议,它考虑了能量的效率,而这对于传感器网络而言是至关重要的。COMAC协议利用了 MAC 包头的帧控制区域中的预留位来指示数据传输是工作在协作模式还是直传模式。

同样考虑到 rDCF 协议不能兼容传统的 802.11 协议,CoopMAC 协议与传统的 IEEE 802.11 DCF 的 MAC 层协议保持兼容,可以作为支持机会中继的协作MAC 层协议的代表。在 CoopMAC 协议中,每个源节点内部都维持一个中继节点列表,里面包含了可以协助源节点进行数据传输的中继节点的详细信息。CoopMAC 协议分为中继节点选择和数据传输两个过程,如图 11-11 所示。在中继节点选择过程中,除了有效的利用 RTS 和 CTS 消息外,CoopMAC 还引入了新的 HTS(Helper-Ready to Send)消息。当中继节点检测到源节点和目的节点的链路质量恶化,而自己有条件提供帮助时,就会广播 HTS 消息来声明其存在。如果目的节点检测到了 HTS 报文,就会回复 CTS 消息,并为接下来的协作过程预留无线信道资源。而在数据传输过程中的广播阶段,源节点将数据进行广播,而在协作阶段,只有中继节点将在广播阶段收到的数据发送给目的节点。

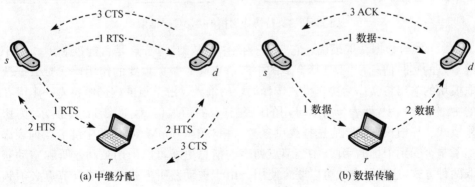

图 11-11　CoopMAC 协议的工作过程

在传统的 802.11 无线网络中,随着移动台数目的增加,系统的吞吐量会显著减少,这种现象是由于移动台数目的增加直接导致了冲突报文的增多。相比而言,对于 CoopMAC 协议而言,随着移动台数目的增加,吞吐量还有一定程度的提升。其原因主要在于:随着移动台数量的增多,那些低数据率的移动台可以不直接传送数据,而是通过两跳的方式通过高数据率的移动台进行中继。其所带来的吞吐量的增益完全抵消了由于报文冲突所带来的吞吐量的损失。

11.4.2　CiMAC 协议

上面提到的两类协作 MAC 层协议都只能针对一种特定的协作协议,如分布式空时编码协议或者机会中继协议。而无线网络的信道条件会不断的发生变化,所以需要根据信道条件的变化采用不同的协作协议及选择不同的中继节点。而这些变化对于设计通用的协作 MAC 层协议带来了很大的挑战。

在本章接下来的研究中,首先给出一种支持协作通信的通用框架,然后基于该框架提出了一套协作 MAC 层协议,命名为 CiMAC 协议。CiMAC 协议不仅支持机会中继协议,也可以支持多中继节点的分布式空时编码协议,并且可以根据信道条件的变化自适应的进行发送数据率的选择,以最大限度地提升系统性能。

支持协作通信的通用框架如图 11-12 所示。该框架分为控制层和数据层两部分。控制层负责协作传输的建立,由实时数据获取模块、协作模式选择模块、中继节点通知模块等三个模块组成;数据层负责数据的发送和接收,仅仅包含协作数据收发模块。

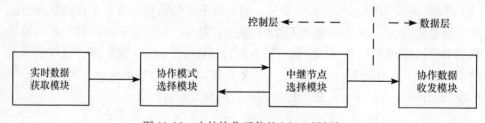

图 11-12　支持协作通信的 MAC 层框架

(1) 实时数据获取模块。它是进行协作的基础,源节点是否能准确地获取中继节点的实时信息,对于选择合适的中继节点起着至关重要的作用。实时数据获取模块的输出将会作为协作模式选择模块的输入。源节点的内部维持着一个潜在的中继节点列表,列表包括了可用的中继节点的信道信息,如图 11-13 所示,为协作模式选择模块进行相应选择提供参考。相对于 CoopMAC 中的中继节点列表添加了是否受到干扰的字段,中继节点列表的信息更新可以采用被动监听和主动获取两种方式,这两种方式可以联合使用。由于被动监听方式要求所有节点必须频繁发送数据,所以主要针对主动获取方式进行研究。

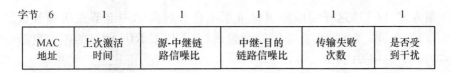

字节	6	1	1	1	1	1
	MAC 地址	上次激活时间	源-中继链路信噪比	中继-目的链路信噪比	传输失败次数	是否受到干扰

图 11-13　中继节点列表表项

（2）协作模式选择模块。协作模式选择模块会根据实时数据获取模块提供的信息，选定要采用的协作模式，同时决定参与协作的中继节点。协作模式选择模块的输出会作为中继节点通知模块的输入，由中继节点通知模块来通知选定的中继节点。可以说，协作模式选择模块可以看做是决策者，而中继节点通知模块可以被视为具体的执行者。

（3）中继节点选择模块。作为执行者，该模块的主要工作是：源节点通过具体的 MAC 层消息通知被选中的中继节点，邀请它们在协作阶段协助自己进行数据传输。中继节点和目的节点收到相应的消息后，会为接下来的协作数据传输做好准备，预留相应的无线信道资源。

数据层数据收发模块的主要任务是发送和接收数据。由于控制层中的协作模式选择模块和中继节点通知模块决定了采用何种协作模式及如何通知被选中的中继节点，所以协作数据收发模块的主要工作就是根据具体协作模式和中继节点完成相应的数据收发工作。

接下来将详细描述支持协作通信的通用框架中各个子模块的工作流程及各自涉及的协作 MAC 层协议的相关消息。假定无线网络中包含一个源节点 s，一个目的节点 d，以及分布在 s 和 d 之间的 9 个中继节点 $r_i, i \in [1, \cdots, 9]$。

1. 实时数据获取模块

当源节点 s 有大量数据等待发送时，会主动进行中继节点列表更新的操作。源节点会广播 C-RTS 消息，目的节点收到源节点的 C-RTS 消息后，会将接收到的 C-RTS 消息的信噪比放入 C-CTS 消息回复给源节点。通过这样的方法，源节点可以知道当前源节点-目的节点链路的信噪比，用 a_{sd} 来表示。由于无线传输的广播特性，所有的潜在中继节点不仅可以从 C-CTS 消息中得到源节点和目的节点之间直接链路的信噪比情况，而且通过测量 C-RTS 和 C-CTS 消息的信号强度可得到该中继节点与源节点链路的信噪比 a_{sr_i}，以及该中继节点和目的节点之间链路的信噪比 a_{r_id}。如果式（11-11）得到满足，则证明通过该中继节点转发数据可能获得优于源节点和中继节点直接传输的性能。此时，该中继节点可以向源节点发送中继节点信息更新消息 C-RIU，其中包括了该中继节点的 MAC 地址及 a_{sr_i} 和 a_{r_id} 的值。

$$| a_{sr_i} |^2 + | a_{r_id} |^2 > | a_{sd} |^2 \tag{11-11}$$

引入式(11-11)这样的限制也保证了不会有过多的中继节点向源节点发送 C-RIU 消息。源节点收到了 C-RIU 消息后,会采用 C-RIU 消息的内容更新中继节点列表中的相关内容。

为了避免多个中继节点同时向源节点发送 C-RIU 消息所带来的冲突,每个中继节点会首先启动一个定时器,定时器的初始值 T_i 由式(11-12)给定:

$$T_{r_i} = \frac{\lambda}{2} \Big/ \left(\frac{1}{\mid a_{sr_i} \mid^2} + \frac{1}{\mid a_{r_i d} \mid^2} \right) \tag{11-12}$$

式中,分子 λ 为常数,分母代表了 a_{sr_i} 和 $a_{r_i d}$ 的调和平均值。合理地选择 λ 的值,可以尽量减少冲突的概率。调和平均值越大,证明信道条件越好,相应的定时器就会越早计时结束,该中继节点会再等待 1 个 DIFS 时间段然后发送 C-RIU 消息。图 11-14 展示了实时数据获取模块工作在主动模式下的消息流程。

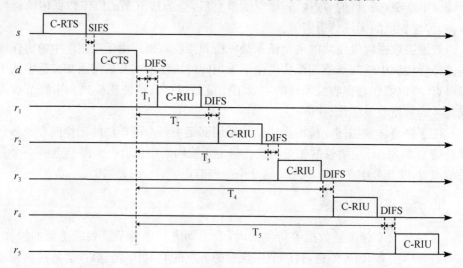

图 11-14   实时数据获取模块的消息流程

每个中继节点在定时器计时结束后需要额外等待 1 个 DIFS 时间段的原因在于:如果源节点在收到第 i 个中继节点发送的 C-RIU 消息后认为不再需要更多的中继节点的数据了,就可以在等待 1 个 SIFS 时间段后直接广播 C-RAN 消息,C-RAN 消息包含了已经选定的协作模式和中继节点的标识,从而启动协作过程。而那些满足式(11-11)的条件,还未来得及发送 C-RIU 消息的中继节点可以中止计时,取消 C-RIU 消息的发送计划。图 11-15 给出了源节点提前中止实时数据获取模块工作的一个例子。当源节点和目的节点完成了 C-RTS 和 C-CTS 的消息交互后,r_1,r_2 和 r_3 依次通过 C-RIU 消息上报了自己的信道信息。当源节点 s 收到了这三条 C-RIU 消息后,通过协作模式选择模块的计算,源节点 s 认为已经收集到了足够的中继节点信息,可以选择发送 C-RAN 消息,通知选定的中继节点。由于无线信号传输的广播特性,当收到 C-RAN 消息后,r_4 和 r_5 终止相应的计时器,取消发送 C-RIU 消息的计划。这样可以大大缩短实时数据获取模块的工作时间,减小协作通信的额外开销。在这种机制的控制下,即使仍然会发生两个信道条件相同的中继节点同时发送 C-RIU 消息产生冲突的情况,但是这种冲突的概率会很低,完全可以通过重传的方式得到解决。而且这种主动模式下的中继获取仅仅在数据传输的开始阶段进行,所以对实时性的要求并不太高。另外,为了防止源节点等待过长的时间,也为源节点设定了一个等待时间的门槛值,该门槛值与源节点和目的节点之间的链路条件有关。

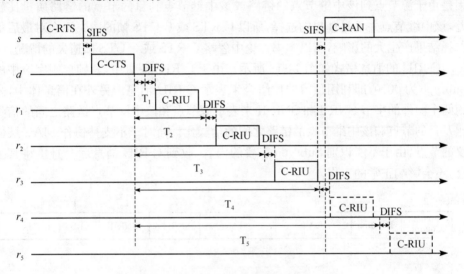

图 11-15　源节点提前终止实时数据获取模块

C-RTS 和 C-CTS 的消息格式分别如图 11-16 和图 11-17 所示。C-RTS 与传统的 RTS 消息相比,主要的改动是利用了 Subtype 字段预留的位组合 0011。而 C-CTS 消息不仅利用了 Subtype 字段预留的位组合 0100,而且在消息中包含了接收到的 C-RTS 消息的信噪比。这些基于 C-RTS 和 C-CTS 帧所作的改进都是为

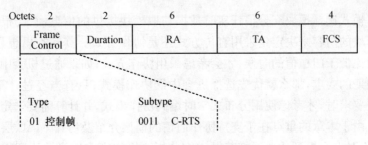

图 11-16　C-RTS 消息格式

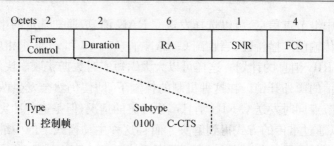

图 11-17 C-CTS 消息格式

选择更好的中继节点提供帮助。如果 C-RTS 帧或 C-CTS 帧发生了遗失，很大原因是由于源节点到该中继节点的链路或该中继节点到目的节点的链路质量比较差，该中继节点并不是理想的选择，所以 C-RTS 或 C-CTS 帧的遗失不会对最后的选择结果产生大的影响，所以本书讨论中忽略 C-RTS 或 C-CTS 帧遗失的情况。

C-RIU 的消息格式如图 11-18 所示。由于 C-RIU 消息中，其帧控制字段中的 Subtype 为 0010，即利用预留的位组合来表示 C-RIU 消息。另外在消息体中，采用两个额外的字节 SNR-I 和 SNR-II 来表示源节点和该中继节点链路之间的信噪比及目的节点和该中继节点的链路之间的信噪比。而对于不支持协作 MAC 层协议的节点，由于不能识别 Subtype 字段的内容，收到 C-RIU 消息后会直接将其丢弃，不会影响正常的工作。

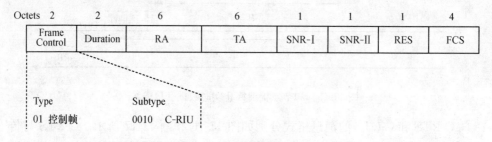

图 11-18 C-RIU 消息格式

2. 协作模式选择模块

协作模式选择模块充分信任实时数据获取模块提供的信息，它会根据实时数据获取模块的内容来决定是采用直传方式还是协作方式。其基本思想是：只有在直传信噪比低于门槛值的时候，才会考虑采用协作方式；如果通过机会中继模式可以达到预期的要求，那么就优先选择机会中继协作模式；只有当经过计算，机会中继不满足要求时，才考虑使用分布式空时编码协作模式，并计算需要选定哪几个中继节点。由于本章的重点在于支持协作通信的框架介绍及协作 MAC 层协议的研究，所以不对上面提到的选择细节做详细分析。协作模式选择模块还需要根据选定的协作模式及中继节点计算出广播阶段和协作阶段所要采用的数据率,以方便中继节点通知模块直接使用。

3. 中继节点通知模块

中继节点通知模块会广播中继节点指配通知消息 C-RAN,如图 11-19 所示。C-RAN 消息包含了源节点在接下来的广播阶段使用的数据率及中继节点在协作阶段将要使用的数据率,分别对应 DR-I 和 DR-II 两个字段,其定义规则符合 802.11 标准的相关规定。当 C-RAN 消息中的 CI 字段只包含单个中继节点的 MAC 地址时,表明接下来采用机会中继的协作模式;而当 CI 字段依次包含了多个中继节点的 MAC 地址,则表明接下来会由多个中继节点采用分布式空时编码的方式协助源节点进行数据传输。

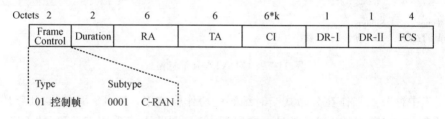

图 11-19　C-RAN 消息格式

所有潜在的中继节点收到 C-RAN 消息后,如果在 CI 字段中发现了自己的 MAC 地址,就会根据 DR-I,DR-II 字段中的数据率进行相应的调整:准备在广播阶段解码源节点的发送数据,并在协作阶段采用数据率 DR-II 来发送数据。而当目的节点收到了 C-RAN 消息后,会回复 C-CTS 消息给源节点,表示自己已经对接下来的数据传输做好了相应的准备并且预留了相应的无线信道资源。C-CTS 消息的格式与实时数据处理模块中的 C-CTS 消息格式完全一致,如图 11-16 所示。一旦源节点接收到目的节点发送的 C-CTS 消息,就可以开始数据发送过程了。

4. 协作数据收发模块

不论是采用机会中继的协作模式还是分布式空时编码的协作模式,整个协作过程都分为两个阶段,但是两个阶段略有不同。

当中继节点工作在机会中继的协作模式下,由于之前的 C-RTS 消息的 CI 字段仅仅包括了最优中继的 MAC 地址,而且 DR-I 字段代表了源节点和该中继节点所支持的传输速率,DR-II 字段代表了该中继节点和目的节点之间的链路所支持的传输速率。在阶段一中,源节点将采用 C-RTS 的 DR-I 字段中声明的数据率向选中的中继节点发送数据 C-DATA-I;而在阶段二中,该中继节点采用 C-RTS 消息的 DR-II 字段中声明的数据率向目的节点转发第一阶段中收到的数据 C-DA-

TA-II。C-DATA-I 和 C-DATA-II 的数据格式如图 11-20 和图 11-21 所示。

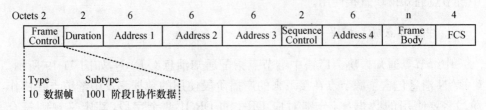

图 11-20　C-DATA-I 消息格式

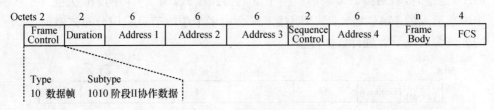

图 11-21　C-DATA-II 消息格式

当中继节点工作在分布式空时编码的协作模式下，C-RTS 消息的 CI 字段包括了多个中继节点的 MAC 地址。在阶段一中，源节点将采用 C-RTS 的 DR-I 字段中声明的速率向所有选中的中继节点发送数据，若发送数据采用的传输速率小于所有中继节点支持的传输速率的最小值，就可以确保所有 C-RTS 消息中的 CI 字段包含的所有中继节点都可以正确无误的收到数据。在阶段二中，所有 C-RTS 消息中的 CI 字段包含的中继节点采用分布式空时编码的方式以 DR-II 声明的传输速率向目的节点发送数据。由于目的节点通过 C-RTS 消息已经预先知道了分布式空时编码的维数，所以可以采用相应的解码算法进行解码。

在目的节点正确地收到中继节点发送的 C-DATA-II 后，会回复 C-ACK 消息给源节点，C-ACK 消息还包括了在协作阶段接收到的 C-DATA-II 报文的信噪比 SNR-II。C-ACK 的消息格式如图 11-22 所示。

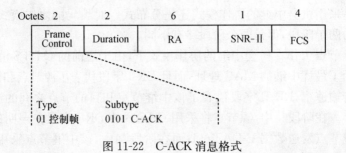

图 11-22　C-ACK 消息格式

11.4.3 CiMAC 协议实例介绍

接下来,用两个实例来说明 CiMAC 协议在分布式空时编码和机会中继两种协作模式下的工作流程,以及各个工作流程中的消息交互情况。由于实时数据获取模块较为独立,集中说明无线网络的拓扑如图 11-23 所示,源节点 s 在中继节点的协助下向目的节点 d 发送数据。r_1 节点与源节点 s 和目的节点 d 通信的数据率都可以达到 11Mb/s,r_2 节点与源节点 s 和目的节点 d 的数据率分别可以达到 5.5Mb/s 和 11Mb/s;r_3 节点与源节点 s 和目的节点 d 的数据率分别可以达到 11Mb/s 和 5.5Mb/s;r_4 节点与源节点 s 和目的节点 d 的数据率分别可以达到 5.5Mb/s 和 2Mb/s;r_5 节点与源节点 s 和目的节点 d 的数据率分别可以达到 1Mb/s 和 1Mb/s。需要说明的是,这里各个节点的通信数据率由源节点根据中继节点列表中的相关信息计算得出,采用一系列的同心圆只是为了表示上的直观。

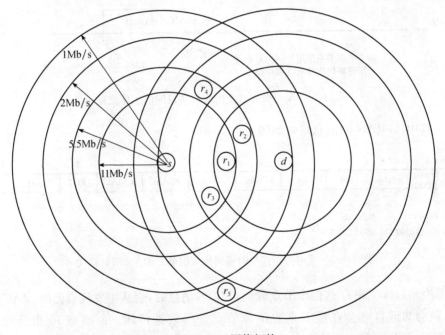

图 11-23　网络拓扑

1. 采用分布式空时编码进行协作

当采用分布式空时编码的协作模式时,为了不失一般性,假定采用 4×4 的分布式空时编码矩阵。显然,r_1,r_2,r_3 和 r_4 这四个节点由于距离源节点和目的节点更近,会被源节点选中作为中继节点。

在分布式空时编码协作模式下数据发送流程如图 11-24 所示。

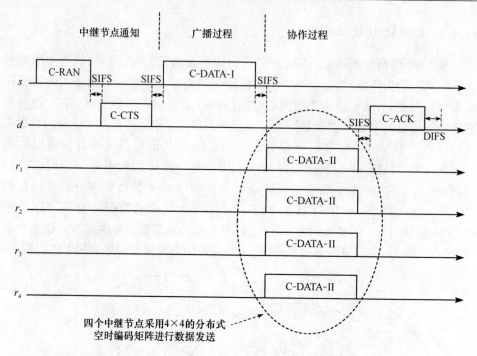

图 11-24　采用分布式空时编码协议时的工作流程

其中，C-RAN 的消息格式如图 11-25 所示。

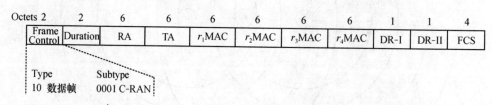

图 11-25　采用分布式空时编码协议时的 C-RAN 消息格式

当 r_1, r_2, r_3 和 r_4 这四个节点收到 C-RTS 消息时，会从中发现自己的 MAC 地址，就会知道自己会在接下来协助源节点进行数据传输。而节点 r_5 也会收到 C-RTS 消息，但是由于消息中没有自己的 MAC 地址，所以并不会加入接下来的协作通信过程。图 11-24 中的 DR-I 字段的取值为源节点 s 到四个中继节点各自链路上支持的最小数据率 5.5Mb/s，而 DR-II 的取值则为由源节点根据四个中继节点采用空时编码进行传输时在目的节点 d 处的接收信号的信噪比求出的数据率。因此，在接下来的数据传输过程中，在阶段一中，源节点采用 5.5Mb/s 的速率向四个中继节点发送数据，而四个中继节点在阶段二中，采用速率为 DR-II 的 4×4 分布式空时编码向目的节点 d 进行数据发送。

2. 采用机会中继进行协作

机会中继协作模式下的消息及数据发送流程如图 11-26 所示。

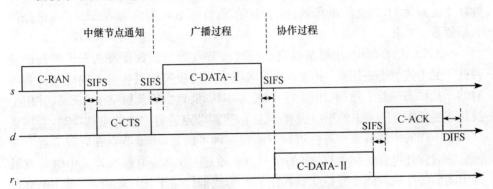

图 11-26　采用机会中继协议时的工作流程

其中,C-RTS 的消息格式如图 11-27 所示,从图中可以看出,该消息只包含了节点 r_1 的 MAC 地址。所以只有 r_1 会在接下来协助源节点 s 进行数据传输,而其他中继节点会在传输的过程中进入休眠状态以节省能量。另外,图中的 DR-I 字段由源节点根据其与 r_1 之间的链路质量计算得到,为 11Mb/s。同理,DR-II 字段由源节点根据中继节点 r_1 与目的节点之间的链路质量计算得到,也为 11Mb/s。

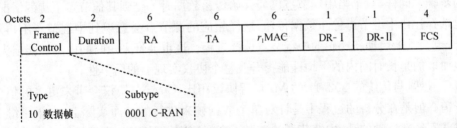

图 11-27　采用机会中继协议时的 C-RAN 消息格式

参考图 11-23 中的数据,由于源节点 s 和目的节点 d 的直接传输链路只能支持 1Mb/s 的传输速率,其完成 1Mb 的数据传送需要耗费的时间为 1s。而如果采用机会中继的方式,其完成 1Mb 的数据传送需要耗费的时间仅为 0.2s。可见,合理地选择中继可以大大的提升系统的性能。

3. CiMAC 协议对干扰问题的考虑

从上面的分析可以看出,CiMAC 协议不仅可以支持不同的协作通信协议,而且可以支持一个或多个中继节点的选择。在这一节中,将分析 CiMAC 协议如何根据中继节点的选择尽量避免干扰问题。在上节中,提出了一种通过干扰带来的机会进行协商的中继节点选择算法 ORAi,但代价是中继节点的相互协商带来了较大的开销,而且会使得协作通信对于上层的应用不再透明,会增加程序设计的难度及复杂度,所以 ORAi 方法更多的是作为一种理论分析的指导。CiMAC 中采用的中继节点选择算法可以归纳为基于干扰退避的中继节点选择算法。该算法尽管性能不是最优的,但是简单高效、易于实现,而且不需要对现有 MAC 层协议进行大量更改。

在 CiMAC 协议中,中继节点会监听周围节点的当前数据发送来了解自己是否处于受干扰状态。因此,中继节点在向源节点上报其信道质量的同时还将其当时的干扰状态一起上报(利用图 11-18 中 C-RIU 消息中的预留字节 RES),并用干扰状态更新图 11-13 中的相应表项。这样,当源节点进行中继节点选择时,会尽量从不受干扰的中继节点中进行选择。还有一种可能是,中继节点在向源节点上报信息的时候并没有受到干扰,而是在源节点通过 C-RAN 消息通知该中继节点被选中之前的这段时间才开始受到其他节点的数据传输干扰。此时,选择让中继节点在接下来的协作阶段不发送任何数据,这样源节点不会收到目的节点发送的 C-ACK 消息,所以会重新进行中继节点的选择。而在新一轮的中继节点选择中,受到干扰的中继节点就不会再被选中了。显然,如果受干扰的中继节点能够主动的通知源节点其受到了干扰,源节点会马上启动新一轮的中继节点选择过程,会节省不少时间。但是这样的话还需要进一步扩充 MAC 层的消息,而且整个协作过程的数据传输分为广播和协作两个阶段,再加入额外的消息可能会打乱协作通信的步骤。同样,对于当中继节点已经开始传递数据时才受到其他节点干扰的情况,也选择让该中继节点停止数据传输,这样相应的源节点会意识到中继节点不再适合,也会重新启动新一轮的中继节点选择过程。这也会带来短时间内的性能损失,但换取的是长时间内的平均性能提升及整个协议实现上的简单性。

显然,与传统的 802.11 的 MAC 层协议相比,CiMAC 协议会带来更多的信令开销。但是在分析的过程中是针对单个数据帧来进行的。而实际上,如果中继节点并不经常移动的话,中继节点的选择不会频繁进行。所以,由于中继节点选择所带来的额外的信令开销并不会太严重。也可以说,CiMAC 协议带来的信令开销尽管会影响系统的性能,但是与其所带来的性能增益相比就变得完全可以接受了。

11.4.4　仿真实验分析

无线信道容量在进行理论分析的时候起着不可替代的作用,但在实际的网络中,往往考虑有效的数据率,即无线链路的吞吐量,这样更加实际。分别采用两组仿真实验来验证 CiMAC 协议的工作过程,以及 CiMAC 协议应对干扰的效果。第一组将 CiMAC 协议的仿真结果与传统的基于 802.11 的直传模式和 CoopMAC 协议进行了对比;第二组仿真比较了采用干扰退避的中继节点选择算法的 CiMAC 协议与未采用干扰退避的中继节点选择算法的 CiMAC 协议。在仿真过程中,假设信道服从瑞利衰落分布,且信道条件在每一帧的传输过程中不会发生变化。报文是否被正确接收的标志是其在接收处测量的接收功率是否大于接收门槛值,大于门槛值就认为正确接收,而小于门槛值则认为报文在传输过程中发生了错误。

1. 单个源节点,单个目的节点,多个潜在中继节点

在这一节中,采用仿真的方法来验证 CiMAC 协议的工作流程。将 CiMAC 协议进行了适当的简化:源节点根据中继节点的链路状况,决定是采用直传方式还是机会中继协作模式,忽略了采用分布式空时编码协作模式的情况。同时,为了便于比较,也仿真了源节点和目的节点采用传统的 802.11 中的 MAC 层协议进行直接传输的情况。

仿真采用的无线网络拓扑结构如图 11-28 所示。在源节点周围半径为 250m 范围内的圆形区域内有 10 个节点,各自服从独立均匀分布。源节点(用星号表示)选择与其距离最远的节点作为目的节点(用方块符号表示),而剩余的 9 个节点都可以作为潜在的中继节点(用圆形符号表示)。源节点可以根据中继节点的实际信道状况进行选择。

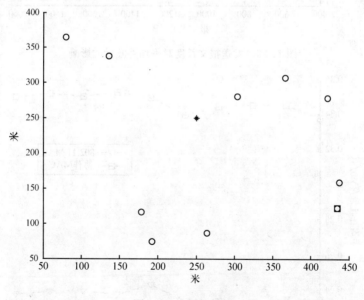

图 11-28 拓扑结构

所有节点的发送功率为 100mW,路径损耗系数为 4.5,重点考虑由于路径损耗产生的大尺径衰落而忽略小尺径衰落的影响。

共进行了两组仿真实验。在第一组仿真实验中,源节点随机产生 50 个数据报文,报文的长度在 400 字节到 2000 字节之间变化。而在第二个仿真实验中,固定

报文长度为 1000 字节,而使源节点在仿真时间内产生的数据报文的数量不断变化,从 20 个到 200 个。采用平均吞吐量作为评价指标,比较了传统的 802.11 的 MAC 层协议和 CiMAC 协议,仿真结果如图 11-29 和图 11-30 所示。

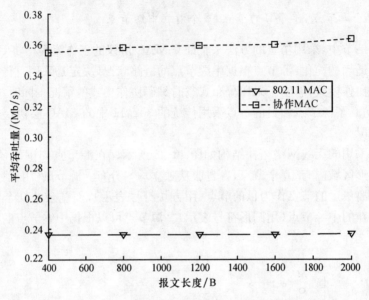

图 11-29 发送报文长度对平均吞吐量的影响

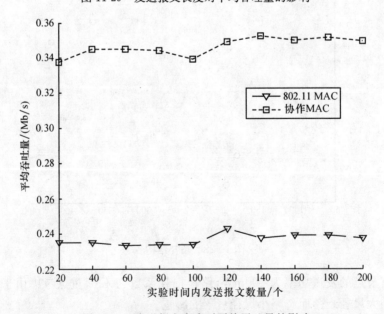

图 11-30 发送报文密度对平均吞吐量的影响

从仿真结果可以看出,在两组仿真实验中,不论报文长度或报文密度如何变化,相对于传统的 802.11 的 MAC 层协议,采用 CiMAC 协议都可以获得显著的性能增益。这种结果并不意外,因为在 CiMAC 协议中,如果中继节点的信道质量不好,那么机会中继协作模式可以退化为直传方式;而如果中继节点的信道条件很好,就充分的利用这一机会尽量多的传递数据。所以 CiMAC 协议的性能总是会优于传统的 802.11 的 MAC 层协议。而随着报文长度的增加,CiMAC 协议可以获取的平均吞吐量也略有增加。因为随着报文长度的增加,CiMAC 协议带来的开销对整个系统性能的影响越来越小。

2. 多个源节点,多个目的节点,多个潜在中继节点

仿真场景如图 11-31 所示。18 个源节点(用星号表示)规则排布,彼此的数据传输不会互相干扰。在每个源节点周围均匀分布着 10 个节点,每个源节点都从中选择与其距离最远的节点作为目的节点(用方块符号表示),而剩余的 9 个节点都可以作为潜在的中继节点(用圆形符号表示)。

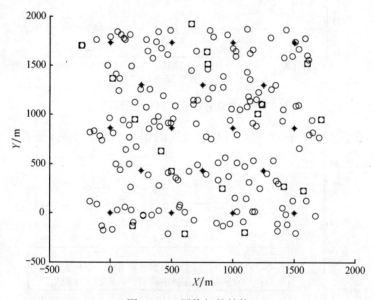

图 11-31　网络拓扑结构

节点的发送功率为 100mW,路径损耗系数为 4.5,重点考虑由于路径损耗产生的大尺径衰落而忽略小尺径衰落的影响。源节点可以根据其与目的节点的信道状况及所有潜在中继节点的信道状况来决定是采用直接传输的模式还是协作通信的模式。

在图 11-32 中,无论 CiMAC 协议是否采用干扰避免的中继节点选择算法,其性能都远好于直传方式。由于假定源节点之间彼此发送数据并不会互相干扰,所以直传方式不会随报文长度发生变化。而当报文长度较小时,是否采用干扰避免的

中继节点选择算法的区别不大,这是由于报文长度较小,发生冲突的概率也很小,即使采用了干扰避免的中继节点选择算法,效果也不明显;而当报文长度显著增大时,由于有更多冲突发生,采用干扰避免的中继节点选择算法就有了更多的优势。

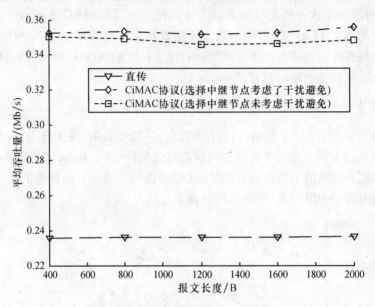

图 11-32　发送报文长度对吞吐量的影响

同样,在图 11-33 中,当仿真时间内发送的报文密度较小时,是否采用干扰避

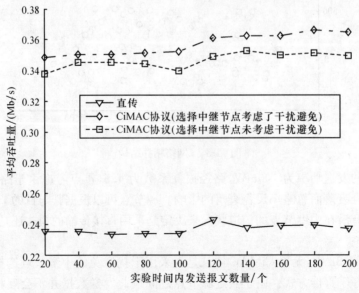

图 11-33　发送报文密度对吞吐量的影响

免的中继节点选择算法的区别不大,原因同样是没有太多报文冲突发生;当报文发送密度逐渐增大时,采用干扰避免的中继节点选择算法就会明显的优于未采用干扰避免的中继节点选择算法的情况。因为受干扰的中继节点不再与其他节点竞争信道,而是由源节点重新选择不受干扰的中继节点。

11.4.5　讨论

在本章的研究中,针对现有的支持协作的 MAC 层协议的局限性进行了相应的改进,提出一套适用于多种协作模式的 CiMAC 协议。CiMAC 协议能够根据无线信道条件的变化自适应的在协作模式之间进行选择,而且能够自适应的调整数据传输的速率。同时,CiMAC 协议还能够支持自动的对中继节点的干扰避免操作。

另外,在分布式空时编码的研究中,如何为每个中继节点分配各自的空时编码的码字一直是一个有挑战性的问题,文献(Yiu,2006)是其中较有代表性的研究。而借助 MAC 层的协助,中继节点码字分配的问题可以得到解决。CiMAC 协议中的 R-RAN 消息负责指定哪些中继节点将会参与协作,而这些中继节点在 R-RAN 消息中出现的顺序就决定了每个中继节点应该使用分布式空时编码矩阵中的哪一行码字。

在本章的研究中,仅仅考虑了如果目的节点没有正确的回复 C-ACK 消息给源节点,那么源节点会重新启动协作传输过程。文献(Zhao,2005)率先提出了一种混合 ARQ 策略,可以由中继节点代替源节点进行数据传输。由于中继节点很可能具有比源节点更好的信道条件,所以如果由中继节点进行数据的重传,可以进一步提高数据成功传输的概率。在下一步的工作中,会将灵活的重传机制也纳入到 CiMAC 协议的框架中。

参 考 文 献

Bletsas,Khisti A,Reed D P,et al. 2006. A simple cooperative diversity method based on network path selection. IEEE Journal on Selected Areas in Communications,24(3):659-672.

Gokturk M S,Gurbuz O. 2008. Cooperation in Wireless Sensor Networks:Design and Performance Analysis of a MAC Protocol. In IEEE International Conference on Communications (ICC),Beijing,China,4284-4289.

Hao Z,Guohong C. 2006. rDCF:A Relay-Enabled Medium Access Control Protocol for Wireless Ad Hoc Networks. IEEE Transactions on Mobile Computing,5(9):1201-1214.

Lin Z,Erkip E,Stefanov A. 2006. Cooperative Regions and Partner Choice in Coded Cooperative Systems. IEEE Transactions on Communications,54(4):760.

Pei L,Zhifeng T,Sathya N,et al. 2007. CoopMAC:A Cooperative MAC for Wireless LANs. IEEE Journal on Selected Areas in Communications,25(2):340-354.

Sadek A K,Zhu H,Liu K J R. 2006. An efficient cooperation protocol to extend coverage area in cellular networks. In IEEE Wireless Communications and Networking Conference(WCNC), Las Vegas,Nevada,USA ,1687-1692.

Shi Y,Sharma S,Hou Y T,et al. 2008. Optimal relay assignment for cooperative communications. In Mobile and Ad Hoc Networking and Computing(MobiHOC),Hong Kong SAR, China:ACM.

Thomas M C,Thomas J A. 1991. Elements of Information Theory(2nd Edition). Wiley-Inter-science.

Yiu S,Schober R,et al. 2006. Distributed space-time block coding. IEEE Transactions on Communications,54(7):1195-1206.

Zhao B,Valenti M C. 2005. Practical relay networks:a generalization of hybrid-ARQ. IEEE Journal on Selected Areas in Communications,23(1):7-18.

第 12 章　合群网络发射源检测技术

本部分前两章关注的是合群协作通信网技术,包括无线协作通信的发展、合群网络中继节点分布的协作选择策略、合群网络成员节点干扰避免的中继节点选择算法,并分别进行了理论分析和仿真验证。可见,在群特性影响下,协作通信可以有效地提升网络容量,减少网络中断发生的概率,扩大网络的连通性,降低网络的整体开销。接下来的两章主要关注认知无线合群网络,针对频谱感知技术及其应用情况进行介绍。

12.1　引　　言

随着无线和移动通信技术的迅速发展,有限的频段已经无法满足不断增长的需求,这已经成为当前无线通信行业的突出矛盾,即日益增长的对频谱的需求和有限的频谱资源之间的矛盾。然而美国联邦通信委员会(FCC)的研究表明,尽管频谱是有限的宝贵资源,现有的频率规划方式中已分配的固定业务的频谱资源其利用效率会根据时间和空间的变化在 15%~85% 的范围内浮动,即专用频段的频谱资源并未得到充分利用;另外,在频谱图上还存在很多并未使用的频段(FCC, 2003)。总之,用一句话总结现有频谱资源的使用情况,即"过利用"了很少的频谱资源,而更大量的频谱却处于"欠利用"状态。该现象对传统意义上的通过政府管理部门对频谱进行固定的分配和管理的模式提出了新的挑战——如何使现有业务更加有效地利用其授权的频段,并解决正在融入人类社会生产活动过程中的大量不同的无线接入技术(如 WLAN、WPAN)对频谱资源的需求。

为了应对以上挑战,业内人士 Mitola 和 Maguire,JR. 教授于 1999 年对软件无线电技术进行了进一步的扩展,明确提出了认知无线电的概念(Mitola,1999),采用动态接入频谱的方式取代现有的静态频率指派,从而充分地利用有限的频谱资源。

12.2　认知无线电的概念

目前对于认知无线电的定义和功能的认识还存在几种不同的观点,在此仅介绍 FCC 的观点,该定义较 Mitola 教授的观点更能为业界所接受。FCC 认为,认知无线电技术是能使认知无线电网络以一种动态方式使用频谱的关键技术,FCC 在

2003年12月发布的一则通告(FCC,2003)中对认知无线电做了以下定义:认知无线电是一种能够根据与它的操作环境进行交互而改变传输参数的无线电。从该定义出发,可知认知无线电具有两个主要特点:认知能力和重配置能力(Haykin,2005)。

　　认知无线电的认知能力表现在能实时与它所处的环境进行交互,从而决定合适的通信参数并适应动态的无线环境。这个任务要求能在公开频谱中进行自适应性操作,把它称为认知循环,如图12-1所示。认知循环包含频谱感知、频谱分析和频谱决策三个主要步骤。

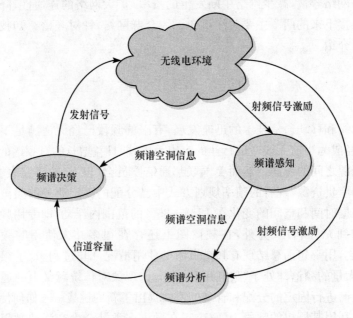

图 12-1　认知循环

　　(1)频谱感知。认知无线电检测可用频带,得到信息,然后发现频谱空洞。

　　(2)频谱分析。估计通过频谱感知得到的频谱空洞的特征。

　　(3)频谱决策。认知无线电决定数据速率、传输模式和传输带宽。然后,根据频谱特征和用户需求选择适当的频段。

　　认知无线电的重新配置是一种传输过程中在不改变任何硬件组件的情况下调整操作参数的能力。重配置能力有许多可重置的参数。

　　① 工作频谱。认知无线电有能力改变工作频谱。基于认知环境的信息,可以确定适合工作的频谱,然后在这个频谱上进行动态的通信。

　　② 调制方式。认知无线电应当根据用户需求和信道环境重置调制机制。

　　③ 传输功率。传输功率可以在功率限制内重新配置。功率限制保证了动态

的功率重置在允许的能量极限之内。

④ 通信技术。认知无线电也能用来在不同的通信系统中提供协同工作的能力。

认知无线电的传输参数不但在传输开始时而且在传输过程中都能够重置,根据频谱的特征,能够重置这些参数,使得认知无线电转移到另一个频段上去,可以重置发射机和接收机参数,使用合适的传输协议参数和调制机制。认知提供了频谱感知和重配置能力,使得无线电可以根据无线环境动态操作。

12.3　认知无线合群网络

与传统的认知无线网络相比,认知无线合群网络中的用户间可以对等通信,根据合群特性,自组形成浮于认知无线网络上的动态合群运动网络。合群内的节点可以通过多跳接入,对于没有合群成组的用户,处理方式仍然与现有认知网络中的通信方式一样。认知无线合群网络模型将带来网络性能的优化和管理效率的提升,网络吞吐容量和节点能量开销会因为利用了物理空间上的优化重组而分别有所提高和节省,同时认知用户与网络间的数据传输也可以通过数据融合来提高效率。

12.4　相关研究内容及方向

目前,认知无线合群网络的研究大都集中在物理层和 MAC 层的功能上(Aky-ildiz,2006),如频谱感知技术、频谱管理技术和频谱共享技术。这些方面的研究也取得了重要进展。对于更高层,如网络层、传输层和应用层的技术,虽然目前还没有深入的研究,但是已引起了研究人员越来越多的关注。同样的还有频谱移动性管理、安全技术、认知无线合群网络的跨层设计。

(1) 频谱感知。频谱感知的目的是发现时域、频域、空域上的频谱空洞,以供认知用户以机会的方式利用频谱。同时,为了不对主用户造成干扰,认知用户在利用频谱空洞进行通信的过程中,需要能够快速感知到主用户的再次出现,及时进行频谱切换,腾出信道给主用户使用,或者继续使用原来的频段,但需要通过调整传输功率或者改变调制方式来避免干扰。这就需要认知无线合群网络具有频谱检测功能,能够实时地连续侦听频谱,以提高检测的可靠性。频谱感知主要是物理层的技术,是频谱管理、频谱共享和频谱移动性管理的基础,也是本章的讨论重点。

(2) 频谱分析。在频谱感知的基础上,需要对感知到的频谱空洞的频谱特征进行频谱分析,以获得满足用户需求的频段。频谱分析是频谱管理的一部分。

(3) 频谱决策。基于频谱分析对所有频谱空洞的描述,需要进行频谱决策以选择一个合适的工作频段满足当前传输的 QoS 需求和频谱特性。频谱分析与频谱决策对物理层感知信息进行处理,同时与更高层有紧密的联系。

（4）频谱共享。频谱共享技术是认知无线合群网络里最重要的技术，机会式频谱利用的核心就是频谱共享，它主要包括动态频谱分配和动态频谱接入，可以看成是 MAC 层的问题。

（5）频谱移动性管理。当主用户出现，或者需要质量更好的信道时，认知用户需要通过频谱切换跳转到另一个信道上继续进行通信。频谱移动性管理的目的就是保证在频谱切换的过程中，系统经历最小的性能下降。

（6）认知无线合群网络的路由设计。由于认知无线合群网络中频谱在时间和空间上的间断性，网络拓扑结构和节点间的连接性与传统网络有很大不同，因此其路由设计面临着传统网络所没有的挑战。

（7）认知无线合群网络的安全问题。同传统网络一样，认知无线合群网络面临着传统的数据安全与身份安全的威胁。认知用户对主用户的检测及频谱的动态分配引入了新的安全威胁。

由于篇幅所限，本章主要介绍认知无线合群网络中的频谱感知技术，并结合作者的研究详细讨论协作频谱感知技术中的两种改进方法。

12.5　频谱感知技术

频谱感知的目的是发现频谱空洞，同时不能对主用户造成有害干扰。对频谱空洞的使用，主用户比认知用户具有更高级别的频谱接入优先权。这需要认知无线电合群网络具有快速及可靠频谱检测功能。一般而言，频谱检测技术可以分为发射源检测、协作检测和干扰检测，如图 12-2 所示。

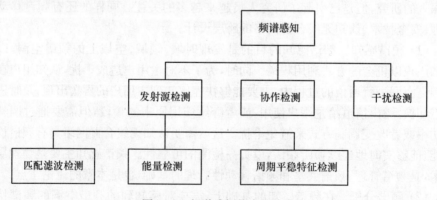

图 12-2　频谱感知技术的分类

认知无线合群系统应该具有识别哪些频带正在使用和未使用的检测能力。因此，认知无线合群系统必须能够检测到某个频段的主用户信号。发射源检测的途径是通过认知用户的局部观测报告，检测来自主用户发射源的微弱信号。其模型定义如下(Digham,2003)：

$$x(t) = \begin{cases} n(t), & H_0 \\ h(t) \cdot s(t) + n(t), & H_1 \end{cases}$$

式中，$x(t)$ 是认知用户的实际接收信号；$s(t)$ 是主用户的发射信号；$n(t)$ 是高斯随机噪声(AWGN)；$h(t)$ 是信道增益；H_0 为零假设，即主用户的发射信号不存在；H_1 为备择假设，即信道存在主用户。

根据以上假设模型，通常有匹配滤波检测、能量检测和周期平稳过程特征检测三种检测方法。

12.5.1　匹配滤波检测

匹配滤波器是指输出信噪比最大的最佳线性滤波器。理论分析和实践表明，如果滤波器的输出端能够获得最大信噪比，那么就能够最佳地判断信号的出现，从而提高系统的检测性能(Gandetto,2007)。

如图 12-3 所示，零匹配滤波器的输入信号为 $r(t)=s(t)+n(t)$，其中，$s(t)$ 为有用的通信信号，$n(t)$ 为加性高斯白噪声，功率谱密度为 $N_0/2$。假定信号 $s(t)$ 和白噪声 $n(t)$ 是统计独立的。

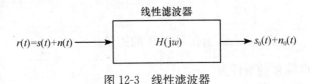

图 12-3　线性滤波器

令滤波器的输出 $y(t)=s_0(t)+n_0(t)$，其中，$s_0(t)$ 和 $n_0(t)$ 分别是滤波器对应于 $s(t)$ 和 $n(t)$ 的输出。下面使用最大信噪比准则推导最佳匹配滤波器的传递函数 $H(j\omega)$。

令 $s(t)\leftrightarrow S(\omega)$ 和 $s_0(t)\leftrightarrow S_0(\omega)$ 是两个傅里叶变换对，并注意到 $S_0(\omega)=S(\omega)H(j\omega)$，则有

$$s_0(t) = \frac{1}{2\pi}\int_{-\infty}^{+\infty} S_0(\omega)\,e^{j\omega t}\,d\omega = \frac{1}{2\pi}\int_{-\infty}^{+\infty} S(\omega)H(j\omega)\,e^{j\omega t}\,d\omega \tag{12-1}$$

于是，滤波器信号 $s_0(t)$ 的瞬时功率为

$$|s_0(t)|^2 = \left| \frac{1}{2\pi}\int_{-\infty}^{+\infty} S(\omega)H(j\omega)\,e^{j\omega t}\,d\omega \right|^2 \tag{12-2}$$

另外，注意到滤波器输出噪声 $n_0(t)$ 的功率谱密度 $P_{n_0}(\omega) = |H(j\omega)|^2 \dfrac{N_0}{2}$，容易求得输出噪声的平均功率为

$$E|n_0^2(t)| = \frac{1}{2\pi}\int_{-\infty}^{+\infty} P_{n_0}(\omega)\,d\omega = \frac{N_0}{4\pi}\int_{-\infty}^{+\infty} |H(j\omega)|^2\,d\omega \tag{12-3}$$

因此，滤波器在 $t=t_0$ 时刻的输出信噪比为

$$\rho = \frac{|s_0(t_0)|^2}{E|n_0^2(t_0)|} = \frac{\left|\dfrac{1}{2\pi}\displaystyle\int_{-\infty}^{+\infty} S(\omega)H(j\omega)e^{j\omega t_0}\,d\omega\right|^2}{\dfrac{N_0}{4\pi}\displaystyle\int_{-\infty}^{+\infty}|H(j\omega)|^2\,d\omega} \tag{12-4}$$

根据 Schwartz 不等式可知，若 $F_1(\omega)$ 和 $F_2(\omega)$ 为复函数，则

$$\left|\int_{-\infty}^{+\infty} F_1(\omega)F_2(\omega)\,d\omega\right|^2 \leqslant \int_{-\infty}^{+\infty}|F_1(\omega)|^2\,d\omega \cdot \int_{-\infty}^{+\infty}|F_2(\omega)|^2\,d\omega \tag{12-5}$$

当且仅当 $F_1(\omega)=cF_2(\omega)$（c 是任意常数）时，等式才成立。

对于式(12-4)的分子部分，令 $F_1(\omega)=H(j\omega)$ 和 $F_2(\omega)=S(\omega)e^{j\omega t_0}$，利用 Schwartz 不等式，并注意到 $|e^{j\omega t_0}|=1$，则有

$$\left|\int_{-\infty}^{+\infty} S(\omega)H(j\omega)e^{j\omega t_0}\,d\omega\right|^2 \leqslant \int_{-\infty}^{+\infty}|H(j\omega)|^2\,d\omega \cdot \int_{-\infty}^{+\infty}|S(\omega)|^2\,d\omega \tag{12-6}$$

将式(12-6)代入式(12-4)，有

$$\rho = \frac{|s_0(t_0)|^2}{E|n_0^2(t_0)|} = \frac{\dfrac{1}{4\pi^2}\displaystyle\int_{-\infty}^{+\infty}|H(j\omega)|^2\,d\omega \cdot \int_{-\infty}^{+\infty}|S(\omega)|^2\,d\omega}{\dfrac{N_0}{4\pi}\displaystyle\int_{-\infty}^{+\infty}|H(j\omega)|^2\,d\omega} = \frac{E}{N_0/2}$$

$$\tag{12-7}$$

式中，$E=\dfrac{1}{2\pi}\displaystyle\int_{-\infty}^{+\infty}|S(\omega)|^2\,d\omega$ 为信号 $s(t)$ 的能量。

式(12-7)取等号的条件为

$$H(j\omega) = cS(\omega)e^{-j\omega t_0} \tag{12-8}$$

此时，输出信号的最大信噪比为

$$\rho_{\max} = \frac{E}{N_0/2} \tag{12-9}$$

式(12-9)就是使输出信噪比达到最大的线性滤波器的传递函数，c 通常取 1，此时由式(12-8)有 $|H(j\omega)|=|S(\omega)|$，滤波器的幅频特性等于信号的幅频特性，二者相匹配。

从某种意义上来说，匹配滤波是最优的信号检测方法，它具有相干信号处理过程，因此可以解调信号。处理增益与样本数目 N 呈线性关系：$SNR_{out} = N \cdot SNR_{in}$。但其实现复杂，因为对于认知无线合群系统而言，针对每个主用户接收机都需要一个单独的匹配滤波器。

12.5.2　能量检测

能量检测法(Urkowitz,1967)是一种比较简单的信号检测方法，属于信号的非相干检测，直接对时域信号采样值求模，然后平方即可得到；或利用 FFT 转换到

频域,然后对频域信号求模平方也可得到。它的另外一个优点是无需知道检测信号的任何先验知识。

实际上,能量检测是在一定频带范围进行能量积累,如果积累的能量高于一定的门限,则说明有信号存在,如果低于一定的门限,则说明仅有噪声。能量检测的出发点是信号加噪声的能量大于噪声的能量。能量检测方法对信号没有作任何假设,是一种盲检算法。这是能量检测器的优点,也是它的缺点。优点是对任何信号都适用,缺点是除了给出信号的大致频带外,不能给出较为精确的信号参数,为侦察的下一步服务。

能量检测方法将输入信号首先通过一个带宽为 W 的带通滤波器,取出感兴趣的频段,然后进行平方运算,通过积分器对一时间段 T 进行积分,如图 12-4 所示。

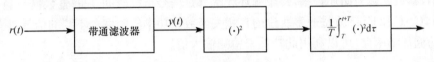

图 12-4　能量检测器原理

能量检测的出发点很简单:信号加噪声的能量大于噪声的能量,即

$$E[(s(t)+n(t))^2] = E[s^2(t)] + E[n^2(t)] > E[n^2(t)] \tag{12-10}$$

其中假定了信号与噪声相互独立,并且噪声是零均值的。这里用的是功率,再积分就是能量。如果累积的能量大于一定的门限,就说明在该频带内存在信号,否则仅存在噪声。

能量检测是一个次优的检测方法,它不具有相干信号处理的功能。微弱检测信号能力比匹配滤波检测差。它通过比较能量检测的输出和一个依赖于估计的噪声功率值来检测信号,这样即使一个非常小的噪声功率估计偏差都会造成能量检测性能的急剧下降(Digham,2007)。

12.5.3　周期平稳过程特征检测

周期平稳过程特征检测(Peh,2007)可以提取出调制信号的特有特征,如正弦载波、符号速率及调制类型等。这些特性均通过分析频谱相关性函数来检测,频谱相关性函数为二维变换,相比而言,功率频谱密度为一维变换。频谱相关性函数的主要优势是,它可以从调制信号功率中区别出噪声能量,前提是该噪声为不相干广义平稳信号,而调制信号是在信号周期中插入冗余后形成的周期平稳且频谱相干的信号。由于周期平稳过程特征检测对未知噪声变量的鲁棒性使得其在区分噪声方面较能量检测好,其实现复杂度增加了 N^2。因为它需要计算 N 个 FFT 输出相互之间的相干性。相比之下,能量检测只需计算 N 个 FFT 输出。

对一个零均值的离散时间信号 $x(n)$ 而言,如果它的自相关函数 $R_x(n,k)$ 的周

期是 P，就说 $x(n)$ 是循环稳态的，例如

$$R_x(n,k) = E[x(n)x^*(k)] = R_x(n+P,k+P) \tag{12-11}$$

定义循环自相关函数（Cyclic Autocorrelatin Function，CAF）为

$$R_x^\alpha(k) = \lim_{N\to\infty} \frac{1}{2N+1} \sum_{n=-N}^{N} [x(n+k)e^{-j\pi\alpha(n+k)}] \cdot [x(n)e^{j\pi\alpha n}]^* \tag{12-12}$$

对循环自相关函数进行离散傅里叶变换，得到循环功率谱密度（Cyclic Spectrum Density，CSD），也称为相关函数谱，即

$$S_x^\alpha(f) = \sum_{k=-\infty}^{\infty} R_x^\alpha(k)e^{-j2\pi fk} \tag{12-13}$$

式中，参数 α 称为循环频率，每个循环频率都是信号持续时间 T 的整数倍。当 $\alpha = 0$ 时，CAF 和 CSD 就是通常所说的自相关函数和功率谱密度。不同的信号具有不同的循环功率谱，可以利用此特性来检测输入信息。

12.6　本　章　小　结

本章介绍了合群网络认知无线电技术，重点描述了发射源检测技术与频谱感知技术，其中包括匹配滤波器检测、能量检测、周期平稳过程特征检测，并对匹配滤波器检测技术进行了具体的分析。结论是，在具备一定条件的基础上，匹配滤波是最优的信号检测方法，它具有相干信号处理过程，因此可以解调信号。但其实现复杂，因为对于认知无线合群系统而言，针对每个主用户接收机都需要一个单独的匹配滤波器。因此，需要结合能量检测与周期平稳过程特征检测技术达到均衡。

参 考 文 献

Akyildiz I F，Lee W Y，Vuran M C，et al. 2006. Next generation/dynamic spectrum access/cognitive radio wireless networks：a survey，Computer Networks Journal（Elsevier）50：2127-2159.

Digham F F，Alouini M S，et al. 2007. On the Energy Detection of Unknown Signals Over Fading Channels. Communications，IEEE Transactions on，55(1)：21-24.

FCC. 2003. ET Docket No 03-222 Notice of proposed rule making and order，December.

Gandetto M，Regazzoni C. 2007. Spectrum sensing：a distributed approach for cognitive terminals，IEEE Journal on Selected Areas in Communications 25(3)：546-557.

Haykin S. 2005. Cognitive Radio：Brain-Empowered Wireless Communications. IEEE Journal on Selected Areas in Communications，23(2)：201-220.

Mitola J，Maquire G Q Jr. 1999. Cognitive Radio：Making Software Radios More Personal. IEEE

Personal Communications, 6(4): 13-18.

Peh E, Chang L Y. 2007. Optimization for Cooperative Sensing in Cognitive Radio Networks. Wireless Communications and Networking Conference, 2007. WCNC IEEE.

Urkowitz H. 1967. Energy detection of unknown deterministic signals. Proceedings of the IEEE 55(4): 523-531.

第 13 章 合群网络协作频谱感知技术

在大多数情况下,认知无线合群网络和主用户网络是分开的,它们之间并不交互信息。这导致认知无线合群网络用户缺少主用户接收机的信息。所以在检测过程中不可避免地会对主用户造成干扰。另外,发射源检测模式无法解决隐藏终端问题。一个认知无线合群网络的发射基站和接收者之间可能是视距传播,但由于阴影效应可能检测不到主用户的存在,所以为了达到更精确的检测,就需要其他用户的感知信息。

13.1 引　　言

协作感知可用于有中心基站或没有中心基站的网络中。在有中心控制的方法中,认知无线合群网络基站可以收集所有认知无线合群网络用户的感知信息并检测频谱空洞。从另一方面来说,分布式的解决方案需要在认知无线合群网络用户间交换检测信息。多径衰落和阴影效应是降低检测方法性能的主要因素,而协作检测方案则能减少多径衰落和阴影效应,在深度阴影环境中协作能够提高检测概率。

目前关于协作频谱感知的研究论文较多,本章将主要介绍一种新颖的基于双阈值能量检测的协作频谱感知方法,并通过两个误差函数——NEF 和 AEF 详细探讨了在授权用户的信号存在和不存在两种典型的认知无线合群场景下引入高斯分布逼近卡方分布时产生的近似误差。

13.2 合群网络的频谱检测技术

13.2.1 传统的协作频谱感知方法

认知无线合群技术的主要目标是将频谱资源的利用率最大化,实现该目标的前提就是对频谱的准确感知和判决。目前在传统的系统中存在三种主要的频谱感知技术:最优的匹配滤波器,但是需要首要用户(Primary User)的先验知识;次优的能量检测器,同时具有易于实现的优点;循环平稳特征检测器,能够在低信噪比的条件下进行频谱感知,但是仍然需要首要用户的部分先验信息,比如调制方式、符号率、导频信号等特征。在实际的认知无线合群场景中,有关首要用户的任何先验信息往往都是无法获取的,考虑到实际系统实现时的复杂性和成本问题,在实际系统中使用能量检测器作为频谱感知工具无论从性能上还是成本上都能够取得很好的折中。因此本节仅集中讨论基于能量检测器的双阈值检测方法。

能量检测的原理和方法在前面已说明,此处不再重复。次要用户的接收信号能量 Y 服从卡方分布

$$Y \sim \begin{cases} \chi^2_{2TW}, & H_0 \\ \chi^2_{2TW}(2\gamma), & H_1 \end{cases}$$

式中,H_0 与 H_1 分别表示零假设与备择假设(见 12.5 节);γ 表示次要用户的接收信号信噪比;χ^2_{2TW} 和 $\chi^2_{2TW}(2\gamma)$ 分别对应自由度为 2TW 的中心和非中心卡方分布,同时后者的非中心参数为 2γ。以下为了叙述的简洁,采用 u 来表示时间带宽积 TW,即

$$Y \sim \begin{cases} \chi^2_{2u}, & H_0 \\ \chi^2_{2u}(2\gamma), & H_1 \end{cases}$$

在一个不考虑信号衰落的理想通信环境中,根据次要用户接收信号能量概率的分布可以得到以下几个重要的概率公式:

检测概率

$$P_d = P\{Y > \lambda/H_1\} = Q_u(\sqrt{2\gamma}, \sqrt{\lambda}) \tag{13-1}$$

虚警概率

$$P_f = P\{Y > \lambda/H_0\} = \frac{\Gamma(u, \lambda/2)}{\Gamma(u)} \tag{13-2}$$

漏警概率

$$P_m = P\{Y \leqslant \lambda/H_1\} = 1 - P_d \tag{13-3}$$

式中的 λ 代表能量检测器的阈值,$\Gamma(a)$ 和 $\Gamma(a,b)$ 分别代表完全和不完全伽马函数,$Q_u(a,b)$ 是泛化 Q 函数(Digham,2003)。三个概率值所代表的物理意义详述如下:

(1)检测概率。首要用户的信号存在时系统能够检测到的概率。高的检测概率表明次要用户能够准确地检测出首要用户的发射信号,从而释放占用的频谱资源,减小对首要用户正常通信的干扰。

(2)虚警概率。首要用户的信号不存在时系统判定其存在的概率,即出现第一类错误的概率。低的虚警概率表明次要用户能够充分利用当前空闲的频谱资源(频谱空洞),提高频谱利用效率。

(3)漏警概率。首要用户的信号存在时系统判定其不存在的概率,即出现第二类错误的概率。对系统性能的影响与检测概率相反。

在实际的无线通信应用环境中,往往存在很多导致通信质量恶化的因素,如衰

落和阴影、隐终端问题等,这些因素同样也会影响次要用户的频谱感知能力。为了解决这些问题,协作的思想被引入到频谱感知领域。许多涉及协作频谱感知的研究都假设认知无线合群网络(集中式)由 N 个次要用户和一个判决中心(也可能是某个次要用户)组成,每个次要用户的接收信号都经历了独立同分布的衰落信道,判决中心收集各次要用户接收的信息(接收信号能量或局部判决结果),将信息进行融合(判决融合或能量融合)后作出主要用户的信号是否存在的最终判决。在传统的判决融合检测系统中,存在三种主要的判决融合准则。

(1) 逻辑"或"准则(OR-rule):只要一个次要用户判定 H_1,则最终判定 H_1。

(2) 逻辑"与"准则(AND-rule):所有次要用户判定 H_1,则最终判定 H_1。

(3) "大多数"准则(majority-rule):超过半数的次要用户判定 H_1,则最终判定 H_1。

由于本研究只涉及频谱感知算法的改进,和具体的判决融合准则无关,因此本章采用最常用的逻辑"或"准则作为数据融合算法,在进行仿真分析也将该算法作为比较对象。使用逻辑"或"准则时的频谱协作方法为

$$Q_d = 1 - \prod_{i=1}^{N}(1 - P_{d,i}) \tag{13-4}$$

$$Q_m = \prod_{i=1}^{N} P_{m,i} \tag{13-5}$$

$$Q_f = 1 - \prod_{i=1}^{N}(1 - P_{f,i}) \tag{13-6}$$

式中,Q_d、Q_m、Q_f 分别表示协作检测概率、协作漏警概率和协作虚警概率;$P_{d,i}$、$P_{m,i}$、$P_{f,i}$ 则分别表示协作感知时第 i 个次要用户(SU_i)的检测概率、漏警概率和虚警概率。

13.2.2　基于群特性的双阈值检测方法

1. 一种改进的双阈值能量检测方法

在传统的能量检测技术中,每个次要用户将接收信号的能量值和一个预先设定好的阈值(单阈值)进行比较,根据比较的结果进行局部判决,如图 13-1 所示。

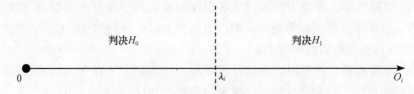

图 13-1　传统的单阈值门限检测模型

其中，O_i 代表 SU_i 的接收信号能量，两个判决 H_0 和 H_1 的判定取决于 O_i 值与阈值 λ_i 相比较的结果：$O_i > \lambda_i$ 时判定为 H_0，反之则判定为 H_1。

本章提出一种改进的双阈值能量检测器，能够显著地提高能量检测器的性能。双阈值能量检测模型如图 13-2 所示。在该模型中，次要用户根据两个阈值 $\lambda_{1,i}$ 和 $\lambda_{2,i}$ 来进行局部判决。判决区间和准则如下。

(1) 判决 $H_1 : O_i > \lambda_{2,i}$；

(2) 判决 $H_0 : O_i \leqslant \lambda_{1,i}$；

(3) 延迟判决：$\lambda_{1,i} < O_i \leqslant \lambda_{2,i}$。

图 13-2　双阈值能量检测模型

当 SU_i 获取的接收信号能量值 O_i 位于延迟判决区间时，SU_i 认为该能量值的大小不足以做出首要用户的信号是否存在的局部判决，因此将向判决中心上报 O_i 值，而不是局部判决结果。判决中心收集了所有次要用户上报的两种可能信息——局部判决和接收信号能量值以后，依据如下的双阈值能量检测协作频谱感知算法进行信息融合，得出最终的判决结果：

(1) 每个 $SU_i (i = 1, \cdots, N)$ 独立进行频谱感知，获取接收信号的能量值 O_i。如果 O_i 满足 $\lambda_{1,i} < O_i < \lambda_{2,i}$ 的条件，则 SU_i 将 O_i 上报给判决中心；反之则根据 O_i 的大小进行局部判决，得到判决结果 L_i。此处用 R_i 表示判决中心从 SU_i 获得的信息，如下式所示：

$$R_i = \begin{cases} O_i, & \lambda_{1,i} < O_i \leqslant \lambda_{2,i} \\ L_i, & \text{其他} \end{cases}$$

$$L_i = \begin{cases} 0, & 0 \leqslant O_i \leqslant \lambda_{1,i} \\ 1, & O_i > \lambda_{2,i} \end{cases}$$

(2) 为不失一般性，假设判决中心接收到的 N 个数据（N 个次要用户）中有 K 个局部判决结果和 $N-K$ 个能量值。判决中心先依据 $N-K$ 个能量值进行能量融合，获取一个上级判决 D，如下式所示：

$$D = \begin{cases} 0, & 0 \leqslant \sum_{i=1}^{N-K} O_i \leqslant \lambda \\ 1, & \sum^{N-K} O_i > \lambda \end{cases}$$

上式中的 λ 是判决中心根据需要设定的目标虚警概率(式(13-2))计算得到的阈值。从以上描述可以看出,接收信号能量值位于两个阈值之间的 $N-K$ 个次要用户"认为"无法根据自身收集到的信息做出首要用户是否存在的局部判决,因此将原始的能量值上报到判决中心,判决中心收集到 $N-K$ 个能量值后利用历史数据或配置信息代替这些次要用户做出上级判决,即对 $N-K$ 个能量值进行能量融合以取代 $N-K$ 个次要用户的局部判决。从文献(Digham,2003)可知,判决中心得到的能量值 $\sum\limits_{i=1}^{N-K} O_i$ 服从如下分布:

$$\sum_{i=1}^{N-K} O_i \sim \begin{cases} \chi^2_{2(N-K)u}, & H_0 \\ \chi^2_{2(N-K)u}(2\gamma_0), & H_1 \end{cases}$$

式中, $\gamma_0 = \sum\limits_{i=1}^{N-K} \gamma_i$ 代表 $N-K$ 个次要用户的信噪比之和,其余的参数意义同前所述。

(3) 判决中心利用逻辑"或"准则得到最终判决:

$$F = \begin{cases} 1, & D + \sum_{i=1}^{K} L_i > 1 \\ 0, & 其他 \end{cases}$$

基于以上讨论的双阈值能量检测方法,接下来讨论该方法的频谱感知性能。如前所述, $P_{d,i}$、$P_{m,i}$、$P_{f,i}$ 分别表示 SU_i 的检测概率、漏警概率和虚警概率。为了随后讨论的方便,这里引入两个参数 $\Delta_{0,i}$ 和 $\Delta_{1,i}$,分别表示 SU_i 在两个假设 H_0 和 H_1 下无法做出局部判决的概率,即

$$\Delta_{0,i} = P\{\lambda_{1,i} < O_i \leqslant \lambda_{2,i}/H_0\} \tag{13-7}$$

$$\Delta_{1,i} = P\{\lambda_{1,i} < O_i \leqslant \lambda_{2,i}/H_1\} \tag{13-8}$$

因此可以得到

$$P_{d,i} = P\{O_i > \lambda_{2,i}/H_1\} = Q_u(\sqrt{2\gamma_i}, \sqrt{\lambda_{2,i}}) \tag{13-9}$$

$$P_{m,i} = P\{O_i \leqslant \lambda_{1,i}/H_1\} = 1 - \Delta_{1,i} - P_{d,i} \tag{13-10}$$

$$P_{f,i} = P\{O_i > \lambda_{2,i}/H_0\} = \frac{\Gamma(u, \lambda_{2,i}/2)}{\Gamma(u)} \tag{13-11}$$

采用 Q_d、Q_m、Q_f 来分别表示协作检测概率、漏警概率和虚警概率,有

$$Q_m = \sum_{K=0}^{N-1} \binom{N}{K} \prod_{i=1}^{K} P_{m,i} \prod_{i=K+1}^{N} \Delta_{1,i} \left[1 - Q_{(N-K)u}(\sqrt{2\gamma_0}, \sqrt{\lambda}) \right] + \prod_{i=1}^{N} P_{m,i} \tag{13-12}$$

$$Q_f = 1 - \prod_{i=1}^{N} (1 - \Delta_{0,i} - P_{f,i})$$

$$-\sum_{K=0}^{N-1}\binom{N}{K}\prod_{i=1}^{K}(1-\Delta_{0,i}-P_{f,i})\prod_{i=K+1}^{N}\Delta_{0,i}\left\{1-\frac{\Gamma[(N-K)u,\lambda/2]}{\Gamma[(N-K)u]}\right\}$$

$$\tag{13-13}$$

$$Q_{d}=1-Q_{m} \tag{13-14}$$

从式(13-7)～式(13-14)可以看出,在两种假设下 SU_i 的接收信号能量 O_i 位于 $\lambda_{1,i}$ 和 $\lambda_{2,i}$ 之间的概率,即 $\Delta_{0,i}$ 和 $\Delta_{1,i}$ 对检测器的性能具有决定性的影响。作为一个极限条件,当 $\Delta_{0,i}=\Delta_{1,i}=0$ 时双阈值能量检测器就退化为传统的能量检测器,因为此时所有的次要用户均上报自身的局部判决,判决中心也只能得到一种数据(局部判决结果),然后进行判决融合。

2. 仿真实验分析

根据前一节介绍的双阈值能量检测器的实现原理,在本节利用仿真讨论其检测性能,仿真结果采用接收机工作特性曲线(ROC)和接收机互补工作特性曲线(CROC)来呈现。仿真时,控制双阈值能量检测器的 Δ 参数设置为 $\Delta_{0,i}=\Delta_{1,i}=0.01$ 和 $\Delta_{0,i}=\Delta_{1,i}=0.1$,同时与 $\Delta_{0,i}=\Delta_{1,i}=0$ 时的传统方法进行比较,其余的参数在两次仿真中都设置为相同值:

(1) $N=10$;

(2) $\gamma_1=\gamma_2=\cdots=\gamma_N=10\mathrm{dB}$;

(3) $u=5$。

从图 13-3 和图 13-4 中可以看出,双阈值检测与传统方法相比能够略微提高检测性能。如果增大 $\Delta_{0,i}$ 和 $\Delta_{1,i}$,即接收信号能量值落入延迟判决区间的概率增加

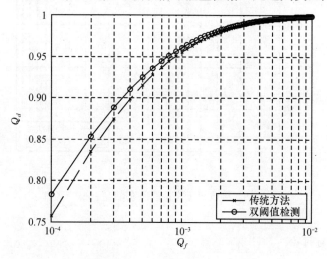

图 13-3　接收机工作特性曲线, $\Delta_{0,i}=\Delta_{1,i}=0.01$

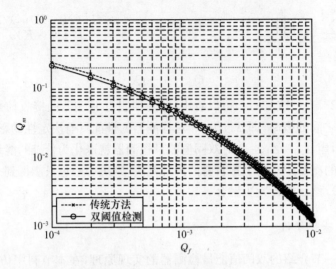

图 13-4　接收机互补工作特性曲线,$\Delta_{0,i} = \Delta_{1,i} = 0.01$

时,双阈值检测方法与传统方法相比能够显著地提高系统性能,如图 13-5 和图 13-6 所示。从图 13-5 中可以看出,当 $Q_f = 0.0001$ 时,双阈值检测方法较传统方法可以在检测概率上获得约 0.235 的额外增益(6dB),并且增益随着虚警概率减小能够显著地增加。

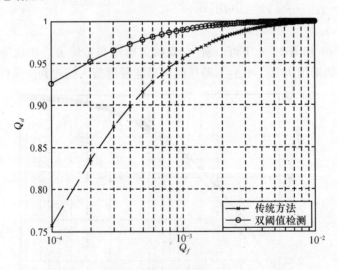

图 13-5　接收机工作特性曲线,$\Delta_{0,i} = \Delta_{1,i} = 0.1$

3. 小结与讨论

双阈值检测方法能够提升检测性能的根本原因在于增加了次要用户和判决中

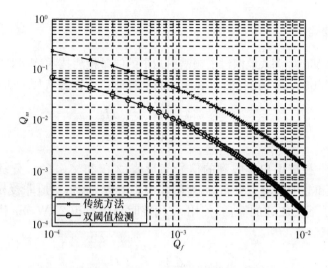

图 13-6 接收机互补工作特性曲线，$\Delta_{0,i} = \Delta_{1,i} = 0.1$

心间的通信流量：将实际的接收信号能量值代替部分局部判决结果上报给判决中心，传输实际能量值的数据包往往大于只含有局部判决结果的数据包（只有一个信息比特）。但是考虑到实际传输时的通信开销（包头、包尾、同步位等），包中信息比特（能量值或局部判决结果）的微小长度变化对整个数据包的长度影响其实非常小，因此牺牲掉些许的通信带宽以换取近 6dB 的系统性能增益的做法是非常合理并且相当有效的。

13.3 合群频谱感知中的卡方分布逼近误差分析

基于能量检测的频谱感知技术具有成本低廉、部署简单等优点，这些优点使其日益成为该领域的研究热点。在相关的研究中，需要使用卡方分布这一数学工具对能量检测器进行性能分析：中心卡方分布对应假设 H_0，非中心卡方分布对应假设 H_1。由于对卡方分布的分析需要使用伽马函数这样比较复杂的数学函数，因此近来有研究根据中心极限定理采用高斯分布对卡方分布进行近似（当卡方分布的自由度足够大时），从而简化分析的复杂度和减少数学公式表示的繁杂程度（Akyildiz,2006）。但是在类似的文章中，作者并没有对自由度的下限进行详细的探讨以说明其可靠性。例如，在文献（Haykin,2005）中，作者认为自由度大于 6 时便可以应用中心极限定理，而一般直观上认为 6 并不是一个能够保证有较小近似误差的足够大的数。本节将详细地分析由于使用了中心极限定理而产生的逼近误差，并给出在能够容忍的误差范围内卡方分布自由度的下限值。

13.3.1　问题建模

很多文章都已经深入地探讨了频谱感知中的能量检测技术(Wild,2005;Cabric,2004;Sahai,2003),其中由接收机观测到的信号能量应该服从如下的卡方分布:

$$O \sim \begin{cases} \chi_{2TW}^2, & H_0 \\ \chi_{2TW}^2(2\gamma), & H_1 \end{cases} \tag{13-15}$$

式中,O代表非授权用户接收到的信号能量值;χ_{2TW}^2和$\chi_{2TW}^2(2\gamma)$分别是自由度为2TW的中心和非中心卡方分布,后者的非中心参数为2γ,对应非授权用户接收机信噪比。为了下文叙述的简洁,使用m代替时延带宽积 2TW,mr代替卡方分布的自由度,得到

$$O \sim \begin{cases} \chi_m^2, & H_0 \\ \chi_m^2(mr), & H_1 \end{cases} \tag{13-16}$$

现假设m足够大(在多个非授权用户进行协作感知时该条件很容易满足),那么根据中心极限定理,O应该趋向于服从如下的高斯正态分布(Haykin,2005):

$$\tilde{O} \sim \begin{cases} N(m,2m), & H_0 \\ N(m(1+r),2m(1+2r)), & H_1 \end{cases} \tag{13-17}$$

式中,$\tilde{O}$表示接收信号能量O的近似值,$N(\mu,\sigma^2)$代表均值为μ方差为σ^2的高斯正态分布。

根据式(13-16)和式(13-17),可以得到O和$\tilde{O}$分别在两种假设情况下的累计概率分布函数(CDF)如下:

$$\begin{cases} P_O(x;m) = \int_0^x \dfrac{t^{m/2-1}\mathrm{e}^{-t/2}}{2^{m/2}\Gamma(m/2)}\mathrm{d}t, & H_0 \\ P_O(x;m,r) = \displaystyle\sum_{j=0}^{\infty} \mathrm{e}^{-\lambda/2}\dfrac{(\lambda/2)^j}{j!}P_O(x;m+2j), & H_1 \end{cases} \tag{13-18}$$

$$\begin{cases} P_{\tilde{O}}(x;m) = N(x;m,2m) \\ \qquad\quad = \dfrac{1}{2\sqrt{m\pi}}\int_{-\infty}^x \mathrm{e}^{-(t-m)^2/4m}\mathrm{d}t, & H_0 \\ P_{\tilde{O}}(x;m,r) = N(x;m(1+r),2m(1+2r)) \\ \qquad\quad = \dfrac{1}{2\sqrt{m\pi(1+2r)}}\int_{-\infty}^x \mathrm{e}^{-[t-m(1+r)]^2/4m(1+2r)}\mathrm{d}t, & H_1 \end{cases} \tag{13-19}$$

式中,$\Gamma(x)$代表伽马函数(Complete Gamma Function)。由此可以定义出如下的绝对误差函数(Absolute Error Function)和归一化均方误差函数(Normalized

Mean Square Error Function):

$$
\begin{cases}
\mathrm{AEF}(x;m) = \mid P_O(x;m) - P_{\tilde{O}}(x;m) \mid, & H_0 \\
\mathrm{AEF}(x;m,r) = \mid P_O(x;m,r) - P_{\tilde{O}}(x;m,r) \mid, & H_1
\end{cases}
\tag{13-20}
$$

$$
\begin{cases}
\mathrm{NEF}(m) = \dfrac{\displaystyle\sum_{i=1}^{n} [\mathrm{AEF}(x_i;m)]^2}{\displaystyle\sum_{i=1}^{n} [P_O(x_i;m)]^2} \\[4mm]
\qquad\quad = \dfrac{\displaystyle\sum_{i=1}^{n} [P_O(x_i;m) - P_{\tilde{O}}(x_i;m)]^2}{\displaystyle\sum_{i=1}^{n} [P_O(x_i;m)]^2}, & H_0 \\[8mm]
\mathrm{NEF}(m,r) = \dfrac{\displaystyle\sum_{i=1}^{n} [\mathrm{AEF}(x_i;m)]^2}{\displaystyle\sum_{i=1}^{n} [P_O(x_i;m,r)]^2} \\[4mm]
\qquad\quad = \dfrac{\displaystyle\sum_{i=1}^{n} [P_O(x_i;m,r) - P_{\tilde{O}}(x_i;m,r)]^2}{\displaystyle\sum_{i=1}^{n} [P_O(x_i;m,r)]^2}, & H_1
\end{cases}
\tag{13-21}
$$

在式(13-20)和式(13-21)中,n 表示变量 x 的个数,同时 i 代表每个 x 的下标。从 AEF 和 NEF 的表达式中可以看出,NEF 掩盖了变量 x 对误差的影响,因此 NEF 仅仅刻画了近似误差随自由度变化的大致趋势;与此相对,AEF 精确揭示了 x 和 m 同时对近似误差作用时的确切影响。在下面的章节中将首先讨论 NEF,以获取合理的自由度下限,然后使用 AEF 详细分析两种假设情况下绝对误差对检测性能的影响。

13.3.2　基于 NEF 的误差分析

如前所述,NEF 没有揭示 x 和 m 同时作用时对误差的确切影响,只表现了对于不同的变量 x 误差的大致变化规律。由于在频谱感知技术中涉及两种假设情况,即授权用户的信号存在与否(对应 H_1 和 H_0),因此下文的误差分析都将划分为两类分别进行讨论。

1. 授权用户信号不存在(H_0)

现将 H_0 时 NEF 的表达式重写如下:

$$NEF(m) = \frac{\sum_{i=1}^{n} [AEF(x_i;m)]^2}{\sum_{i=1}^{n} [P_O(x_i;m)]^2}$$

$$= \frac{\sum_{i=1}^{n} [P_O(x_i;m) - P_{\bar{O}}(x_i;m)]^2}{\sum_{i=1}^{n} [P_O(x_i;m)]^2} \tag{13-22}$$

可见式(13-22)中包含了一个具有两个求函数平方和的分式,而且每个函数中都包含了一个积分,见式(13-18)和式(13-19),特别是 $P_O(x_i;m)$ 中含有伽马函数的表达式,因此对 NEF 函数形态的理论分析将会非常复杂。为了另辟蹊径,采用数值计算的方式对 NEF 进行探讨,仿真时的参数设置为

$$m \in [1,50]$$
$$x \in [0,200]$$

表 13-1 列出了根据以上参数设置利用式(13-22)得出的数值计算结果,表中第二列和第三列数据都以分贝数进行表示。

表 13-1　NEF 在 H_0 时的数值计算结果

m	NEF(m)/dB	NEF(m)−NEF(m+1)/dB
1	−33.014	2.18
2	−35.196	1.59
3	−36.789	0.75
4	−37.543	0.44
5	−37.98	0.35
⋮	⋮	⋮
50	−41.838	8.82

从表 13-1 中可以看出,NEF 随着 m 的增大而明显减小,也就是说 NEF 是关于 m 的单调减函数,从而从数值上印证了中心极限定理的正确性。在第三列最后一行中,8.82 代表 m 分别等于 50 和 1 时 NEF 的比值(dB),这意味着当 m 从 1 增加到 50 时 NEF 的值减少了 8.82dB。与该列的前三行(2.18、1.59、0.75)相比,可以看出前三行的累计减小值为 4.52,已经超过了总计 8.82dB 的 50%,因此可以认为当 $m \geqslant 3$(或对于更为严格的误差限制时取 $m \geqslant 4$)时,NEF 函数本身的取值和一次差分的结果都已经小到可以使用高斯分布近似中心卡方分布从而得到足够精确的结果。

2. 授权用户信号存在(H_1)

现将 H_1 时 NEF 的表达式重写如下:

$$NEF(m,r) = \frac{\sum_{i=1}^{n} [AEF(x_i;m)]^2}{\sum_{i=1}^{n} [P_O(x_i;m,r)]^2}$$

$$= \frac{\sum_{i=1}^{n} [P_O(x_i;m,r) - P_{\tilde{O}}(x_i;m,r)]^2}{\sum_{i=1}^{n} [P_O(x_i;m,r)]^2} \tag{13-23}$$

与前一个假设的不同之处在于，H_1 时的 NEF 是自由度 m 和代表了某个非授权用户实时信噪比的非中心参数 r 的二元函数。因此在本小节中我们将讨论以上两个变量对 NEF 的影响。

和前面类似，此处也通过对 NEF 进行数值计算以考察其形态。式(13-23)中的参数设置为

$$m \in [1,20]$$
$$x \in [0,90]$$

另外，根据 IEEE 802.22 WRAN 的建议，由于授权用户的信号存在时非授权用户的接收信号信噪比很差，因此将非中心参数 r 设置为 -20dB、-10dB 和 0dB。表 13-2～表 13-4 分别列出了对应以上三种非中心参数时式(13-23)的数值计算结果，每张表的最后两列的单位都是 dB。

表 13-2　NEF 在 H_1, $r=-20$dB 时的数值计算结果

m	NEF(m)/dB	NEF(m)−NEF($m+1$)/dB
1	−29.49	2.147
2	−31.637	1.545
3	−33.182	0.712
4	−33.894	0.4
5	−34.294	0.313
⋮	⋮	⋮
20	−36.385	6.895

表 13-3　NEF 在 H_1, $r=-10$dB 时的数值计算结果

m	NEF(m)/dB	NEF(m)−NEF($m+1$)/dB
1	−29.317	2.165
2	−31.482	1.453
3	−32.935	0.662
4	−33.597	0.39
5	−33.987	0.309
⋮	⋮	⋮
20	−35.981	6.664

表 13-4　NEF 在 $H_1, r=0\text{dB}$ 时的数值计算结果

m	NEF(m)/dB	NEF(m)−NEF$(m+1)$/dB
1	−29.363	2.47
2	−31.833	1.045
3	−32.878	0.51
4	−33.388	0.359
5	−33.747	0.28
⋮	⋮	⋮
20	−34.533	5.17

从以上三张表可以看出,与表 13-1 类似,NEF 的值随着 m 的增大而减小,从而验证了中心极限定理。另外,当 m 固定不变时,NEF 随着 r 的增加而增大,说明对于较好的信道,逼近误差反而越大。这就产生了一种奇怪的现象:高斯分布的近似性能随着信噪比的改善而恶化,而信噪比在信号检测时往往被人们认为是积极的因素。从以上讨论可以直观地推断出 NEF 是关于变量 m 的单调减函数,同时是变量 r 的单调增函数。另外,NEF 在假设 H_1 时的逼近性能比 H_0 要差。

综上所述,我们可以得到与前一小节类似的结论:当 $m \geqslant 3$(或对于更为严格的误差限制时取 $m \geqslant 4$)时,NEF 函数本身的取值和一次差分的结果都已经小到可以使用高斯分布近似非中心卡方分布从而得到足够精确的结果,并且近似的精确性随着非中心参数的增加而减弱。

13.3.3　基于 AEF 的误差分析

在前一节中我们通过 NEF 探讨了逼近误差的总体趋势,并得到了两种假设下卡方分布自由度的合理下限值。但是如前所述,通过 NEF 的分析无法揭示每个卡方分布概率值与近似值之间的绝对差异,因为该差异随变量 x 而变化。在本节中将利用前面的结论,同时结合 AEF 详细讨论两种假设下变量 x 对绝对误差所产生的影响,并且以表格的形式列出对应最小绝对误差时最优的逼近概率值。

1. 授权用户信号不存在(H_0)

首先将 H_0 时的式(13-20)改写为如下形式以简化随后的讨论,其中,m 固定取 3 并且没有在公式中显式地表达:

$$\text{AEF}(x) = |\, P_O(x) - P_{\bar{O}}(x) \,| \tag{13-24}$$

由于 $P_O(x)$ 和 $P_{\bar{O}}(x)$ 都是累计概率分布函数,因此具有如下形式的极限:

$$\lim_{x \to \infty} P_O(x) = \lim_{x \to \infty} P_{\bar{O}}(x) = 1 \tag{13-25}$$

故 AEF 的极限为

$$\lim_{x \to \infty} \text{AEF}(x) = 0 \tag{13-26}$$

式(13-26)表明当 x 相当大时,中心卡方分布和高斯分布之间的绝对误差可

以忽略。

图 13-7 利用双纵轴图同时显示了绝对误差值和中心卡方分布的概率值,横轴是变量 x。从双纵轴图中可以清楚地看出上述两者间的关系,其中,虚线表示当 $m=3$ 时利用式(13-24)计算出的绝对误差。可以看到绝对误差曲线具有两个极小值和两个极大值,两个极小值分别对应的实线上中心卡方分布的概率值为 0.25 和 0.9。对于 H_0 而言,第一个误差极小值对应的概率 0.25 刚好位于频谱感知时合理的虚警概率区间之内。从前一节的讨论可知,自由度 m 越大,绝对误差会逐渐变得比图 13-7 中显示出来的要小,特别是在包含这个特殊概率值的区域内。由此看出,利用高斯分布取代中心卡方分布恰好可以在对应虚警概率的取值处得到最佳逼近效果。表 13-5 描述了对应不同 m 值时 AEF 的第一个极小值与这个重要概率值之间的特定关系。

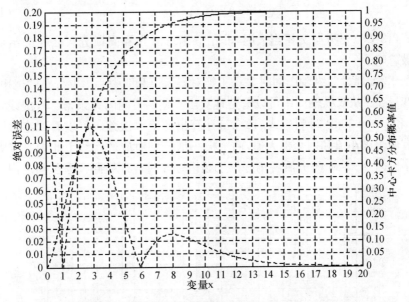

图 13-7　H_0 时的绝对误差曲线和中心卡方分布 CDF 曲线($m=3$)

表 13-5　AEF 极小值和中心卡方分布概率值的对应关系

m	AEF 的第一个极小值	对应中心卡方分布的第一个概率值
4	-29.1	0.21
5	-25.4	0.19
6	-26.8	0.19
7	-28.9	0.20
8	-36.5	0.19
9	-29.9	0.19
10	-30.9	0.18

2. 授权用户信号存在(H_1)

现在将 H_1 时的式(13-20)改写为如下形式以简化随后的讨论,其中,r 作为参变量(设定为 -20dB 以代表最差的信道条件),m 固定取 4(取比前一小节的 3 更为严格的下限以示区别)并且没有在公式中显式地表达,即

$$\mathrm{AEF}(x;r) = |\, P_O(x;r) - P_{\bar{O}}(x;r) \,| \tag{13-27}$$

由于 $P_O(x;r)$ 和 $P_{\bar{O}}(x;r)$ 都是累计概率分布函数,因此都是 x 的单调增函数,并且具有以下形式的极限:

$$\lim_{x \to \infty} P_O(x;r) = \lim_{x \to \infty} P_{\bar{O}}(x;r) = 1 \tag{13-28}$$

从而得到 AEF 的极限为

$$\lim_{x \to \infty} \mathrm{AEF}(x;r) = 0 \tag{13-29}$$

式(13-29)表明当 x 相当大时,非中心卡方分布和高斯分布之间的绝对误差可以被忽略。

图 13-8 通过双纵轴图同时显示了绝对误差值和非中心卡方分布的概率值,横轴是变量 x。从双纵轴图中可以清楚地看出上述两者间的关系,其中,虚线表示当 $m=4$ 和 $r=-20$dB 时利用式(13-27)计算出的绝对误差。可以看到绝对误差曲线具有两个极小值和两个极大值,两个极小值分别对应的实线上非中心卡方分布的概率值为 0.25 和 0.9,后者刚好位于频谱感知时合理检测概率区间之内。从前

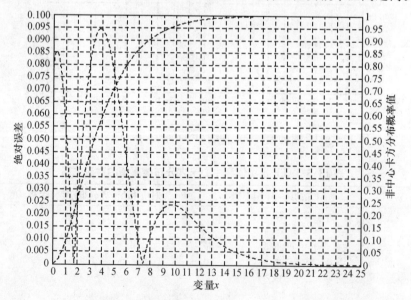

图 13-8　H_1 时的绝对误差曲线和非中心卡方分布 CDF 曲线($m=4, r=-20$dB)

一节的讨论可知,自由度 m 越大,绝对误差会逐渐变得比图 13-8 中显示出来的要小,特别是在包含这个特殊概率值的区域内。由此看出,利用高斯分布取代非中心卡方分布恰好可以在对应检测概率的取值处得到最佳逼近效果。表 13-6 描述了对应不同 m 值时 AEF 的第二个极小值与这个重要概率值之间的特定关系。

表 13-6　AEF 极小值和非中心卡方分布概率值的对应关系

m	AEF 的第二个极小值	对应非中心卡方分布的第二个概率值
4	-38.03	0.88
5	-30.40	0.88
6	-32.58	0.88
7	-31.94	0.87
8	-34.21	0.87
9	-36.71	0.87
10	-35.65	0.87

从表 13-5 与表 13-6 可以看出,两个概率几乎不随 m 的增大而变化,而基本上分别保持在 0.2 和 0.88 左右。表中 AEF 的某些值会随着 m 的增大而增加,这主要是由于 AEF 与 NEF 不同,它是一个非归一化的函数,用于分析准确的概率值和近似值之间的绝对误差,因此并没有消除非中心卡方分布概率值本身对误差的影响。

13.3.4　小结与讨论

本节中,通过两个误差函数——NEF 和 AEF 详细探讨了在授权用户的信号存在和不存在两种典型的认知无线合群场景下引入高斯分布逼近卡方分布时产生的近似误差。从表 13-2～表 13-5 中得到了进行该近似时卡方分布的自由度需要满足的合理且必要的下限值为 3,或者对于更为严格的约束取 4。另外还得到一个有趣并且实用的结论:AEF 的两个极小值刚好位于虚警概率和检测概率的合理取值范围之内。

利用本节讨论的结论,对于随后的涉及能量检测的频谱感知,研究者可以极大地简化分析过程和公式的表现形式,特别是当目标概率取值位于 AEF 的极小值周围时能够得到最佳的逼近效果。另外,本结论还能应用在涉及卡方分布的研究领域中。

参 考 文 献

Akyildiz I F,Lee W Y,Vuran M C,et al. 2006. Next generation/dynamic spectrum access/cogni-
　　tive radio wireless networks:a survey,Computer Networks Journal(Elsevier)50:2127-2159.
Cabric D,Mishra S M,Brodersen R W. 2004. Implementation issues in spectrum sensing for cog-

nitive radios, in: Proceedings of the IEEE Asilomar Conference on Signals, Systems and Computers 2004, November, 772-776.

Haykin S. 2005. Cognitive Radio: Brain-Empowered Wireless Communications. IEEE Journal on Selected Areas in Communications, 23(2):201-220.

Sahai A, Hoven N, Tandra R. 2003. Some fundamental limits on cognitive radio, in: Proceedings of the Allerton Conference on Communication, Control, and Computing.

Tandra R, Sahai A. 2008. SNR walls for signal detectors, IEEE Journal of Selected in Signal Processing, 2(1):4-17.

Wild B, Ramchandran K. 2005. Detecting primary receivers for cognitive radio applications, in: Proceedings of the IEEE DySPAN 2005, November, 124-130.

第 14 章　基于合群的位置管理

14.1　引　　言

无线连接到网络的便携计算机和通信设备改变了人们对计算和通信的想法和使用,即使用户是移动的,这些无线设备也能彼此通信。携带笔记本电脑的人们,不论何时何地都能接入到网络收发 E-mail,查询公交、铁路、航空等信息。个人通信服务系统可以无处不在地提供定制业务,影响整个系统性能的关键是位置管理。当连接到网络后,无线设备能够改变其位置,因此必须有新的策略来解决移动设备网络地址动态变化的问题,这就是位置管理的功能与职责。

位置管理的开销包括移动网络中的信令开销、数据库的访问查询开销、无线资源的开销及移动台自身的能量开销。由于其必要性及开销特性,有众多研究从不同方面入手,提出位置管理在高密度区域或高移动性下的开销解决方法。本章将首先对这些研究进行综述分析,进而考虑到群特征网络模型正是一种有效利用多用户同运动特性的管理方法,提出一种合群位置管理策略。利用在多用户同运动下,位置管理服务是一种合群服务的特性,通过合群管理增大管理粒度,从而节省位置管理开销。

基于合群网络模型,彼此邻近的移动台组成一个合群组,在位置更新过程中,处于一个合群组的移动节点拥有相同的位置信息和运动趋势,因此可以以合群组为粒度,报告位置更新,从而大幅降低位置更新的信令开销和数据库接入开销。本章分析了这一合群位置管理过程中的操作策略和信令过程,并针对一个具体的合群运动场景,比较分析了合群位置管理方案和传统位置管理方案的位置信令开销和数据库接入开销,数值仿真结果显示,相对传统的位置管理方法,合群位置管理方案可以降低网络位置信令开销和数据库接入开销。

最后,作为一种特殊的异构无线移动网络,本章对支持群协同的多径多链接网络中的切换管理进行了探讨,对该网络的网络结构与移动性管理中有待研究的问题进行了分析,为后续研究指出了方向。

14.2　合群位置管理系统结构

位置管理的功能决定了它的网络特性。

首先,位置管理是必需的。移动通信与无线通信的一个重要区别在于对移动性的支持。作为移动性管理的一部分,位置管理保证了移动台在不同区域接受服务的能力。

其次,位置管理是受用户运动特性影响的。显然用户的频繁运动会增加位置管理的开销,相反,用户静止或在有限区域活动时,其开销相对较小。同样用户密度高时,相应的位置管理开销也会随用户报告的增多而增加。

最后,位置管理是信令高冗余的和区域性的。在位置区边界,位置更新信令集中,但报告的是相同的位置,信息间有密切关系,存在冗余。

综合考虑上述特性,位置管理正符合合群模型的应用条件。当移动台形成合群组时,其依赖的物理位置上的邻近关系和相同的运动特点使得位置管理信令满足了高效合群服务所需的同时性和内容相似性。因此,可以预计到,在适当的策略下,应用合群网络模型,实现合群位置管理将会有效地提升位置管理效率,并为未来移动性管理提供一种新的设计思路。

14.2.1　系统结构与设计需求

从前文的研究综述可以看出,网络结构越是层次固定、管理严格,移动性管理手段越单一,可变化调整的余地就越小;而网络结构越松散越灵活,网络结构变化越大,移动性管理手段也就越多、越复杂。合群网络模型为位置管理提供了一种灵活、无约束、连接丰富、多变的网络结构。

合群位置管理的基本思想是通过利用移动台之间的自组织成组,减少移动台与网络间的位置更新信令,从而达到节省频率资源、增加系统吞吐能力的目的。合群位置管理实现的必要条件与合群网络模型一样,需要移动台具备相互通信的接口,这也是下一代移动终端所必须具备的功能。这样,移动台才能在不再占用控制信令资源的情况下对等通信。合群位置管理的效率由多方面因素决定,这些因素与组位置管理本身也都是需考虑的关键问题(王芙蓉,2005)。

合群位置管理能减少移动台与网络间的位置更新信令,这是因为一部分工作被划分到合群组内处理,降低了垂直通信的频率开销,同时重新设计的组信令或压缩信令使单位位置更新信令开销更小,更进一步提高了频率资源利用的效率,但需保证位置管理功能的本源,位置更新与寻呼。

1. 基本网络模型

合群位置管理的基本网络拓扑模型同合群网络模型,移动台的对等通信使移动网络显示出一种垂直水平混合的网状结构。水平通信用于移动台之间互通形成合群组,垂直通信用于组头向基站的汇报和基站的下行寻呼或其他通告。

移动台合群位置管理的场景如图 14-1 所示。位置上彼此相近的移动台一般具有相同的位置信息,可以建立水平自组织网,一同进行位置管理,以合群组中的一个组头为代表,通过垂直连接的基站,向移动网络报告组成员的位置更新信息。

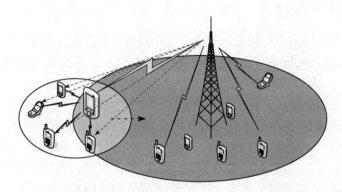

图 14-1　移动台合群位置管理场景示意图

如图 14-1 所示,当该组移动台一起跨越位置区边界时,所有成员不作位置更新报告处理,组头将通过基站向网络报告一组移动台的位置更新。报告中将包含组成员的信息和组信息。合群位置管理的触发也同本书第三部分所述,静态合群模式下,由固定组头组织成员形成合群组;而动态合群模式下,由基站根据感知的用户密度和动向,启动自治合群管理,再由移动台间协商处理,选取组头,最终建立合群组。显然越是移动用户密集的区域,合群度越高,组管理的效率提升也越高。

2. 范围

基站和移动台之间的无线流量分两类:业务信息和控制信令。业务信道承载的是移动用户之间的业务通话信息,通过其他移动台转发,在安全性、私密性、可靠性及频率资源利用方面均不合适,尤其对于 PLMN 网。因此在本合群网络模型中,仅讨论利用合群进行位置管理。若利用合群网络模型进行更广泛多样的合群服务,还需辅以其他策略或规程。

如前文合群网络模型效率中所述,移动台的能量开销会得以节省。考虑到基站不存在能量问题及通信保证问题,其他业务都使用垂直通信直接在基站和移动台间传输,同传统的蜂窝网通信方式。

移动节点之间的对等通信只用来分担移动台与基站之间的控制信令。移动台与基站之间的最主要也是最多的控制信令就是移动台向基站上行发送的位置消息和基站向移动台下行发送的寻呼消息。考虑移动台功率有限,移动节点向基站发送信息可以是多跳到达,主要指移动台向基站报告位置的更新、注册消息;而下行发送的主要是基站寻呼移动台的消息,基站有较大的发射功率,所以下行单跳,由基站直接寻呼移动台。

3. 组信令与组内消息

组信令与组内消息分别指组管理方案中以组为单位向网络报告的信令和组内部的消息。组信令是组管理方案中特有的信令,它可以是简单的独立移动台的个体信令的整合,或是个体信令整合后的压缩,也可以是一套全新的信令系统,其功能是向网络垂直传输移动台的控制信息;组内消息在移动台之间水平传输,负责管理组织组内移动台,由于一组移动台可以视为一个独立的自组织网络,因此组内消息与自治合群管理策略相对应,其作用是在自组织网内控制信息传输。

组信令和组内消息存在一定的因果关系。组头和组成员间通过组内消息交互,更新合群组自组织网络结构,组信令需要完成网络侧相应的更新。因此组内的变化也往往是组信令触发的原因,如合群组成员的加入或退出。组内消息的交互完成后,组头也会使用组信令通报网络合群组成员的变化。

4. 合群位置管理效率

合群位置管理带来的效能是多方面的。由于合群模型,移动台的能量开销将得以节省;同时由于水平通信的引入,基站和移动台间的垂直通信频率资源将有效节省,这意味着将有更多的带宽资源供其他业务使用,提高信道的吞吐能力;再者由于网络侧组信令的设计和数据库设计的变化,网络开销和数据库访问开销也得以优化。本章也将在 14.4 节对这些性能的提升加以定量分析。

14.2.2　两个新功能实体

与传统的位置管理策略不同,合群位置管理策略将引入两个新的功能实体,以支持一组移动台的合群位置更新及相应的寻呼和呼叫传递。

1. 组头

组头的功能在本书第三部分有所提及,在一个合群管理系统中,组头用户维护管理合群组的组型、成员列表、合群度等信息。除了以上合群组内的管理功能以外,作为一个合群组的实体代表,组头还应在合群服务中承担一定的代理义务。

合群组是一个逻辑结构,它由一组具有共同运动特性的移动台组成,具体的效能实现仍需功能实体完成。为了充分利用这种合群特性,获得系统能量节省或网络开销节省的效能,组头将作为固网基础设施和移动台之间的高效通信桥梁,给予成员消息转发、信息融合等功能的支持。在合群位置更新方案下,合群组内的成员可以视为拥有相同的位置信息和运动路径,因此在发生位置更新时,仅需要一个移动台报告合群组的位置变更即可,而组头将承担起这个代表合群组报告的任务。

2. 组位置数据库

在终端侧,组头负责组织移动台合群组,相应的在网络侧,同样需要一个功能实体完成合群信息的保存及其他操作的功能。在合群位置管理方案中,组位置数据库(Group Location DataBase,GLDB)就是这样一个功能实体。

组位置数据库的设计思路来源于锚点的思想。在蜂窝移动通信网位置管理系统中,为减少大量位置更新给 HLR 带来的负担,一些研究中提出了本地锚点(Local Anchor)的结构(Ho,1996)。与之类似,组位置数据库记录了一组移动台的位置信息,而 HLR 中仅保存了移动台在哪个组的信息。因此移动台在随合群组运动的过程中,HLR 上不会有任何信令和数据库更新开销。虽然会增加组位置数据库这个功能实体,使网络结构复杂,同时增加新的开销,但由于合群管理中移动台存在合群特性,位置管理过程中的总网络开销仍将显著降低。

图 14-2 显示了组头和组位置数据库在合群位置管理过程中的两种比较处理:位置更新和呼叫传递。详细处理信令和流程将在下节讨论。

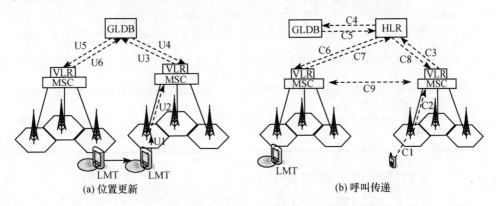

图 14-2　组头与组位置数据库基本处理示意

14.3　合群位置管理策略

合群位置管理从管理粒度上,以合群组为单位,相对于个体位置管理粒度更粗,从而获得了较高的管理效率;但从功能上要求实现同传统位置管理一样的移动台定位,以保证每个移动台的移动通信。系统同时支持传统的独立位置管理和合群位置管理,除上节所述的两个新的功能实体外,其他网络组件和终端构成与传统蜂窝网位置管理系统中保持一致。

合群位置管理也同传统的独立位置管理一样包含如下功能:初始化注册;位置

更新,包括向新的 VLR 注册和从老的 VLR 上注销;呼叫传递及寻呼。

14.3.1 合群组初始注册

合群组建立后,应如同移动台开机一样,向网络注册位置信息。考虑到位置注册对实时性的需求仅取决于位置变化,因此,为节省组头能量和信令开销,合群组的初始位置注册过程合并在第一次发生位置更新时处理。

设一组移动台在位置区 LA_0 组成合群组,组头为 LMT,LA_0 对应的拜访位置寄存器(Visiting Location Register)VLR_0。该合群组一起运动,建立合群组后,LMT 的第一次位置更新报告发生于 LA_1,对应的拜访位置寄存器为 VLR_1。LMT 将在本次位置报告时完成合群组的初始位置注册,处理过程如表 14-1 所示。

表 14-1 合群组初始化注册过程

(1) LMT 通过基站向 VLR_1 发出合群位置注册申请,其中包含所有的成员信息
(2) 收到申请后,VLR_1 将向 GLDB 发出合群组初始化请求,申请合群组资源,并初始化合群组位置
(3) 收到 VLR_1 的申请后,GLDB 将为该组移动台分配一个合群组标识,设其为 G_i,并设置 G_i 所在位置为 LA_1,相应的拜访位置寄存器为 VLR_1
(4) 完成合群组初始化后,GLDB 返回给 VLR_1 合群组建立确认,同时告知合群组标识 G_i
(5) 收到合群组建立确认信息后,VLR_1 向 HLR 发送位置更新请求,其中包含所有成员节点标识和合群组标识 G_i
(6) 收到请求后,HLR 相应地将所有成员节点所属位置区由 LA_0 更新为合群组 G_i,返回 VLR_1 更新确认
(7) 同时 HLR 向 VLR_0 发出节点位置注销请求,其中包含所有的成员节点
(8) VLR_0 根据 HLR 的注销请求,删除本地保存的所有成员节点信息,回复 HLR 注销确认,完成初始化后的第一次更新
(9) VLR_1 在收到 GLDB 返回的合群组建立确认后,同时将通过基站回复 LMT,告知合群组注册成功及合群组标识 G_i

各网络实体间的信令流程如图 14-3 所示。

14.3.2 合群位置更新

合群位置更新过程包括合群组向新位置区的注册和老位置区上的注销,假设某合群组 G_i,组头为 LMT,该组移动台一起由 LA_1 跨越位置区,进入 LA_2,对应的拜访位置寄存器分别为 VLR_1 和 VLR_2,则合群更新处理过程如表 14-2 所示。

各网络实体间的信令流程如图 14-4 所示。

14.3.3 成员更新

与传统的独立位置更新不同,移动台的初始化位置注册不只在开机时进行。当移动台从游离状态进入合群状态时,除了加入组头的成员列表外,移动台还需要在网络上注册。

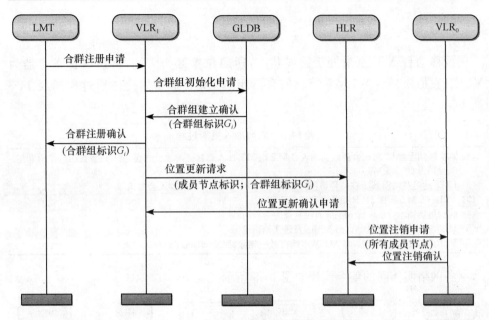

图 14-3　合群组初始化注册信令流程

表 14-2　合群位置更新过程

(1) LMT 感知到位置区的变化,代表整个合群组发起位置更新

(2) LMT 通过其所在蜂窝的基站,向 VLR$_2$ 发送合群位置更新请求,其中包含合群组标识 G_i

(3) VLR$_2$ 收到注册申请,转发给 GLDB,其中包含自己的位置信息及合群组标识 G_i

(4) 收到 VLR$_2$ 的注册申请,GLDB 回复 VLR$_2$ 注册确认

(5) VLR$_2$ 收到 GLDB 回复的注册确认,完成 G_i 在本地的注册

(6) GLDB 将合群组 G_i 的位置更新为 LA$_2$,对应的拜访位置寄存器为 VLR$_2$,同时向 G_i 所在的原位置区 LA$_1$ 的拜访位置寄存器 VLR$_1$ 发送注销请求

(7) VLR$_1$ 收到 GLDB 发送的注销请求,将 G_i 从本地注册信息中删除,回复 GLDB 注销确认,完成更新过程

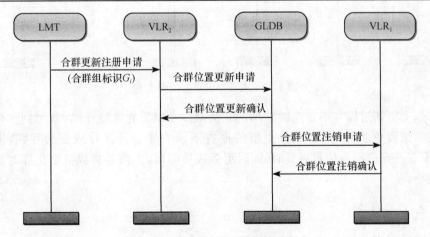

图 14-4　合群位置更新信令流程

1. 成员加入

设移动台 MT 原来处于游离状态,所属位置区为 LA_0,拜访位置寄存器为 VLR_0,它加入某组头 LMT 管辖的合群组 G_i,其合群初始化注册过程如表 14-3 所示。

表 14-3　成员加入更新过程

(1) 水平通信上,MT 完成合群组的加入,LMT 将 MT 加入到自己的成员列表,MT 设置自己所属组和组头分别为 G_i 和 LMT

(2) LMT 通过基站向其所在的拜访位置寄存器 VLR_1 报告,将 MT 加入合群组 G_i

(3) VLR_1 向 MT 所在 HLR 报告合群成员更新

(4) 收到更新请求,HLR 将 MT 所属位置设为合群组 G_i

(5) HLR 完成 MT 的更新后,向 VLR_0 发送注销请求

(6) VLR_0 收到注销请求后,将 MT 从本地位置中删除,回复 HLR 注销确认

各网络实体间的信令流程如图 14-5 所示。

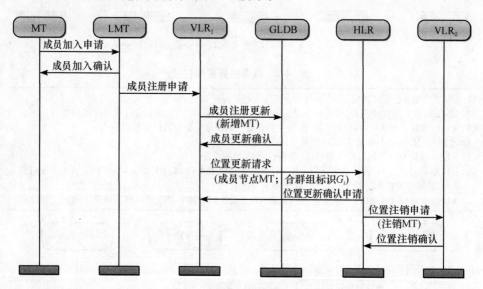

图 14-5　成员加入更新信令流程

以上更新过程并不是连续处理的。为减少 LMT 的能量开销,考虑到在移动台发生位置更新前,推迟成员更新的报告不影响移动台接收或发起呼叫,因此 LMT 仅在自己报告位置更新时,同时更新成员即可,不需要将成员变化即时报告给网络。

2. 成员退出

成员退出的过程与成员加入的过程相对应,设移动台 MT 原来处于合群状

态,所属合群组为 G_i,组头为 LMT,MT 在位置区 LA_0 离开合群组后,与 G_i 各自运动。设离开合群组后,MT 和 G_i 发生的第一次报告位置分别在 LA_1 和 LA_2,对应的拜访位置寄存器分别为 VLR_1 和 VLR_2,LA_1 或 LA_2 在某些情况下可能就是 LA_0,如移动台在没有离开 LA_0 时,定时发送位置报告。为减少 MT 及 LMT 发送报告的能量开销,成员退出也并非即时报告网络。为保证移动台的通信,具体分两种情况。

1）LMT 先发送位置报告

若 LMT 先发送位置报告,在其报告位置的同时,会通过其所在的 VLR_1 报告成员 MT 的退出,过程如表 14-4 所示。

表 14-4　成员退出更新过程（LMT 报告）

(1) LMT 向 VLR_1 报告其成员 MT 离开合群组
(2) VLR_1 向 MT 所在的 HLR 报告成员更新,申请成员 MT 退出合群组
(3) HLR 向 VLR_1 回复确认,并查询到 MT 原来所在的合群组 G_i,将其转发给 GLDB,申请成员退出
(4) GLDB 收到申请,回复 HLR 退出确认和 G_i 更新前所在的位置区 LA_0 及相应的拜访位置寄存器 VLR_0
(5) 收到 GLDB 回复的退出确认及相应的信息后,HLR 将保存的 MT 位置信息由合群组 G_i 修改为 LA_0,相应的拜访位置寄存器为 VLR_0
(6) HLR 向 VLR_0 发送位置注册申请,通知 MT 在 LA_0 注册
(7) VLR_0 完成 MT 在本地的注册,返回注册确认给 HLR,完成成员退出的更新处理

各网络实体间的信令流程如图 14-6 所示。

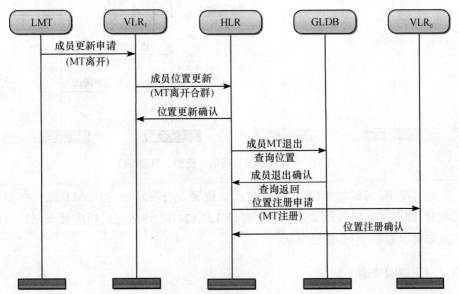

图 14-6　成员退出更新信令流程（LMT 报告）

由于 MT 已退出合群组,此后当其发生位置更新时,它将会自行向网络报告,网络侧已完成成员退出的处理,因此仅处理其位置更新过程,而不再重复成员退出合群的更新处理。

2) MT 先发送位置报告

与 LMT 先发送位置报告相对应,若 MT 自己先发送位置报告,它将自行在位置更新的同时,报告退出合群更新,过程如表 14-5 所示。

表 14-5　成员退出更新过程(MT 报告)

(1) MT 退出合群组 G_i 后,在 LA_2 向 VLR_2 报告位置更新,同时报告离开合群组
(2) VLR_2 向 HLR 报告 MT 退出合群组 G_i,并在 VLR_2 上注册
(3) HLR 回复确认给 VLR_2,更新 MT 所在位置区为 LA_2,对应 VLR_2
(4) HLR 向 GLDB 发出成员更新申请,通知 MT 退出 G_i
(5) GLDB 收到更新申请后,将 MT 从 G_i 成员列表中移出,向 HLR 回复成员更新确认
(6) HLR 收到更新确认,完成成员退出更新

各网络实体间的信令流程如图 14-7 所示。

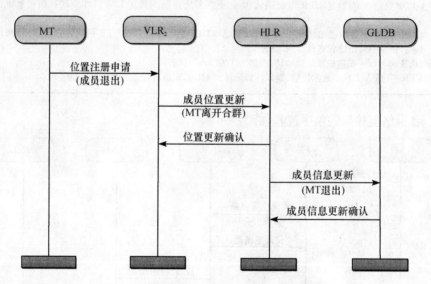

图 14-7　成员退出更新信令流程(MT 报告)

此情况下,MT 先于 LMT 报告自己的位置及合群状态,当 LMT 此后在报告位置时,即向网络报告 MT 退出合群时,HLR 和 GLDB 已完成相应处理,对 LMT 的报告可以忽略,不必重复更新。

14.3.4　呼叫传递

位置更新保证了移动网络系统对移动台的定位,而呼叫传递及寻呼则完成了

通信所需的精确定位和呼叫建立功能。在合群位置管理策略下,由于处理粒度的增大,网络信令开销和数据库处理开销得以降低。但在呼叫过程中,必须精确定位移动台所在的位置区,而不是哪个合群组,因此呼叫传递过程与传统呼叫传递也略有区别。

设某移动台 MT_1 欲向另一移动台 MT_2 发起呼叫,MT_1 处于 LA_1,对应的移动交换中心与拜访位置寄存器分别为 MSC_1 和 VLR_1;MT_2 处于合群状态,从属于合群组 G_i,位于 LA_2,对应的移动交换中心与拜访位置寄存器分别为 MSC_2 和 VLR_2。MT_1 向 MT_2 发起呼叫,呼叫传递即寻呼过程如表 14-6 所示。

表 14-6　呼叫传递与建立过程

(1) MT_1 通过基站向网络发起呼叫请求
(2) 基站转发请求给 MSC_1
(3) MSC_1 联系被叫用户 MT_2 的 HLR
(4) HLR 查询到 MT_2 处于合群状态,所属合群组为 G_i,则向 GLDB 发出请求,查询 G_i 所在位置区
(5) GLDB 收到 HLR 的请求,查询到 G_i 处于 LA_2,拜访位置寄存器为 VLR_2,返回 HLR 的查询结果
(6) 收到查询返回结果,HLR 联系被叫用户所在的 VLR_2
(7) VLR_2 向 HLR 返回响应
(8) HLR 将查询位置结果返回主叫交换中心 MSC_1
(9) MSC_1 根据返回的被叫位置信息,与 MSC_2 建立连接,在 LA_2 寻呼被叫,当 MT_2 返回应答后,完成呼叫传递与建立过程

各网络实体间的信令流程如图 14-8 所示。

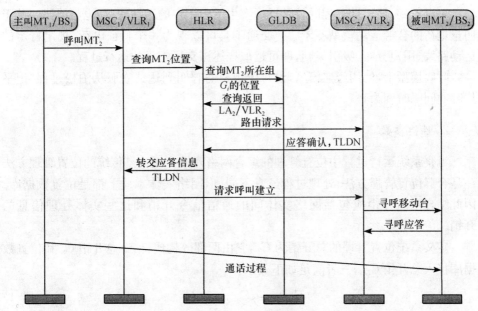

图 14-8　呼叫传递与建立信令流程

14.4　性　能　分　析

本节将对合群位置管理方案的网络性能进行分析,并与传统的位置更新策略进行比较,验证合群模型在位置管理中应用的效能。

14.4.1　系统描述及性能参数定义

考虑到合群位置管理是现有位置管理方案的一种补充,即在不具备合群特性时,系统仍然使用传统的位置管理方式处理,因此这里仅比较讨论合群场景下两种方案的性能差异。

为了评估合群位置管理方案在现有移动通信系统中的表现,使用一个相对真实且典型的合群运动过程对两种方案进行比较分析。以公共交通系统运行过程中的位置管理为考察对象,计算相关性能参数,模型描述如下。

1. 场景描述

设某公共交通工具(如公共汽车或轨道交通工具)沿运行线路匀速运动。其运动过程中共 M 次穿越位置区,相应乘客移动用户发生位置更新。设该交通工具运行线路上共存在 $N \geqslant M$ 个车站供乘客上车或下车,且每个位置区内至少存在一个车站。

可以看到,该运动过程既较贴近现实生活中用户的运动状况,也与前述的基于向量电荷的合群运动模型不矛盾。交通工具可以视为一个特征电荷,规定特定的运动路线、用户分布、吸引规则,即可近似描述该交通工具的运行过程。

呼叫模型上,使用经典模型,设每个用户的呼叫到达独立服从泊松过程,记平均呼叫间隔时间为 $1/\lambda$。

2. 性能参数

考察系统运行过程中位置管理的综合网络开销。无论是传统的位置管理方法还是合群位置管理方法,处理过程虽有不同,但网络实体本质上都是位置数据库。因此综合网络开销应包括网络实体间的通信信令开销和这些实体处理信息的开销。

定义系统位置管理的总开销为 C_T,它由两部分构成:信令总开销 C_S 和位置数据库接入总开销 C_{DB},三者满足如下关系:

$$C_T = w_S C_S + w_{DB} C_{DB} \tag{14-1}$$

式中, w_S 和 w_{DB} 为调节权重。

传统的位置管理方案中,各种处理过程都可以分为两类:位置更新(位置注册/注销)和呼叫传递。在合群位置管理方案中,虽然处理情况更多,但若视合群为一种特殊的位置区,成员加入退出合群组同样是加入组位置更新和退出组位置注销,合群作为一个整体,在穿越位置区时,发生位置更新。将两种方案中的过程统一,定义信令分类及关系式如下:

定义位置管理信令总开销 C_S 为四种信令开销的加权和:①加入组更新信令 C_G;②退出组更新信令 C_D;③位置更新信令 C_U;④呼叫传递信令 C_C。C_S 的表达式如下:

$$C_S = w_G C_G + w_D C_D + w_U C_U + w_C C_C \tag{14-2}$$

式中,w_i 表示 C_i 的权重。

定义网络中任意两个实体 E_i 与 E_j 之间的一次信令开销为 $c_{i,j}$。

这里的网络实体可以是各种位置数据库,如 HLR、VLR、GLDB,也可以是终端,如 MT、LMT。考虑到各种位置数据库处于骨干网络,因此视各种位置数据库间每次信令开销相同为常数 c_1;终端一般仅与 VLR 或 MSC 有信令过程,认为这些信令的开销也是相同的,记为 c_2。

同样位置数据库接入开销也由不同过程的数据库接入开销之和构成,不同的是,考虑到同为数据库系统,所有数据库接入开销视为同等重要。

定义位置管理数据库接入总开销 C_{DB} 为四种开销之和:①加入组更新数据库开销 C^G;②退出组更新数据库开销 C^D;③位置更新数据库开销 C^U;④呼叫传递数据库开销 C^C。C_{DB} 的表达式如下:

$$C_{DB} = C^G + C^D + C^U + C^C \tag{14-3}$$

设每次数据库接入的开销为 c_0,则两种位置管理方案下单位处理过程的数据库接入开销如表 14-7 所示。

表 14-7　单位过程位置数据库接入开销

位置数据库接入过程	数据库接入开销	
	传统位置更新方案	合群位置更新方案
加入组更新 A_G	0	$5c_0$
退出组更新 A_D	0	$5c_0$
位置更新 A_U	$5c_0$	$5c_0$
呼叫传递 A_C	$3c_0$	$5c_0$

14.4.2　合群位置管理性能分析与比较

为方便描述,称交通工具在第 i 次穿越位置区到第 $i+1$ 次穿越位置区之间的

区域称作第 i 区间。记 On_i 为在第 i 区间上车的移动用户的个数;设在第 i 区间上车的移动用户在第 j 区间下车的概率为 $p_{i,j}$,其中 $i \leqslant j$。设 $P_{i,k}$ 为第 i 个区间上车的乘客数为 k 的概率,即 $P_{i,k} = P(On_i = k)$;记 $Q_{i,j,k,u}$ 为在第 i 个区间上车的乘客数为 k 的条件下,在第 j 个区间下车的乘客数为 u 的条件概率,根据模型描述中的定义,则

$$Q_{i,j,k,u} = \binom{u}{k} p_{i,j}^u (1-p_{i,j})^{k-u} \tag{14-4}$$

记 $E(T(i,j))$ 为交通工具在第 i 个区间到第 j 个区间的滞留时间期望。基于模型描述与各种开销定义,以下分别计算并比较分析两种位置管理方案的信令开销和数据库开销及综合开销。

1. 信令开销计算

1) 合群位置管理

合群位置管理方案下,每次成员加入,包括合群组的初始化,都会存在成员加入更新信令开销,对应不同的信令,这些过程的总信令开销如式(14-5)所示:

$$\begin{aligned}
C_{G,GLU} &= \sum_{i=1}^{M-1} \sum_{j=i}^{M} \sum_{k=1}^{\infty} \sum_{u=1}^{k} \left\{ P_{i,k} Q_{i,j,k,u} \cdot \sum_{m=1}^{u} (c_{LMT,VLR} \right.\\
&\quad \left. + 2(c_{VLR,GLDB} + c_{VLR,HLR} + c_{HLR,VLR_{old}})) \right\} \\
&= \sum_{i=1}^{M-1} \sum_{j=i}^{M} \sum_{k=1}^{\infty} \sum_{u=1}^{k} \left\{ u(c_1 + 6c_2) P_{i,k} Q_{i,j,k,u} \right\}
\end{aligned} \tag{14-5}$$

成员退出更新信令开销与成员加入类似,虽然存在 MT 报告更新和 LMT 报告更新两种不同的情况,考虑到同类信令的开销相同,仅依其中一种情况计算成员退出更新信令开销,如式(14-6)所示:

$$\begin{aligned}
C_{D,GLU} &= \sum_{i=1}^{M-1} \sum_{j=i}^{M} \sum_{k=1}^{\infty} \sum_{u=1}^{k} \left\{ P_{i,k} Q_{i,j,k,u} \cdot \sum_{m=1}^{u} (c_{LMT,VLR} \right.\\
&\quad \left. + 2(c_{VLR,HLR} + c_{HLR,GLDB} + c_{HLR,VLR_{new}})) \right\} \\
&= \sum_{i=1}^{M-1} \sum_{j=i}^{M} \sum_{k=1}^{\infty} \sum_{u=1}^{k} \left\{ u(c_1 + 6c_2) P_{i,k} Q_{i,j,k,u} \right\}
\end{aligned} \tag{14-6}$$

合群管理方式下,合群组穿越位置区时,除组头以外所有成员并不发送位置更新,组头报告合群组位置更新,更新信令开销计算如式(14-7)所示:

$$\begin{aligned}
C_{U,GLU} &= \sum_{i=1}^{M-1} (c_{LMT,VLR} + 2(c_{VLR,GLDB} + c_{GLDB,VLR_{old}})) \\
&= (M-1)(c_1 + 4c_2)
\end{aligned} \tag{14-7}$$

根据呼叫到达模型的假设,合群位置管理下的呼叫建立及呼叫传递信令开销如式(14-8)所示:

$$C_{C,GLU} = \sum_{i=1}^{M-1}\sum_{j=i}^{M}\sum_{k=1}^{\infty}\sum_{u=1}^{k}\left\{\lambda E(T(i,j))P_{i,k}Q_{i,j,k,u}\sum_{m=1}^{u}(c_{MT,VLR}\right.$$
$$\left. + 2(2c_{VLR,HLR} + c_{HLR,GLDB}) + c_{VLR,VLR})\right\}$$
$$= \sum_{i=1}^{M-1}\sum_{j=i}^{M}\sum_{k=1}^{\infty}\sum_{u=1}^{k}\left\{\lambda E(T(i,j))u(c_1 + 7c_2)P_{i,k}Q_{i,j,k,u}\right\} \quad (14\text{-}8)$$

2) 传统位置管理

对应的传统位置管理方案,不存在加入组更新和退出组更新,即 $C_{G,TLU} = C_{D,TLU} = 0$。仅需计算位置更新信令开销与呼叫传递开销。在相同的场景和变量下,位置更新信令开销与呼叫传递开销分别如式(14-9)和式(14-10)所示:

$$C_{U,TLU} = \sum_{i=1}^{M-1}\sum_{j=i}^{M}\sum_{k=1}^{\infty}\sum_{u=1}^{k}\left\{P_{i,k}Q_{i,j,k,u}\cdot(j-i)\sum_{m=1}^{u}(c_{MT,VLR}\right.$$
$$\left. + 2(c_{VLR,HLR} + c_{HLR,VLR_{old}}))\right\}$$
$$= \sum_{i=1}^{M-1}\sum_{j=i}^{M}\sum_{k=1}^{\infty}\sum_{u=1}^{k}\left\{u(j-i)(c_1 + 4c_2)P_{i,k}Q_{i,j,k,u}\right\} \quad (14\text{-}9)$$

$$C_{C,TLU} = \sum_{i=1}^{M-1}\sum_{j=i}^{M}\sum_{k=1}^{\infty}\sum_{u=1}^{k}\left\{\lambda E(T(i,j))P_{i,k}Q_{i,j,k,u}\sum_{m=1}^{u}(c_{MT,VLR}\right.$$
$$\left. + 4c_{VLR,HLR} + c_{VLR,VLR})\right\}$$
$$= \sum_{i=1}^{M-1}\sum_{j=i}^{M}\sum_{k=1}^{\infty}\sum_{u=1}^{k}\left\{\lambda E(T(i,j))u(c_1 + 5c_2)P_{i,k}Q_{i,j,k,u}\right\} \quad (14\text{-}10)$$

2. 数据库接入开销计算

1) 合群位置管理

与信令开销一样,合群位置管理方案下,成员加入必定对应此后成员退出,所以成员加入更新与成员退出更新数据库接入开销表达式相似,分别如式(14-11)和(14-12)所示:

$$C_{GLU}^{G} = \sum_{i=1}^{M-1}\sum_{j=i+1}^{M}\sum_{k=1}^{\infty}\sum_{u=1}^{k}P_{i,j}Q_{i,j,k,u}uA_{GLU}^{G} \quad (14\text{-}11)$$

$$C_{GLU}^{D} = \sum_{i=1}^{M-1}\sum_{j=i+1}^{M}\sum_{k=1}^{\infty}\sum_{u=1}^{k}P_{i,j}Q_{i,j,k,u}uA_{GLU}^{D} \quad (14\text{-}12)$$

合群组的位置更新数据库接入开销仅与单位过程数据库接入开销和更新次数有关,如式(14-13)所示:

$$C_{\mathrm{GLU}}^{\mathrm{U}} = \sum_{i=1}^{M-1} A_{\mathrm{GLT}}^{\mathrm{U}} \tag{14-13}$$

最后根据呼叫模型,呼叫传递数据库开销如式(14-14)所示:

$$C_{\mathrm{GLU}}^{\mathrm{C}} = \sum_{i=1}^{M-1} \sum_{j=1}^{M} \sum_{k=1}^{\infty} \sum_{u=1}^{k} (\lambda E(T(i,j)) P_{i,k} Q_{i,j,k,u} \cdot u A_{\mathrm{TLU}}^{\mathrm{G}}) \tag{14-14}$$

2) 传统位置管理

同理,传统位置管理方案下,成员加入更新和成员退出更新对应的数据库接入开销为 0,即 $C_{\mathrm{GLU}}^{\mathrm{G}} = C_{\mathrm{GLU}}^{\mathrm{D}} = 0$;所有移动台的位置更新数据库接入开销总和及呼叫传递数据库开销总和分别如式(14-15)和式(14-16)所示:

$$C_{\mathrm{TLU}}^{\mathrm{U}} = \sum_{i=1}^{M-1} \sum_{j=i}^{M} \sum_{k=1}^{\infty} \sum_{u=1}^{k} (P_{i,k} Q_{i,j,k,u} \cdot u(j-i) A_{\mathrm{TLU}}^{\mathrm{U}}) \tag{14-15}$$

$$C_{\mathrm{TLU}}^{\mathrm{C}} = \sum_{i=1}^{M-1} \sum_{j=i}^{M} \sum_{k=1}^{\infty} \sum_{u=1}^{k} (\lambda E(T(i,j)) P_{i,k} Q_{i,j,k,u} \cdot u A_{\mathrm{TLU}}^{\mathrm{U}}) \tag{14-16}$$

3. 结论分析与讨论

根据上述各种开销的计算表达式,可以使用数值仿真方法,计算出不同参数下两种方案的各种开销。根据模型定义,为计算以上开销,还必须确定 On_i 的分布 $P_{i,k}$ 和乘车区间分布 $p_{i,k}$。

设 On_i 均匀分布于 $[0, 2E(On_i)]$,其中,$E(On_i)$ 表示在第 i 个区间上车的平均乘客数。为方便计算,设各区间乘客分布相同,即 $E(On_1) = E(On_2) = \cdots = E(On_M) = N_s/M$。设第 i 区间上车的乘客的下车区间均匀分布于 i 以后的区间,即 $p_{i,j} = 1/(M-i)$。

设位置区穿越点均匀分布于交通线路运行全程,交通工具以匀速行驶,则 $E(T(i,j)) = (j-i)T_A$,其中,T_A 为交通工具在单位区间的驻留时间。

以上假设下,不同参数两种方案的各种开销如下:

图 14-9 比较了合群位置管理方案和传统位置管理方案的更新信令开销。其中对于合群位置管理方案,更新信令开销包括了所有成员加入、退出的更新信令开销和随合群组一起跨越位置区的开销。从图中可以看到,相对传统位置更新方案,合群管理由于融合了相同的位置信息,管理粒度更粗,更新信令明显低于传统位置管理方案。而且合群管理下,更新信令的开销随区间数和系统用户数增加的增幅也明显低于传统位置管理方案。

呼叫传递过程与更新相反,由于每次呼叫建立必须精确到个体用户,而合群方案下,需要多一次与 GLDB 间的信令过程,因此合群管理下呼叫传递的信令开销略高于传统位置管理方案,如图 14-10 所示。

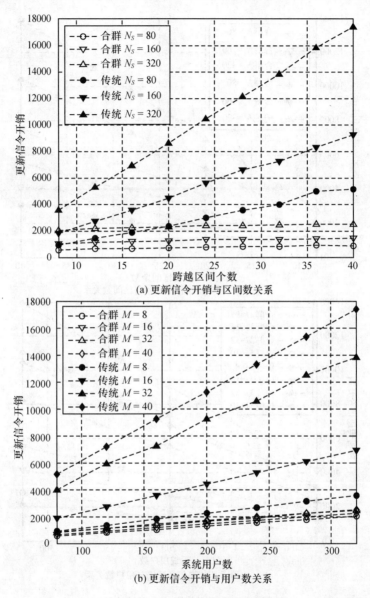

(a) 更新信令开销与区间数关系

(b) 更新信令开销与用户数关系

图 14-9　更新过程信令开销比较

由于上述矛盾,在呼叫传递和更新信令开销权重相同($w_G = w_D = w_U = w_C = 1$)的情况下,呼叫到达的速率将决定合群位置管理的效能。保守考虑两种呼叫到达率较高的情况,$\lambda = 1 \times 10^{-2}$ 个/s 和 $\lambda = 2 \times 10^{-2}$ 个/s,系统的总信令开销如图 14-11和图 14-12 所示,可以看到,即使平均不到一分钟到达一个呼叫($\lambda = 1.67 \times 10^{-2}$ 个/s),合群位置管理相对传统方法仍然保持优势。

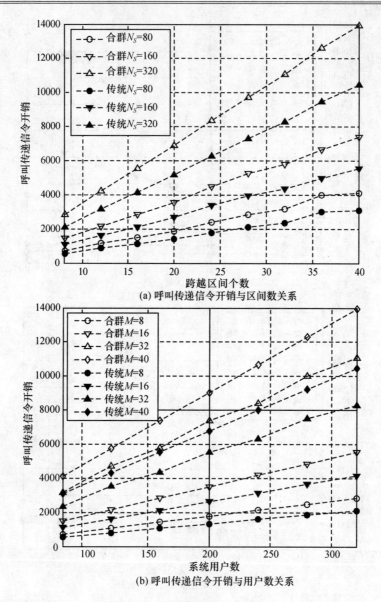

(a) 呼叫传递信令开销与区间数关系

(b) 呼叫传递信令开销与用户数关系

图 14-10　呼叫传递信令开销比较

　　数据库接入开销同信令开销类似,合群位置管理在更新过程中的优势弥补了呼叫传递上略高的开销,足以保证其在较高的呼叫到达率下,相对传统位置管理方案仍然具有较高的效能。从图 14-13 所示的数据库接入开销的比较中,同样可以明显的观察到这一点。

　　此外,在位置管理数据库接入开销上,还应特别关注 HLR 的接入开销。由于

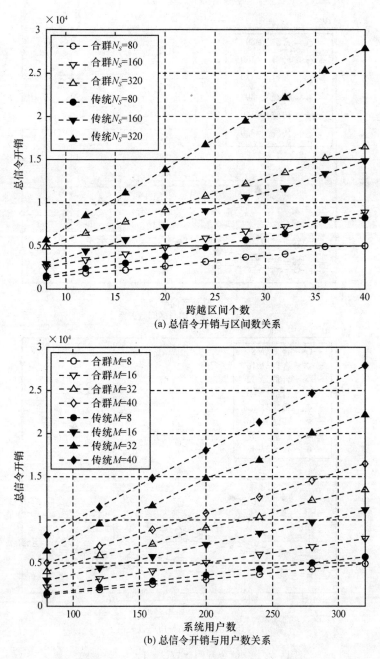

(a) 总信令开销与区间数关系

(b) 总信令开销与用户数关系

图 14-11　总信令开销比较($\lambda = 2 \times 10^{-2}$个/s)

HLR 是保存大量用户归属信息的数据库，因此通常 HLR 负荷较重。在合群位置管理方案下，一方面合群管理减少了数据库接入过程，另一方面 GLDB 也分担了

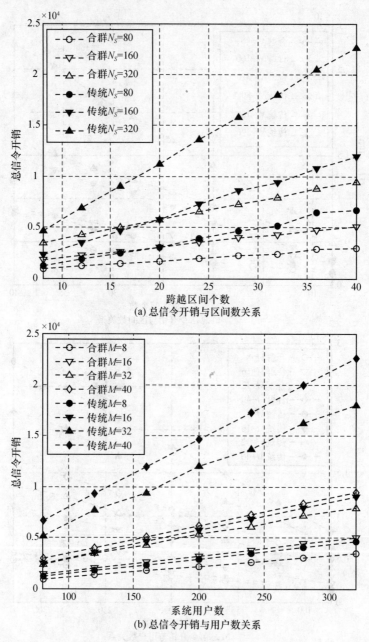

(a) 总信令开销与区间数关系

(b) 总信令开销与用户数关系

图 14-12　总信令开销比较($\lambda=1\times10^{-2}$个/s)

HLR 的负担。所以，从图 14-14 中可以明显看到，合群位置管理方案减轻了 HLR 的数据库接入的负荷。

最后，由于各方面合群位置管理相对于传统位置管理的优势，合群方案下的系

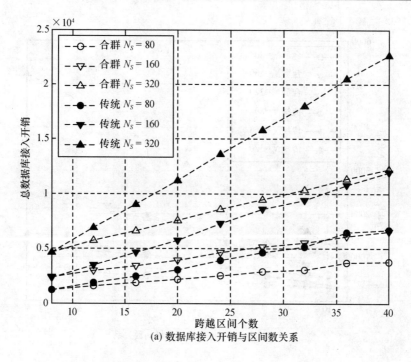

(a) 数据库接入开销与区间数关系

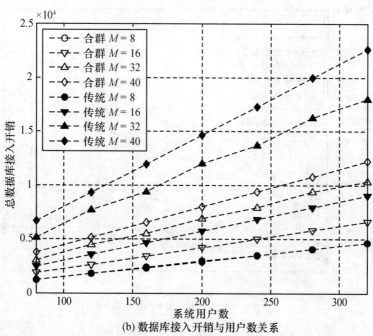

(b) 数据库接入开销与用户数关系

图 14-13　数据库接入开销比较($\lambda=1\times10^{-2}$个/s)

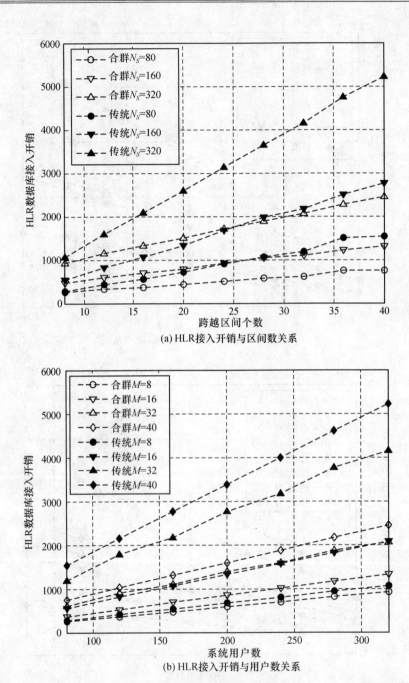

(a) HLR接入开销与区间数关系

(b) HLR接入开销与用户数关系

图 14-14　HLR 数据库接入开销

统总开销显然也会低于传统方案,如图 14-15 所示。

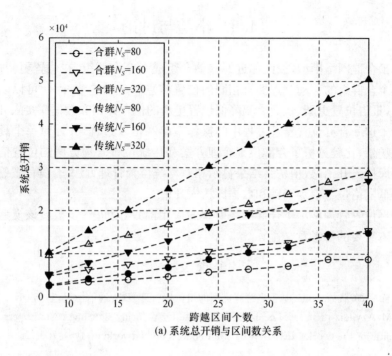

(a) 系统总开销与区间数关系

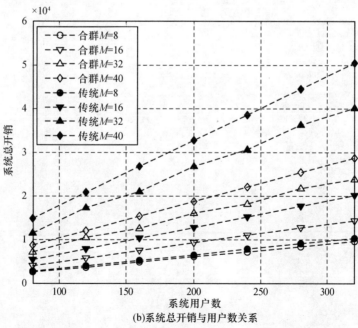

(b)系统总开销与用户数关系

图 14-15 系统总开销

14.5　小结与讨论

　　基于合群网络模型,彼此邻近的移动台组成一个合群组,在位置更新过程中,处于一个合群组的移动节点拥有相同的位置信息和运动趋势,因此可以以合群组为粒度,报告位置更新,从而大幅降低位置更新的信令开销和数据库接入开销。本章分析了这一合群位置管理过程中的操作策略和信令过程,并针对一个具体的合群运动场景,比较分析了合群位置管理方案和传统位置管理方案的位置信令开销和数据库接入开销,数值仿真结果显示相对传统位置管理方法,合群位置管理方案可以降低网络位置信令开销和数据库接入开销。

　　合群位置管理展示了合群网络模型的应用前景,对进一步扩展该模型的应用空间有着重要的参考意义。

参 考 文 献

王芙蓉,涂来,黄载禄. 2005. 基于多跳蜂窝网的组位置管理策略. 通信学报,7:56-61.

Ho J S M, Akyildiz I F. 1996. Local anchor scheme for reducing signaling costs in personal communications networks. IEEE/ACM Transactions on Networking,4(5):709-725.

第 15 章　合群切换算法

15.1　引　　言

随着通信技术的迅猛发展,各种无线网络体制正逐步走向融合,异构网络形态是下一代无线移动网络的主要特征。目前异构无线网络的组织结构大致包括以下几种类型:以 GSM、WCDMA 等为核心的蜂窝网络及扩展蜂窝网络组织结构,包括 iCAR、ODMA、A-GSM 等;以 WiMAX/WLAN 为基础的无线 Mesh 网络;以 MANET 为基础的对等无线自组织网络等。现在的移动终端(如 3G 上网本、iPhone)通常配置了多种无线接口,具备了同时与上述各种制式的异构网络进行通信的能力。如何充分利用移动终端拥有的异构无线接口,协同其他移动终端,为移动用户在异构网络中的漫游提供平滑、可靠、快速的切换服务,保证上层应用的服务质量,一直是无线研究领域的一大挑战。

分布式自组织网状结构模型,是下一代无线网络架构的发展趋势,在这种网络架构下,传统的单跳切换机制已经不再适用,移动用户可以通过短距离通信接口(如 WLAN)与多个中继节点协作建立连接,再由距离网络接入点最近的中继节点,通过长距离通信接口(如 UMTS)接入到预定的网络接入点。一旦移动用户发起切换,多跳连接也将相应地切换到新的网络接入点上。然而多跳切换的缺陷在于,终端之间的相对移动频繁,也随之带来了切换连接的频繁建立,切换的可靠性大幅度降低,维护多跳切换连接不仅开销较大,切换的实时性也得不到保障。

针对上述在下一代无线移动网络执行切换操作时所遇到的问题,本章提出一种基于网络编码的多目标切换机制 NCHO(Network Coding Based HandOver)。该机制支持移动用户通过中继协作的方式,建立到多个网络接入点的切换连接。通过分析多连接切换操作与基于网络编码的多信宿数据传输之间的联系,NCHO机制中采用了层次化网络编码技术 HNC(Hierarchical Network Coding)。层次化网络编码是对传统随机线性网络编码的改进,改变了传统随机线性网络编码在传输过程中的无方向性。同时,HNC 在保持网络编码可以提高切换消息传输的可靠性的固有优势的同时,对中继节点间的编码数据包的传输数量进行了有效控制,降低了网络通信的开销。HNC 还针对多连接切换的特点,通过建立层次化传输通道,保证了切换消息到达多个目标网络接入点的时间同步性。NCHO 机制可以使不处于邻接切换域的移动用户也可以同多个不同远端网络接入点之间建立灵活、可靠的切换连接,扩展了移动用户的切换感知范围,实现了移动业务的平滑切换。

15.2　多中继协作切换

15.2.1　集束式切换

如图 15-1 所示,在 3G 网络中,移动用户即将离开原先注册的本地 3G 域,切换到其他漫游域,而其他的漫游域都不是本地域的邻接域,因此要依赖多个中继节点的协作转发切换请求消息。由于移动用户始终处于动态当中,为了使移动用户不必频繁切换,保证切换的平滑性,NCHO 机制中提出了集束式切换的思想,即作为信源的移动用户将同时向多个漫游域的网络接入点发起切换请求,同时注册到多个漫游域,这样即便在移动过程中个别切换连接断链,还能够维持剩下的多条切换连接,不必重新发起切换请求。上述切换方式每次建立的多个切换连接形成了一个集束,因此本章将这种切换方式称为集束式切换。实现平滑的集束式切换主要面临两个挑战:一个是要保证多个网络接入点都能可靠接收到来自信源的切换数据;另一个是保证切换数据能够尽量同时到达这些网络接入点。

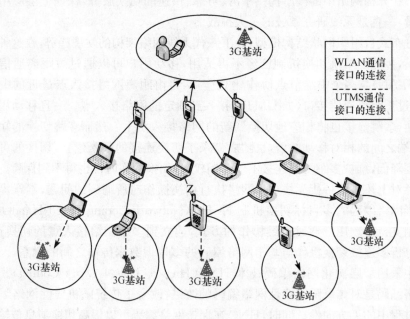

图 15-1　多中继切换示意图

15.2.2　物理信道模型

本章研究的是链路有衰减情况下的切换。移动用户与基站(或者网络接入点)

之间的链路衰减和移动用户接收到的信号强度 RSS(Received Signal Strength)为

$$\begin{cases} L(v_j) = D(v_j)^{-\omega} 10^{\delta(v_j)/10} \\ \text{RSS}(v_j) = L(v_j) S_E(v_j) \end{cases} \tag{15-1}$$

式中，ω 是链路衰减指数，其值根据实际应用在 2～4 之间；$L(v_j)$ 是移动用户与所注册的基站 v_j 之间的信道衰减；$\delta(v_j)$ 是均值为 0，方差为标准方差的高斯分布式随机变量，最大可以取到 12dB，代表信道处于阴影衰减中；$S_E(v_j)$ 是基站 v_j 的载波发射功率。

基站广播造成的同频干扰为 $I(v_i)^{\mathrm{BS}} = \sum_{j=1}^{N_{\mathrm{BS}}} S \cdot L(v_j)$，其中，$N_{\mathrm{BS}}$ 为发生同频干扰的基站数，同理中继节点的同频干扰可以表示为 $I(v_i)^{\mathrm{RN}} = \sum_{j=1}^{N_{\mathrm{RN}}} S \cdot L(v_j)$，其中，$N_{\mathrm{RN}}$ 为发生同频干扰的中继节点数。

15.2.3　基于势能场的路由探测算法

整个集束式切换过程分为两个阶段，第一个阶段为路由探测阶段，第二个阶段是漫游切换阶段。路由探测阶段需要探明网络拓扑，该拓扑既反映了网络节点位置的物理拓扑，也反映了网络传输特性的逻辑拓扑。探明拓扑的主要目的是在各中继节点上形成一张路由表，记录了为了向指定漫游域切换，编码数据包的最优（或接近最优）传输方向和相应的代价。漫游切换阶段是在中继节点形成的路由表的基础上，由移动用户向多个预定网络接入点发起切换进程，再由中继节点执行基于层次化网络编码 HNC 的分布式切换算法，保证切换能够可靠平滑地进行。

1) 路由探测算法的基本思想

本章将网络中编码数据包的传输定义成编码数据包在势能场作用下的流动。该势能场以编码数据包所在的维度为基础，作为信源的移动用户数据维度最高，作为信宿的网络接入点数据维度最低，将位于相同纬度的中继节点划分到同一个等高簇上，网络形成了以网络接入点为中心的多等高簇结构，编码数据包将从高纬度等高簇流向低纬度等高簇。为支持形成该势能场的路由探测机制，可以在网络层和数据链路层之间建立一个网络适配层，该适配层不用改变上下层协议（802.11 或 IP 国际协议），即可独立发送探测包以探明网络拓扑。

2) 路由探测算法的实现

定义无线网络为无向图 $G=(V, W, \{E\})$，其中，$V=\{v_1, \cdots, v_{m-1}, v_m\}$ $(m>1)$ 为可以参与到编码数据包传输的节点集合，这些节点是具有网络编码能力和多无线接口的各类移动终端。$W=\{w_1, \cdots, w_{n-1}, w_n\}$ $(n>1)$ 是网络接入点集合。E 是无向图的边，代表邻居节点之间的无线链路，且满足 $E \in \{(v_i, v_j) | i < j \leqslant m+n\}$。

每条边都有一个权值作为传输代价,边(v_i, v_j)的传输代价为$c_{i,j}$,影响传输代价的因素包括发送时延、节点发射功率、信道干扰、丢包率等。定义任意节点v_i都有场势能$e_i \geqslant 0$,作为最终的网络接入点的基站或无线 AP 的场势能为 0。每个节点都要维护一个场势能路由表,该表记录了以下表项:

(1) 中继节点的场势能e:中继节点相对于每个可达的网络接入点均维护一个场势能值,所有中继节点的场势能值初始化为无穷,即$e = +\infty$;

(2) 中继节点的阶数 order:阶数代表了中继节点距离可达网络接入点的跳数,以控制路由探测的半径,并使其低于预设的最大阶数 MAX_ORDER;

(3) 邻居节点 ID 列表:该列表记录了将编码包传输给可达网络接入点所需经过的下一跳邻居节点 ID,以及和这些邻居节点之间的链路传输代价;

(4) 时间戳t:该时间戳用于区别网络接入点发送的每一轮路由探测包 RDP (Route Detect Packet),每隔一个周期该时间戳会递增。

每隔一个周期T,网络接入点w_k向所有周围一跳可达的中继节点广播路由探测包 RDP,并将自身势能设为 0。路由探测包中将携带以下信息:本轮广播的时间戳、该网络接入点的 ID、上一跳所经过的中继节点的 ID、场势能值及阶数,其中,场势能值初始化为 0,阶数初始化为 1。网络中可以作为中继节点的节点v_j(具有网络编码能力,具有多无线接口,且愿意参与协作切换的移动终端)收到来自于中继节点v_i的 RDP(源于网络接入点w_k)后执行以下流程:

(1) 检查 RDP 的时间戳,如果该时间戳小于v_j的场势能路由表中关于网络接入点w_k的时间戳(该 RDP 为先前的路由探测周期生成的),如果$t_i < t_j$,则丢弃该 RDP;如果$t_i > t_j$,则更新时间戳$t = t_i$,同时更新场势能$e_j = \infty$,进入步骤(2);如果$t_j = t_i$,则直接进入步骤(2)。

(2) 比较自身的阶数同 RDP 的阶数,如果$\text{order}_{\text{own}} < \text{order}_{\text{RDP}}$,则丢弃该 RDP;如果$\text{order}_{\text{own}} \geqslant \text{order}_{\text{RDP}}$,则更新$\text{order}_{\text{own}} = \text{order}_{\text{RDP}}$,$v_j$的场势能路由表中原有的对应网络接入点$w_k$的邻居节点列表会被清空,$v_j$将$v_i$的 ID 加入关于网络接入点$w_k$的邻居节点列表。RDP 的阶数加 1,进入步骤(3)。

(3) 对v_j计算$e_i + c_{i,j}$,如果$e_j > e_i + c_{i,j}$,则更新$e_j = e_i + c_{i,j}$,并将更新后v_j的场势能值写入 RDP 的场势能值字段,并将该 RDP 广播出去。

通过以上路由探测过程,网络上所有可达网络接入点的中继节点的场势能都会得到更新,并形成以网络接入点为最低势能,势能随着节点阶数的增加而上升的势能场。如图 15-2 所示,这个场将很像电磁场,其中,网络接入点就类似于磁极,中继节点在网络接入点的作用下成为磁力点,而编码数据包就像磁场中的铁屑,将沿磁力线的方向自动向磁极运动。需要指出的是,编码数据包不在同阶数的中继节点之间移动。

在路由探测阶段,在网络中将形成以可达网络接入点为根节点的树状结构,每

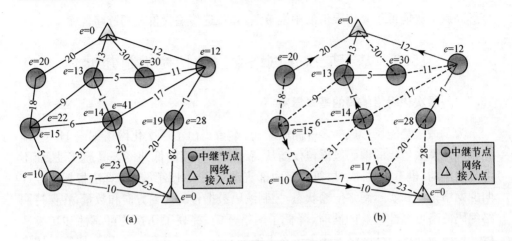

图 15-2 路由探测算法示意图

个中继节点将可能同时位于多个树状结构中,即维护关于多个网络接入点的势能场路由表。路由探测结束之后,中继节点的势能场路由表将记录该中继节点可达网络接入点的 ID、相对于这些网络接入点的阶数和场势能,以及到达这些网络接入点所需经过的邻居节点 ID。相对于某个网络接入点具有相同阶数的中继节点,形成了一层层环绕该网络接入点的簇,簇的标记就是中继节点的阶数,类似于地理上的等高线。在之后的漫游切换阶段,携带切换信息的编码数据包将从移动用户开始,顺着这些等高线一层一层向势能最低、阶数最低的网络接入点传输,如图15-3 所示,根据实际应用的要求,编码数据包向下层等高簇传输的过程中,会排除

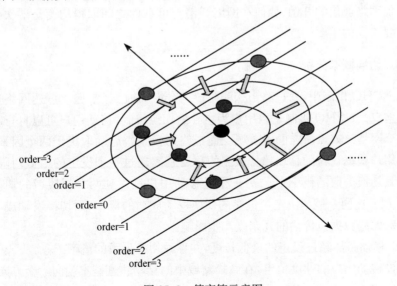

图 15-3 等高簇示意图

该等高簇上势能低于某门限值的中继节点,即首选传输代价低的链路传输。

15.3　基于层次化网络编码的切换机制分析

15.3.1　层次化网络编码的基本思想

为了适应势能场形成的多等高簇结构,本章提出了层次化网络编码 HNC,即允许编码算法生成的编码数据包仅能从高纬度等高簇向低纬度等高簇流动,而不能反向流动,也不能在同一层等高簇内部流动。层次化网络编码算法根据已经探明的网络拓扑和实际网络传输状态,控制编码数据包的传输方向和数量,在保持网络编码的高可靠性增益的同时,降低了网络开销,提高了切换的可靠性和切换速度。传统的随机线性网络编码由于路由的随机性,是无法保证多目标切换时切换半径的一致性这一点的,而层次化网络编码则可以保证多个目标网络接入点能够同时接收到来于移动用户的编码数据包。

在移动用户侧,层次化网络编码对于切换数据信息的预处理同实用网络编码一样,生成的编码数据包的数据代(Generation)大小为 G,这代表目标网络接入点需要收到属于同一个数据代的 G 个线性无关的编码数据包才能够解码。在无线链路没有干扰和丢包的情况下,作为数据源的移动用户只需要传输 G 个线性无关的编码数据包即可,但是由于无线传输媒介固有的不稳定性和其他因素造成的丢包,相比随机线性网络编码,各等高簇之间都需要提高编码数据包传输的冗余度,才能保证漫游域的网络接入点都收到足够的编码数据包。冗余度的提高不可避免地会增加网络通信的开销,如何在网络开销与可靠性之间取得均衡是层次化网络编码需要研究的主要问题。

15.3.2　切换概率分析

在 NCHO 机制中,通过路由探测阶段,移动用户已经掌握了可达网络接入点的相关信息。NCHO 机制是以用户为主导的切换机制,移动用户可以自行决定切换到哪个网络接入点所在的漫游域。而最终切换是否启动取决于两个因素,一个是移动用户根据自身的移动趋势预测的移动距离超过一个设定的最低门限距离,并且导致切换失败的概率 P_{mo};另一个是移动用户进入到两个邻接域的切换区间的概率 P_{sw},这两个概率决定了最终的切换发动成功的概率,而切换发动成功的概率将会对编码数据包传输的冗余度产生影响。

(1)移动距离超过设定的最低长度,并导致切换失败的概率 P_{mo}。

假设移动用户的速度恒定,在微蜂窝域中的移动轨迹基本朝向一个方向,对移动用户的移动距离进行预测,并将预测距离与一个设定的距离门限 T_{THR}(T_{THR} 不超过圆形微蜂窝域的直径)进行比较,一旦超过就认为可以发动切换。

如图 15-4 所示,定义移动用户在位置点 P_x 接收到的信号强度为 RSS_{P_x},假设此时的信号强度达到了移动用户进入网络接入点 v_j 传输范围内的预设门限 RSS_R,则可得以 v_j 为圆心的圆形蜂窝域的发射半径 R 可表示为

$$R \approx D(v_j) = \left(\frac{S_E(v_j) \cdot 10^{\delta(v_j)/10}}{\mathrm{RSS}_{P_x}} \right)^{\frac{1}{\omega}} \tag{15-2}$$

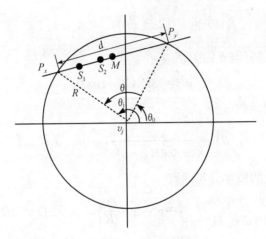

图 15-4　基站中移动用户的运动模型

根据文献(Chang, 2004)中关于 RSS 变化率的定义,如图 15-4 所示,位置点 M 是位置点 P_x 和位置点 P_y 的中点,有

$$\Delta\mathrm{RSS} = \left| \frac{\mathrm{RSS}_M - \mathrm{RSS}_{P_x}}{t_M - t_{P_x}} \right|$$

$$= \left| \frac{\left[(R^2 - d^2/4)^{-\omega/2} - R^{-\omega} \right] \cdot S_E(v_j) \cdot 10^{\delta(v_j)/10}}{d/2v} \right| \tag{15-3}$$

式中,t_M 和 t_{P_x} 是移动用户经过位置点 M 和 P_x 的时间;d 是移动用户在网络接入点 v_j 的蜂窝域内部的移动距离;v 是移动用户的速度。由于移动用户不一定按照直线运动,为了估计移动用户的瞬时速度,在移动用户进入 v_j 的微蜂窝域的发射半径 R 之后,在两个相距时间极短的时间点 t_{s_1} 和 t_{s_2} 对移动用户接收到的信号强度取样,得到 RSS 的变化率为

$$\Delta\mathrm{RSS} = \left| \frac{\mathrm{RSS}_{s_1} - \mathrm{RSS}_{s_2}}{t_{s_1} - t_{s_2}} \right| \tag{15-4}$$

将式(15-4)的结果结合文献(Austin, 2002)提出的微蜂窝系统中的经典速度估计算法 LCR,获得移动用户的瞬时速度 v,并以该速度为基础,结合式(15-3)和

式(15-4),预测移动用户在 v_j 的微蜂窝域中的移动距离 d,如式(15-5)所示:

$$d = \left| \frac{2v\left[(R^2 - d^2/4)^{-\omega/2} - R^{-\omega}\right] \cdot S_E(v_j) \cdot 10^{\delta(v_j)/10} \cdot (t_{s_1} - t_{s_2})}{\mathrm{RSS}_{s_1} - \mathrm{RSS}_{s_2}} \right| \quad (15\text{-}5)$$

移动用户从位置点 P_x 进入 v_j 的微蜂窝域,从位置点 P_y 离开,由于移动用户进出微蜂窝域的位置是完全随机的,位置点 P_x 和位置点 P_y 关于圆心的夹角满足 $[0, 2\pi]$ 的均匀分布,其相对于圆心 v_j 形成了夹角差 θ,θ 的概率密度函数为

$$f_\theta(\theta) = \frac{1}{\pi}\left(1 - \frac{\theta}{2\pi}\right), \quad 0 \leqslant \theta \leqslant 2\pi \quad (15\text{-}6)$$

由图 15-4 易得 d 与 θ 的关系

$$d^2 = 2R^2(1 - \cos\theta) \quad (15\text{-}7)$$

得到 d 的概率密度函数

$$f_D(d) = \frac{2}{\pi\sqrt{4R^2 - d^2}}, \quad 0 \leqslant d \leqslant 2R \quad (15\text{-}8)$$

进一步得到 d 的概率分布函数

$$P(d \leqslant D) = \begin{cases} \dfrac{2}{\pi}\arcsin\left(\dfrac{D}{2R}\right), & 0 \leqslant D \leqslant 2R \\ 1, & D > 2R \end{cases} \quad (15\text{-}9)$$

定义 v_j 的微蜂窝网络切换时延为 $\tau(v_j)$,当预测移动距离 d 超过切换发动门限 T_{THR},而又低于 $v_j \cdot \tau(v_j)$ 时,认为切换失败,其概率为

$$P_{\mathrm{mo}} = \begin{cases} \dfrac{2}{\pi}\left[\arcsin\left(\dfrac{v \cdot \tau(v_j)}{2R}\right) - \arcsin\left(\dfrac{T_{\mathrm{MAX}}}{2R}\right)\right], & 0 \leqslant T_{\mathrm{THR}} \leqslant v \cdot \tau(v_j) \\ 0, & T_{\mathrm{THR}} > v \cdot \tau(v_j) \end{cases}$$
$$(15\text{-}10)$$

(2) 进入两个邻接域的切换区间的概率 P_{sw}。

移动用户判断是否进入邻接域的切换区间的条件如下:移动用户的两个邻接域,一个是移动用户当前注册的网络接入点 v_j 所在的本地域,一个是 v_j 的邻居节点 v_i(也是 v_j 的下一级等高簇上的一个中继节点)所在的切换域,当移动用户与 v_i 之间的接收信号强度 RSS 低于与 v_j 之间的 RSS 达到的一个门限值 T_{area} 时,可认为移动用户进入邻接域。需要指出的是,v_i 并不是一个网络接入点,因此并不能接受 v_j 的注册,只能基于层次化网络编码,将 v_j 发出的切换数据通过网络编码处理后继续向下一级等高簇传输。定义 P_{sw} 为

$$P_{\mathrm{sw}} = \Pr\left[\mathrm{RSS}(v_j, v_i) - \mathrm{RSS}(v_j) \geqslant T_{\mathrm{area}}\right] \quad (15\text{-}11)$$

在本章的物理信道模型中,$\delta(v_j)$ 是均值为 0,方差为标准方差的高斯随机变

量,假设 $\delta(v_j)$ 满足标准正态分布,即 $\Pr[\delta(v_j)=\delta_0]\sim N(0,\sigma(v_j)^2)$,$\mathrm{RSS}(v_j,v_i)$ 和 $\mathrm{RSS}(v_j)$ 均是关于 $\delta(v_j)$ 的函数,则可以进一步写为

$$
\begin{aligned}
P_{\mathrm{sw}} &= \int_{-\infty}^{+\infty} \Pr[\mathrm{RSS}(v_j,v_i)-\mathrm{RSS}(v_j) \geqslant T_{\mathrm{area}} \mid \delta(v_j)=\delta_0] \cdot \Pr[\delta(v_j)=\delta_0]\mathrm{d}\delta_0 \\
&= \int_{-\infty}^{+\infty}\left[Q\left(\frac{10\lg\left(\dfrac{D(v_j)^\beta \cdot \mathrm{RSS}(v_j)}{L(v_j)}+T_{\mathrm{area}}\right)}{\sigma(v_j)}\right) \right. \\
&\quad \left. - Q\left(\frac{10\lg\left(\dfrac{D(v_j,v_i)^\beta \cdot \mathrm{RSS}(v_j,v_i)}{L(v_j,v_i)}\right)}{\sigma(v_j,v_i)}\right)\right]\frac{1}{\sqrt{2\pi}\sigma(v_j)}\mathrm{e}^{-\frac{\delta_0^2}{2\sigma(v_j)^2}}\mathrm{d}\delta_0 \\
&= \int_{-\infty}^{+\infty}\Delta Q(v_j,v_i)\,\frac{1}{\sqrt{2\pi}\sigma(v_j)}\mathrm{e}^{-\frac{\delta_0^2}{2\sigma(v_j)^2}}\mathrm{d}\delta_0
\end{aligned}
\tag{15-12}
$$

（3）切换发动成功的概率。

得到移动用户的移动距离超过设定的最低长度但是切换失败的概率 P_{mo},以及移动用户进入到两个邻接域的切换区间的概率 P_{sw} 后,移动用户成功发动切换的概率为

$$
P_{\mathrm{ho}} = (1-P_{\mathrm{mo}})P_{\mathrm{sw}}
\tag{15-13}
$$

15.3.3　冗余度分析

移动用户做出切换决策之后,层次化网络编码机制首先要保证在移动用户脱离当前注册的本地域之前,能够发送足够多的编码数据包到下一级的等高簇,保证切换成功率;之后就要保证各层等高簇上的中继节点都能够收到足够数量的编码数据包,即提供层到层的可靠性保障。层次化网络编码将依据移动用户成功发动切换的概率及各等高簇的实际传输状态,制订各等高簇之间编码数据包的发送策略,从而构建衡量 NCHO 机制冗余度的模型。定义无线链路传输的丢包率均为 p。

（1）基于可靠度信赖值的冗余度分析。

移动用户的数据纬度最高,定义移动用户需要向下一级等高簇的中继节点发送 S_M 个编码数据包,将这 S_M 个编码数据包的发送看作一个随机试验的 S_M 次事件。考虑到链路的丢包及传输过程中编码数据包可能产生的错误,实际发生的试验次数为 $S_M(1-p)$。实验成功记为 1,否则记为 0,通过历史统计数据,可以获得该随机试验的样本均值 μ 和样本方差 σ^2。记随机变量 S_A 为成功传输事件的和,即 $S_M(1-p)$ 个样本的和,根据中心极限定理,当 s 足够大时,S_A 的分布可以等同为正态分布。将 S_A 的分布转换为标准正态分布,如式(15-14)所示:

$$\widetilde{S}_A = \frac{S_A - S_M(1-p)\mu}{\sqrt{S_M(1-p)}\sigma} \sim N(0,\sigma^2) \tag{15-14}$$

为了分析编码数据包的传输下限,即 S_M 的最小值,保证移动用户能够成功发动切换,将式(15-13)得到的成功发动切换的概率 P_{ho} 作为发包数量的可靠度信赖值,如下式所示:

$$P(\widetilde{S}_A \geqslant x_p) \geqslant P_{ho} = P_{mo} \cdot P_{sw}$$

$$\Rightarrow P(S_A \geqslant x_p \cdot \sqrt{S_M(1-p)}\sigma + S_M(1-p)\mu) \geqslant P_{mo} \cdot P_{sw}$$

由于下层等高簇从移动用户收到的编码数据包的数量不能低于数据代的大小 G,因此要求移动用户至少要向第一层的中继节点发送的编码数据包的数量为

$$G = x_p \cdot \sqrt{S_M(1-p)}\sigma + S_M(1-p)\mu$$

$$\Rightarrow S_M = \frac{(2\mu G + x_p^2\sigma^2) + \sqrt{(2\mu G + x_p^2\sigma^2)^2 - 4\mu^2 G^2}}{2\mu^2(1-p)} \tag{15-15}$$

(2) 基于丢包率的冗余度分析。

与切换发动成功的概率相关的冗余度分析,仅针对从移动用户到第一层等高簇的编码数据包传输。接下来基于丢包率的冗余度分析则适用于以下各层等高簇。位于等高簇 L_t 的中继节点 v_i,向其位于下一层等高簇 L_{t+1} 的 K 个邻居节点发送编码数据包。定义 N_k 为下一层中继节点 v_k($1 \leqslant k \leqslant K$)收到 G 个编码数据包,上一层中继节点所需发送的编码数据包的数量,N_k 符合巴斯卡分布(Katti,1961),即

$$P\{N_k = n\} = \binom{n-1}{G-1}(1-p)^G p^{n-G}, \quad n \geqslant G \tag{15-16}$$

定义 S_N 为下一层所有的中继节点均收齐 G 个编码数据包,上一级中继节点的编码数据包的发送数量。基于以上分析,S_N 的期望为

$$E[S_N] = E\left[\max_{1 \leqslant k \leqslant K} N_k\right] \tag{15-17}$$

直接基于巴斯卡分布表达式难以计算 $E[S_N]$,需要将 N_k 作为 G 个独立同分布的巴斯卡随机变量之和。定义巴斯卡随机变量 J_n^k 为:当下一层中继节点 v_k 收到第 m 个线性无关的编码数据包时($1 \leqslant m \leqslant G$),上一级中继节点所需发送的编码数据包的数量(之前已经收到了 $m-1$ 个编码数据包)。因此有

$$\begin{cases} N_k = J_1^k + \cdots + J_G^k \\ P\{J_m^k = i\} = \binom{i-1}{m-1}(1-p)^m p^{i-m} \end{cases} \tag{15-18}$$

取 G 趋于无穷,有

$$\lim_{G\to\infty}E[S_N] = \lim_{G\to\infty}E\Big[\max_{1\leqslant k\leqslant K}(J_1^k + \cdots + J_G^k)\Big]$$

$$= E\Big[\max_{1\leqslant k\leqslant K}\lim_{G\to\infty}(J_1^k + \cdots + J_G^k)\Big] \qquad (15\text{-}19)$$

由于 J_n^k 为独立同分布随机变量,且根据巴斯卡分布的特性,有 $E[J_m^k]=\dfrac{m}{1-p}$, $1\leqslant m\leqslant G$,可得

$$\lim_{G\to\infty}(J_1^k + \cdots + J_G^k) = \frac{(1+G)G}{2(1-p)} \qquad (15\text{-}20)$$

进一步,采用巴斯卡分布的最大统计量(Breslow,1974)分析 $E[N]$ 的渐进性,有

$$\lim_{G\to\infty}E[N] = E\Big[\max_{1\leqslant k\leqslant K}\frac{(1+G)G}{2(1-p)}\Big] = \Theta\Big(\frac{(1+G)G}{2(1-p)}\lg K\Big) \qquad (15\text{-}21)$$

(3) 各层的最终传输冗余度。

综上,各层之间编码数据包的传输数量如下,从移动用户到第一层等高簇需要传输的编码数据包数量的下限为

$$\max\left[\Theta\Big(\frac{(1+G)G}{2(1-p)}\lg K\Big), \frac{(2\mu G + x_p^2\sigma^2) + \sqrt{(2\mu G + x_p^2\sigma^2)^2 - 4\mu^2 G^2}}{2\mu^2(1-p)}\right] \tag{15-22}$$

而从第一层等高簇往下,编码数据包的传输数量下限为 $\Theta\Big(\dfrac{(1+G)G}{2(1-p)}\lg K\Big)$。

15.3.4 分布式算法实现

各等高簇的中继节点确定自身的编码数据包传输数量可以采用集中式算法,由每个等高簇指定一个中继节点作为其簇头,该簇头周期性地收集所在等高簇所有中继节点的发包情况的统计信息,再确定发包数量的下限。但是集中式算法的问题在于,每一级等高簇上的中继节点不一定都是同一个上级中继节点的邻居节点,且不一定在相互的传输范围以内。同一层次等高簇上的中继节点之间的协商和统计信息的收集会带来较大的网络通信开销,因此 NCHO 机制要求编码数据包不在同一级的等高簇上传输,也同时说明这种网络拓扑下的编码数据包的传输需要遵循分布式算法。

在分布式算法中,假设中继节点 v_k 从上层等高簇收到的编码数据包数量,相对于上层等高簇发送的所有编码数据包数量的比例,与 v_k 的入度占所在等高簇的入度之和的比例相同,从而有式(15-23)成立:

$$\frac{N_{vk}}{N_C} = \frac{d_{vk}}{\displaystyle\sum_{k=1}^{|C|}d_{vk}} \qquad (15\text{-}23)$$

式中，d_{vk} 是中继节点 v_k 的入度；N_{vk} 是 v_k 实际收到的编码数据包的数量。在保证同一层等高簇 L_i 的所有中继节点收到的编码数据包的数量之和不少于 G 的情况下，位于该等高簇的中继节点 v_k 只需收到 G_{vk} 个编码数据包，就可以保证最终多网络接入点可以解码。

$$G_{vk} = \frac{Gd_{vk}}{\sum_{k=1}^{|C|} d_{vk}} \tag{15-24}$$

可以得到分布式算法下，各层编码数据包发送数量的下限

$$\max\left[\Theta\left(\frac{(1+G_{vk})G_{vk}}{2(1-p)}\lg K\right), \frac{(2\mu G_{vk}+x_p^2\sigma^2)+\sqrt{(2\mu G_{vk}+x_p^2\sigma^2)^2-4\mu^2 G_{vk}^2}}{2\mu^2(1-p)}\right]$$

$$\tag{15-25}$$

由于 $G_{vk} < G$，因此相对于集中式算法，分布式算法减少了对上层中继节点的发送要求。

15.4　群协同网状多连接网络中的切换管理

从目前异构无线网络的组织结构及其演进来看，大致包括以下几种：以 GSM、WCDMA 等为核心基础的蜂窝网络及扩展蜂窝网络组织结构、以 WiMax/WLAN 为基础的无线 Mesh 网络，以及以 MANET 为基础的基于对等通信的无线自组织网络等。各类异构无线组织模型虽然都是为了提供泛在移动性支持，为上层业务提供可靠性保证，但组织结构、拓扑控制、覆盖范围、应用范围及组织效率有很大不同。总之，无线网络呈现出异构性、移动性和资源受限等特点；多媒体业务和各种个性化移动通信服务呈现出时延差异性和带宽多样化等特性。因此，立足于广泛互连的无线网络和分布式自组织网状结构模型，实现异构网络融合协同通信是未来异构无线网络研究的主要趋势。

基于此，本书在研究中考虑一种群内协同的网状多连接移动通信网络模型，基于移动台的合群特性，建立群协同的网状多连接移动通信网络模型。围绕该思路，对多连接路径的发现机制、多连接路径的评估与选择、多连接路径的数据传输模式、多连接路径的管理方法等进行研究。在此网络架构下，移动台基于群内协同通信与多个基础设施建立连接，以网状多连接方式接入核心网，从而有效提高网络效率及通信质量。

图 15-5 为群内协同的网状多连接移动通信网络模型的一个典型场景，基于移动台的合群特性，移动终端通过群内协作建立起多条到基础设施的网状多径连接。该网络架构下，主要研究内容包括多连接路径的发现机制、多连接路径的评估与选择、多连接路径的数据传输模式、多连接路径的管理方法等。

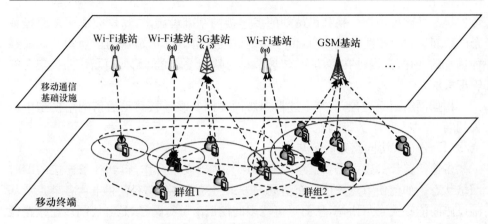

图 15-5　群协同网状多连接移动通信网络模型典型场景

1）多连接路径的发现机制

多连接路径的发现是指在群组内建立从移动台到基础设施之间路径的过程。多连接路径包括两大类：单跳路径与多跳路径。单跳路径的发现是在移动台与基础设施之间协同完成的，可采用如蜂窝网等现有无线接入技术。另外，由于群内各节点间通信采用灵活高效的 Ad Hoc 方式，从而能够以移动台为中心，通过与邻居节点的协同工作建立起到基础设施的多跳路径。

2）多连接路径的评估模型与选择算法

多连接路径的评估与选择是有效利用多连接路径的关键。多连接路径的评估原则为多连接路径的选择算法提供了依据，两者密不可分。组内各移动台在建立多条通信链路时，交互相关通信信息，计算各条路径的参数，通过隐马尔可夫链、贝叶斯估计等数学方法评估多跳路径上的各节点合群稳定度，将该稳定度参数结合节点的数据传输速率、网络接口类型、能量、业务类型及链路的平均时延、跳数等特征组合成路径特征向量，然后通过选择算法确定合适的多连接集合。

3）多连接路径的数据传输模式

多连接路径的数据传输模式解决多路径合理利用的问题。在群协同多连接的网络架构下，群内各节点间是多对多的网状通信模式，各节点可作为多条连接路径的中间节点。根据这一特点，设计相应的数据传输分发模式将每个端到端的业务数据流分配到所选定的多连接路径上传输，从而提高了网络传输效率，加强了数据服务的鲁棒性和灵活性，并使得网络负载更为均衡。

4）多连接路径的管理方法

移动台所属的群组具有一定的时变性，群组节点的运动将会造成原有路径网络参数的变化，甚至是路径失效。对于单跳路径，移动台的运动将导致单跳路径集合的变化。此时，该集合中所连接的多个基础设施与移动台协同工作，将维持原有多连接的基础设施集切换到维持新的多连接的基础设施上,从而完成了多路径集合的更新。对于多跳路径而言,由于移动台或其群内邻居节点的运动均会造成路径集合的变化,需设计在移动台、邻居节点与基础设施之间协同更新多路径集合的管理方法。

根据网络组织理论,研究上述群内协同的网状多连接移动通信网络模型中相关问题,要涉及以下关键问题:

(1)分布式协同路径的感知。

多连接路径的建立需要群组内各节点与基础设施合作,得到各条连接的即时网络状态。如何使节点采用分布协同的方式感知到多条路径使得群内各节点及基础设施间能够交互与协调,从而尽可能多的挖掘出可行路径,是群协同多连接路径合群工作机制的关键所在。

(2)多连接网络效用函数。

建立多连接路径评价模型需要发现与构造合适的网络效用函数。如何使设计出的网络效用函数能精确描绘通信链路特征、合群统计特征等参数指标对网络模型的影响是建立多连接路径模型定量评价方法的关键。

(3)路径选择算法。

多路径的选择可抽象为一个多目标决策问题。在实际网络中,多连接路径使得移动台能够与更多的基础设施建立连接,从而更为有效地利用网络资源,提高通信质量,但是建立与维护大量的接入路径的代价较为高昂,所以如何设计路径选择算法得到合适的多连接路径集,使得通信质量与网络代价达到一个平衡点,是提升本模型性能的关键之一。

(4)多连接数据分发模式。

如何选择合适的多连接数据分发模式,将通信流量通过调度算法分配到已选择的各多连接路径集合上,是各通信节点达到负载均衡,进而减小网络拥塞的关键。理论分析上,该问题可抽象为一个可变约束条件下的调度规划问题。

基于上述分析,基于群内协同的网状多连接移动通信网络中的切换管理,可以采用如下方案逐步建模:

① 合群协同算法是多连接网状网络模型的基础。可以通过设计激励机制,鼓励和刺激合群成员参与到路径发现的进程中;设计简单易行的合群内部通信机制,便于合群内部成员交换共享自身路径发现的结果;还可以通过引入频谱感知、数据挖掘等方法,进一步拓宽多连接路径发现的深度和广度。

② 多连接效用函数为建立多连接评估模型提供了前提。分析比较在合群协同中收集到的各项网络参数及节点性能指标,选择其中能够影响到多连接数据传输质量的参数并向量化,通过向量合成建立连接效用函数。该效用函数是各个连接所占用系统资源的增函数,通过建立连接效用函数,描述各个连接所占用的系统

资源；进一步，引入博弈论思想和其他相关经济学理论，分析多连接效用函数，权衡各种方案的利弊，筛选出合适的多连接加入到多连接集作为最终的数据通道。

③ 将基于多连接的数据分发模式的研究分为两个部分，一个是对多连接的调度，一个是中间节点对传输数据的处理。根据实时获取的网络的本地流量，作为合群中心的移动台自动调整多连接的调度方案，同时可以引入网络编码技术，使中间节点不再是简单地转发数据，而是对数据做出一定处理，从而进一步提高网络的吞吐量。

15.5　小结与讨论

分布式自组织网状结构是下一代无线网络架构的发展趋势。移动用户与网络接入点之间可能相距多个中间节点，在这种网络架构下，传统的单跳切换机制不再适用。下一代无线网络中，终端将普遍具有多种接口，包括短距离通信接口（如WLAN）和长距离通信接口（如 UMTS），因此移动用户可以先通过短距离通信接口与多个中继节点协作建立连接，再由距离网络接入点最近的中继节点通过长距离通信接口接入到预定的网络接入点，这种切换方式称为多跳切换。然而多跳切换的缺陷在于，无线终端之间的相对移动频繁，也会随之带来切换连接的频繁建立，切换的可靠性大幅度降低，维护多跳切换连接不仅开销较大，切换的实时性也得不到保障。

为了解决多跳切换过程中出现的可靠性低、实时性差的问题，本章提出了一种基于层次化网络编码的多目标切换机制 NCHO。NCHO 机制将网络中编码数据包的传输定义成编码数据包在一个势能场作用下的流动。该势能场中作为信源的移动用户的数据维度最高，作为信宿的网络接入点的数据维度最低，将位于相同纬度的中继节点划分到同一个等高簇上，从而在网络形成了以网络接入点为中心的多等高簇结构，编码数据包将从高纬度等高簇流向低纬度等高簇。纬度的高低取决于中继节点与网络接入点之间的距离，以及中继节点之间信道的传输代价。本章中将这种通过势能场建立起来的多径多中继切换方式称为集束式切换。

为适应势能场形成的多等高簇结构，在 NCHO 机制中提出了层次化网络编码HNC，以控制编码数据包在势能场中的传输方向和数量。传统的随机线性网络编码由于路由的随机性，是无法保证多目标切换时切换半径的一致性这一点的，而层次化网络编码则可以保证多个目标网络接入点能够同时接收到来自于移动用户的编码数据包。通过对 NCCC 机制的切换成功率和冗余度等性能参数的理论建模分析和仿真实验，证明了 NCCC 机制可以使不处于邻接切换域的移动用户也可以同多个不同远端网络接入点之间建立灵活、可靠的切换连接。最后本章还完成了算法的分布式实现。

　　本书后续研究将围绕群协同网状多连接网络中的切换管理继续探讨更广泛的群协同网络,立足于下一代无线异构网络的广泛连通性,在移动终端与基础设施之间维护多条连接路径,有利于提高吞吐量,降低时延,均衡网络负载,支持移动业务的平滑切换。此外,移动终端周围节点不仅可以支持移动终端多跳接入基础设施,还可以协作移动终端实现更优性能的切换方案。该研究是前述研究工作的延续,虽然利用合群特性优化网络的可能性得以论证,但其仍是一种处于探索阶段的理想的思路,有很多问题特别是基于群内协同机制和网状多连接通信原理的问题,都有待更深入的研究。

参 考 文 献

Austin M D,Stuber G L. 2002. Velocity adaptive handoff algorithms for microcellular systems. IEEE Transactions on Vehicular Technology,43(3):549-561.

Breslow N. 1974. Covariance analysis of censored survival data. Biometrics,30(1):89-99.

Chang R S,Leu S J. 2004. Handoff ordering using signal strength for multimedia communications in wireless networks. IEEE Transactions on Wireless Communications,3(5):1526.

Katti S K,Gurland J. 1961. The Poisson Pascal distribution. Biometrics,17(4):527-538.